W0253416

Springer
Berlin
Heidelberg
New York
Barcelona
Budapest
Hongkong
London
Mailand
Paris
Santa Clara
Singapur
Tokio

L. Schimmelpfeng C.-O. Zubiller
M. Engler (Hrsg.)

Der Europäische Abfallkatalog

Umsetzung und Praxis der Abfallverbringung in der Europäischen Union

Lutz Schimmelpfeng
Umweltinstitut Offenbach GmbH
Nordring 82B
D-63067 Offenbach am Main

Carl-Otto Zubiller
Ministerium für Umwelt, Energie und Bundesangelegenheiten
Maizer Straße 80
D-65189 Wiesbaden

Martin Engler
Hessisches Oberbergamt
Paulinenstraße 5
D-65189 Wiesbaden

Die Deutsche Bibliothek - CIP-Einheitsaufnahme

Der **europäische Abfallkatalog** : Umsetzung und Praxis der Abfallverbringung in der Europäischen Union / Lutz Schimmelpfeng ... (Hrsg.). - Berlin ; Heidelberg ; New York ; Barcelona ; Budapest ; Hongkong ; London ; Mailand ; Paris ; Santa Clara ; Singapur ; Tokio : Springer, 1996

NE: Schimmelpfeng, Lutz [Hrsg.]

ISBN-13: 978-3-540-58806-1 **e-ISBN-13: 978-3-642-79467-4**
DOI: 10.1007/978-3-642-79467-4

Einbandgestaltung: E. Kirchner, Heidelberg
Satz: Reproduktionsfertige Vorlage von den Herausgebern
SAP: 10477411 30/3136 - 5 4 3 2 1 0 – Gedruckt auf säurefreiem Papier

Vorwort

Europa – Europäische Union – das Ende der Kleinstaaterei und des Kirchturmdenkens!
So jedenfalls könnten die Fachkundigen und Betroffenen über das Europäische Umweltrecht und speziell über die europäischen abfallrechtlichen Regelungen denken.

Einheitliche Kriterien und Regelungen, einfach zu verstehen und zu vollziehen und dennoch mit einer einsichtigen und nachvollziehbaren Zielsetzung, so sollte es sein. Leider sieht die Wirklichkeit völlig anders aus: Selbst Fachleute aus den Umweltabteilungen der Unternehmen und aus Fach- und Verwaltungsbehörden suchen nach Erklärungen, die die Umsetzung und praktische Anwendung der neuen Regelungen erleichtern können.

Wenn das Umweltinstitut Offenbach auf Anregung der beiden Mitherausgeber zu einer Fachtagung über den Europäischen Abfallkatalog und neue Regelungen des EU-Abfallrechts eingeladen hatte, bei der der Abfalltransport in die, innerhalb der und durch die Mitgliedsländer der Union eingehend behandelt und diskutiert wurde, lag das gerade daran, daß die Komplexität und Differenziertheit der neuen Regelungen selbst der erschienenen Fachöffentlichkeit ohne weitere Diskussion und Erläuterungen weitgehend verborgen geblieben war.

Die hier den Beiträgen vorangestellte Abbildung ist ein Versuch, in übersichtlicher Form darzustellen, wie die verschiedenen nationalen und internationalen Regelungen ineinandergreifen, um Abfälle, gefährliche Abfälle und Abfälle zur Verwertung zu bestimmen, wenn sie "europäisch" transportiert werden sollen.

In der Abbildung wurden die seit der Tagung erfolgten Novellierungen mit eingearbeitet, die in den Textbeiträgen noch nicht berücksichigt werden konnten, weil die Novellierung nach der Erstellung des Manuskriptes erfolgte.

Der Abfallbegriff im Sinne der EU und seine Abgrenzung zu Wertstoffen, Kopplungsprodukten und Zwischenprodukten wird in diesem Buch eingehend von verschiedenen Autoren interpretiert.

Die Abgrenzung des Abfall- bzw. Produktbegriffes wird wohl eines der Hauptprobleme bei der Anwendung des 1996 in Kraft tretenden Kreislaufwirtschafts- und Abfallgesetzes und der noch zu erlassenden Verordnungen sein.

Die Interpretation der Inhalte und das Zusammenspiel der neuen EU-Regelungen mit den internationalen und nationalen Regelungen, von hochrangigen Fachleuten beschrieben und erläutert, ist der Inhalt dieses Buches. Es will dabei Hilfestellungen geben zur Begriffserläuterung, wie zum Beispiel des Europäischen Abfallbegriffs, aber auch konkrete Hilfe zur Umsetzung der Regelungen im Genehmigungsalltag durch die Behörden sein.

Es wendet sich an alle, die auf Seiten der Abfallerzeuger, -transporteure und der Entsorger wie auch innerhalb der Verwaltung oder der Abfallbehörden tieferen Einblick in die Materie gewinnen müssen, um so größere Sicherheit in der Umsetzung zu erlangen.

Die Beiträge der Fachtagung wurden daher erweitert und überarbeitet und stellen so, wie wir glauben, den "Stand der Technik" in der Anwendung des Europäischen Abfallkatalogs zum Transport von Abfällen in die, aus der und durch die Europäische Union dar.

Im Anhang an den Textteil finden sich zusammengefaßt alle wichtigen Originaltexte der europäischen Bestimmungen, die von den Autoren in ihren Beiträgen erwähnt werden oder sonst im Gesamtkontext von Bedeutung sind.

Mit diesem Serviceteil kann das Buch sicherlich über die reine Lektüre hinaus zum Arbeitsbuch avancieren.

Dr. Lutz Schimmelpfeng
für die Herausgeber

Offenbach am Main, im November 1995

Inhaltsverzeichnis

Autorenverzeichnis

Dipl.-Ing. Eberhard Bredereck
Verband der Chemischen Industrie
Karlsstraße 21
60329 Frankfurt/Main

Dr. Rainer Cosson
Bundesverband der deutschen Entsorgungswirtschaft e. V.
Hauptstraße 305
51143 Köln-Porz

Dr. Martin Engler
Hessisches Oberbergamt
Paulinenstraße 5
65189 Wiesbaden

Rechtsanwalt Bernhard M. Krämer
Bundesverband Sonderabfallwirtschaft e. V. (BPS)
Südstraße 133
53175 Bonn

Dr. jur. Max-Jürgen Seibert
Bundesverwaltungsgericht
– 7. Senat –
Hardenbergstr. 31
10623 Berlin

MR Dr. Martin Stolz
Bundesministerium für Umwelt, Naturschutz und Reaktorsicherheit
Ahrstraße 20
53175 Bonn

MR Bert-Axel Szelinski
Bundesministerium für Umwelt, Naturschutz und Reaktorsicherheit
Ahrstraße 20
53175 Bonn

RD Ernst Rainer Werneburg
Regierungspräsidium Kassel
Steinweg 6
34117 Kassel

MR Carl-Otto Zubiller
Hessisches Ministerium für Umwelt, Energie und Bundesangelegenheiten
Mainzer Straße 80
65189 Wiesbaden

Wo werden Abfälle im EU-Recht bestimmt?

EG Abfallrichtlinie
Artikel 18

Anhang 1
Einteilung in
Abfallgruppen:
Q1- Q 18
(herkunftsbezogen)

Anhang IIa
D1- D15
Beseitigungsverfahren
Lagerung, Behandlung

Anhang IIb
R1 - R13
Verwertungsverfahren
Rückgewinnung,
Wiedergewinnung,
Verwendung

Basler Abkommen 1989
Grundliste
gefährlicher Abfälle
Y- UND H- Liste der OECD
Zustimmungs- und
Ausführungsgesetzder BRD
Abfallverbringungsgesetz

Europäischer Abfallkatalog (EWC)
zur Einordnung dienen:
20 Kapitel
200 mögliche Untergruppen
20.000 mögliche Codes~Abfallarten

EG-Richtlinie:
Gefährliche Abfälle
Liste gefährlicher Abfälle
22. 12. 1994 (94/904/EG)
überwachungsbedürftige
AbfälleBRD=gefährliche Abfälle /
EU (237 Codes des EWC)

EU -Abfallverbringungsverordnung
Abfälle in der Verbringung
in, aus und durch die EU
Anhänge II,III,und IV für die **grenzüberschreitende** Verbringung von Abfällen zur Verwertung :
(zuletzt geändert am 9.11. 94) gegliedert in Farben und Gefährlichkeit: "Ampellisten"

II Grüne Liste
relativ ungefährlich
beim Transport

III gelbe Liste
relativ gefährlich
beim Transport

IV Rote Liste
gefährlich
beim Transport

zukünftig?
Abgrenzungsliste
Zwischenprodukt/
Abfall?

Das Ausführungsgesetz zum Basler Übereinkommen und das Verhältnis zum Europarecht

Bert-Axel Szelinski

1 Einführung

Seit mehr als einem Jahrzehnt ist das Thema "grenzüberschreitende Abfallverbringungen" ein umweltpolitisches Thema ersten Ranges, insbesondere im internationalen Rahmen. In der Europäischen Gemeinschaft führte die "Irrfahrt der Abfallfässer aus Seveso" zu einem ersten Regelungsansatz in der Europäischen Gemeinschaft. Die Richtlinie 84/631 aus dem Jahre 1984 führte zu einer ersten Harmonisierung der Regelungen für die Überwachung der Verbringung gefährlicher Abfälle. Heute, etwa 10 Jahre danach, haben wir es mit einem weltweit eingeführten, wenn auch noch nicht zufriedenstellenden Instrumentarium zu tun, das grenzüberschreitende Abfallverbringungen detailliert regelt und prinzipiell von der Zustimmung der betroffenen Staaten abhängig macht.

Das am 22.3.1989 beschlossene "Basler Übereinkommen über die Kontrolle der grenzüberschreitenden Verbringung gefährlicher Abfälle und ihrer Entsorgung" enthält den "globalen Rahmen", innerhalb dessen sich Regelungen über grenzüberschreitende Abfallverbringungen bewegen müssen. Die Europäische Gemeinschaft und ihre Mitgliedstaaten (ohne Deutschland und Griechenland) sind diesem Übereinkommen beigetreten. Die Europäische Gemeinschaft hat mit der Verordnung 254/93 vom 1.2.1993 zur Überwachung und Kontrolle der Verbringung von Abfällen in der, in die und aus der Europäischen Gemeinschaft nicht nur das Basler Übereinkommen vollständig in europäisches Recht umgesetzt, sie hat darüber hinaus auch bestehende rechtliche Verpflichtungen der Gemeinschaft, wie etwa aus dem Lomé-IV-Abkommen und aus den Entscheidungen der OECD zur Überwachung grenzüberschreitender Abfallverbringungen zur Verwertung umgesetzt.

Die europäische Abfallverbringungs-Verordnung ist die z. Z. umfassendste Kodifizierung internationaler Regelungen über die grenzüberschreitende Abfallverbringung.

Die Bundesrepublik Deutschland konnte bisher dem Basler Übereinkommen nicht beitreten, da im nationalen Recht eine Reihe von Regelungen für die Umsetzung des Übereinkommens fehlten. Diese Lücken konnten erst mit dem Ausführungsgesetz zum Basler Übereinkommen geschlossen werden, das nach einem langwierigen Gesetzgebungsverfahren nach Befassung des Vermittlungsausschusses vom Bundestag mit Zustimmung des Bundesrates beschlossen wurde und das voraussichtlich noch im September 1994 verkündet wird. Es wird am dritten Tag nach der Verkündung in Kraft treten.

Mit Inkrafttreten dieses Gesetzes wird die Bundesrepublik Deutschland dem Basler Übereinkommen beitreten können. Es wird dann ein Regelungssystem im nationalen Recht verfügbar sein, das es ermöglicht, in der Vergangenheit aufgetretene Vorgänge illegaler Abfallverbringungen aus Deutschland, insbesondere in die Staaten Mittel- und Osteuropas, zu unterbinden und erfolgte illegale Verbringungen entsprechend den Vorgaben des Basler Übereinkommens abzuwickeln.

Die in der Vergangenheit aufgetretenen Vorgänge waren für die Bundesregierung außerordentlich schwer zu lösen, da Deutschland nicht Mitglied des Basler Übereinkommens war, die Verpflichtungen des Übereinkommens demgemäß nicht für Deutschland galten und andererseits wegen der besonders kritischen Lage der Bundesrepublik Deutschland nach Öffnung der östlichen Nachbarstaaten und der besonderen Probleme bei der Umstrukturierung der Wirtschaft in den neuen Bundesländern ein beträchtlicher Anreiz bestand, Altprodukte, für die kein Markt mehr bestand, aber auch Abfälle in die Staaten Mittel- und Osteuropas zu verbringen. Das "Geschäft mit Abfallverschiebungen" hatte vor diesem Hintergund in den letzten Jahren einen beträchtlichen Umfang erreicht. Die Bundesregierung war mehrfach gezwungen, Abfälle auf Kosten des Steuerzahlers nach Deutschland zurückzuholen und hier zu entsorgen, um erheblichen Schaden für das außenpolitische Ansehen der Bundesrepublik Deutschland abzuwehren.

2 Inhalt der Regelungen

Das Basler Übereinkommen und dementsprechend auch die EG-Abfallverbringungs-Verordnung gehen davon aus, daß Abfälle grenzüberschreitend nur verbracht werden dürfen, wenn zuvor die Zustimmung aller betroffener Staaten vorliegt. Die Regelungen des Basler Übereinkommens beziehen sich dabei einschränkend auf die Verbringung "gefährlicher Abfälle" sowie einer Gruppe besonders aufgeführter Abfälle wie z. B. Hausmüll und Verbrennungsrückstände. Der Begriff "gefährliche Abfälle" ist im Basler Übereinkommen nur höchst unzureichend definiert. Die Europäische Gemeinschaft hat daher die Regelungen für die Verbringung von Abfällen auf alle Arten von Abfällen erstreckt, um Probleme und Streitigkeiten hinsichtlich der Begriffsbestimmung zu vermeiden. Diesem System folgt naturgemäß auch das deutsche Recht.

Neben dem Grundsatz der "vorherigen Zustimmung der betroffenen Staaten" gilt ein System von Verbringungsverboten.

Die EG-Verordnung verbietet die Verbringung von zur Beseitigung bestimmten Abfällen außerhalb des europäischen Wirtschaftsraums (EG- und EFTA-Staaten). Diese Regelung geht weit über die Forderung des Basler Übereinkommens hinaus und dient dem Schutz von Staaten, die wegen ihrer wirtschaftlichen oder gesellschaftlichen Struktur nicht die Gewähr für eine umweltgerechte Entsorgung von Abfällen bieten.

Bei der Ausfuhr von zur Verwertung bestimmten Abfällen gibt es demgegenüber gewisse Lockerungen. Die Ausfuhr von Abfällen, die verwertet werden, ist in Ländern, die dem OECD-Beschluß über die Verbringung von Abfällen zur Verwertung beigetreten sind (also faktisch alle OECD-Mitgliedstaaten), zugelassen. Die Verfahrensregelungen der OECD sind von der Europäischen Gemeinschaft vollständig übernommen worden. Abfälle, die nach besonderen Regelungen innerhalb der OECD verbracht werden dürfen, sind in einer sog. Ampelliste (grün, gelb, rot – Anhänge II bis IV der EG-Abfallverbringungs-Verordnung) abschließend aufgeführt. Die Verbringung von nichtgelisteten Abfällen zur Verwertung ist nach Art. 10 der EG-Abfallverbringungs-Verordnung nur mit schriftlicher Zustimmung der betroffenen Staaten zulässig.

Das Basler Übereinkommen sieht besondere Regelungen für Abfälle, die verwertet werden, nicht vor. Die Möglichkeit, im Rahmen der OECD für diese Stoffe vereinfachende Überwachungsregelungen vorzusehen, ergibt sich zunächst aus Art. 11 des Basler Übereinkommens, das bilaterale oder multilaterale Vereinbarungen zuläßt. Ein zweiter Ansatz für solche Regelungen besteht darin, daß das Basler Übereinkommen nur für "gefährliche Abfälle" gilt. Dementsprechend enthält die "Grüne Liste" der OECD und der Anhang II der EG-Abfallverbringungs-Verordnung eine Liste von Abfällen, die nach übereinstimmender Auffassung nicht als gefährlich im Sinne der Definition des Basler Übereinkommens angesehen werden. Diese Listung gilt naturgemäß nicht automatisch für "Drittstaaten". Hier besteht das praktische Hauptproblem bei der Anwendung der Regelungen über grenzüberschreitende Abfallverbringungen, das bisher nur ansatzweise und noch nicht zufriedenstellend gelöst ist. Auf die Frage der Verfahrensregelungen für diese Abfälle im Verhältnis zu Drittstaaten wird im Abschnitt 4 näher eingegangen. Neben den Verfahrensregelungen enthalten das Basler Übereinkommen und die EG-Abfallverbringungs-Verordnung Verbringungsverbote in und aus Nichtvertragsstaaten sowie Regelungen für die Achtung von Importverboten.

Die wohl wichtigste praktische Frage und die effektivste Sanktion des Basler Übereinkommens ist die Wiedereinfuhrpflicht des Exporteurs bei gescheiterten oder illegalen Verbringungen. Diese Wiedereinfuhrpflicht trifft subsidiär neben dem Exporteur auch den Staat, von dem der Export ausging. Die sog. "Staatshaftung für illegale und gescheiterte Verbringungen" ist wesentliches Motiv für beteiligten Staaten, die Regelungen des Übereinkommens strikt anzuwenden. Die subsidiäre Wiedereinfuhrpflicht war auch in der nationalen Diskussion um die Inhalte des Ausführungsgesetzes zum Basler Übereinkommen Hauptstreitpunkt. Der Steit um die "Staatshaftung" konnte erst im Vermittlungsausschuß beigelegt werden. Der hier erzielte Kompromiß ordnete, wie dies auch die Bundesregierung gefordert hatte, die subsidiäre Staatshaftung den für den abfallrechtlichen Vollzug verantwortlichen Bundesländern zu, minimierte aber das Haftungsrisiko für die öffentlichen Haushalte durch eine erhebliche Ausdehnung des Verursacherbegriffs über die Exporteure hinaus auf die Abfallerzeuger, etwaige Vermittler und die Beförderer. Daneben sieht das Gesetz die Einführung eines "Solidarfonds Abfallrückführungen" vor, der aus Zahlungen der beteiligten Wirtschaft gespeist wird und für die Rückabwicklung illegaler und gescheiterter Abfallverbringungen verwendet werden soll.

Das deutsche Ausführungsgesetz enthält auch eine deutliche Verschärfung der strafrechtlichen Sanktionen. Illegale Abfallverbringungen können zukünftig mit Freiheitsstrafen von bis zu 10 Jahren geahndet werden. Dieser neue Straftatbestand berücksichtigt die Strafwürdigkeit des in doppelter Hinsicht besonders sozialschädlichen Verhaltens. Von besonderer Bedeutung ist schließlich im Ausführungsgesetz auch die in das Abfallgesetz eingefügte neue Genehmigungspflicht für Vermittlungsgeschäfte. Hiermit wird versucht, Transparenz in einen bei Abfallverbringungen besonders kritischen Bereich zu bringen. Fälle illegaler Abfallverbringungen gingen häufig von Vermittlern aus, die hinsichtlich ihrer Zuverlässigkeit und insbesondere hinsichtlich ihrer völlig unzureichenden Haftungssubstanz das Risiko von Verbringungsvorgängen deutlich erhöht haben.

3 Verhältnis des Ausführungsgesetzes zum europäischen Recht

Die europäische Abfallverbringungs-Verordnung gilt in Deutschland als unmittelbar geltendes Recht, also mit Gesetzesrang. Vor dem Hintergrund des Vorrangs des europäischen Rechts war eine Umsetzung der Regelungen dieser Verordnung in nationales Recht nicht erforderlich. Das Ausführungsgesetz enthält daher lediglich die flankierenden Regelungen, die erforderlich waren, um eine problemlose Anwendbarkeit der europarechtlichen Regelungen in Deutschland zu gewährleisten. Zu diesen Regelungen gehören insbesondere die bereits erwähnten Regelungen für die Wiedereinfuhrpflicht bei gescheiterten oder illegalen Verbringungen, vor allem hinsichtlich der Kostentragung und des betroffenenen Personenkreises, der Regelungen über die Sicherheitsleistung und des "Solidarfonds".

Daneben waren die behördlichen Zuständigkeiten neu zu regeln. Dies betraf die Errichtung einer zentralen Anlaufstelle beim Umweltbundesamt, die auch die Zuständigkeit für Durchfuhrgenehmigungen erhalten mußte. Das Zusammenwirken verschiedener zuständiger Behörden beim Bund (z. B. Zoll) und den Ländern sowie die Frage der Datenweitergabe unter Berücksichtigung des Datenschutzes mußte gleichfalls umfassend neu geregelt werden. Schließlich wurde eine Reihe von Verordungsermächtigungen eingeführt, die es insbesondere erlauben sollten, auf Änderungen des internationalen Rechts schnell und flexibel zu reagieren. Bei der Umsetzung des Basler Übereinkommens und der Regelungen des europäischen Rechts gab es einen zentralen Bereich, der eine Neuregelung erforderlich machte: Mit der Richtlinie des Rates vom 18.3.1991 zur Änderung der Richtlinie über Abfälle wurde ein neuer, EG-rechtlicher Abfallbegriff eingeführt, der bisher im deutschen Recht keine Entsprechung hatte. In Abstimmung mit den Regelungen des Kreislaufwirtschaftsgesetzes, das erst nach einer Übergangsfrist von 2 Jahren in Kraft tritt, mußte daher für den Bereich grenzüberschreitender Verbringungen der im geltenden Abfallgesetz enthaltene Abfallbegriff erweitert werden.

Die Begriffsbestimmungen in § 2 des Abfallverbringungsgesetzes erstrecken daher den Abfallbegriff uneingeschränkt auch auf verwertbare Abfälle. Die zwischen der EG-Kommission und der Bundesregierung bestehende Streitfrage über die materielle Geltung des europarechtlichen Abfallbegriffs der Richtlinie 75/442 über Abfälle wurde damit für den Bereich der grenzüberschreitenden Verbringungen von Abfällen beigelegt. Hiermit wurden zugleich die in der Vergangenheit bestehenden Schwierigkeiten zwischen der Abgrenzung von Abfall und Wirtschaftsgut sowie von Abfällen und Reststoffen beseitigt. Nach dem neuen Abfallbegriff sind Reststoffe zweifelsfrei Abfälle, und zwar auch dann, wenn sie verwertet werden. Unterschiede bei der Behandlung verwertbarer Stoffe gibt es nunmehr nur noch im Rahmen der anzuwendenden Verfahrensregelungen. Diese sind, wie bereits erwähnt, nach Gefahrengeneigtheit der Abfälle entsprechend der Klassifizierung in den Anhängen II bis IV der EG-Abfallverbringungs-Verordnung gestuft.

Die Begriffsbestimmungen in § 2 des Abfallverbringungsgesetzes gehen von einer Entledigung aus, wenn die Sachherschaft unter Wegfall jeder weiteren Zweckbestimmung aufgegeben wird. Diese Vorschrift dient der Abrenzung zum Handel mit gebrauchten Gegenständen, die als solche weiterverwendet werden können. Bei bestimmten Sachverhaltsausgestaltungen wird der Wille zur Entledigung anhand objektiver Kriterien fingiert. Letztendlich ist die Frage unter Berücksichtigung der Verkehrsanschauung zu beantworten. Die neuen Definitionen für Entledigung und Entledigungswillen berücksichtigen die Fortentwicklung der höchstrichterlichen Rechtsprechung zum Abfallbegriff. Sie anerkennen jedoch auch, daß eine absolut objektivierte Regelung den zugrundeliegenden Lebenssachverhalten nicht immer gerecht werden kann.

Insbesondere der neue Abfallbegriff wird zu einer neuen Transparenz und Sicherheit in der Abfallwirtschaft führen, er wird andererseits die bürokratischen Lasten für die im Bereich der Abfallwirtschaft Tätigen noch einmal deutlich erhöhen. Dies war unvermeidlich, da sich aus den Erfahrungen der letzten Jahre zeigte, daß das bestehende Abfallrecht zu Umgehungen geradezu einlud und daß beträchtliche Kreise der Wirtschaft diese Umgehungsmöglichkeiten teilweise mit krimineller Energie ausnutzten.

4 Probleme bei der Anwendung des neuen Rechts für Abfallverbringungen

Das neue System der Regelungen für grenzüberschreitende Abfallverbringungen ist nicht spannungsfrei. Erhebliche Schwierigkeiten sind weniger beim Verkehr von Abfällen innerhalb der Europäischen Gemeinschaft zu erwarten, obwohl auch hier ein beträchtliches Störpotential besteht. Schwierig gestaltet sich insbesondere die Verbringung von Abfällen, die verwertet werden, in Drittstaaten. Hier ist insbesondere die Verbringung von Abfällen der "Grünen Liste", also von Abfällen, die nicht als gefährlich im Sinne des Basler Übereinkommens eingestuft sind, als kritisch einzuschätzen. Sowohl die Bundesregierung als auch die Kommission der Europäischen Gemeinschaften haben den Versuch unternommen, für diese Abfälle bilaterale Vereinbarungen mit Drittstaaten abzuschließen, um zu vermeiden, daß es zu Streit um die anwendbaren Verfahrensregelungen kommt. Dies ist bisher nur sehr eingeschränkt gelungen. Zur Gewährleistung von mehr Sicherheit in dieser Grauzone werden Transporte mit Abfällen der Grünen Liste in Drittstaaten, wenn nicht besondere bilaterale Regelungen über die zu beachtenden Verfahren bestehen, nur dann abgefertigt, wenn eine unbedingte Annahmeerklärung der zuständigen Umweltbehörde des Drittstaates vorgelegt werden kann. Die zuständigen Behörden können im Zweifelsfall für derartige Fälle auch die Vorlage eines unabhängigen Sachverständigengutachtens verlangen, das die umweltverträgliche Verwertung der Stoffe im Drittstaat belegt. Diese Regelung dient nicht nur der Abwehr von Risiken für die öffentlichen Haushalte, sondern darüber hinaus auch dem Schutz der beteiligten Wirtschaft vor Rücknahmeersuchen des Empfängerstaates. Vor diesem Hintergrund muß insgesamt festgestellt werden, daß das Verfahren für Abfallverbringungen zwar sicherer geworden ist, daß diese Sicherheit aber mit einer beträchtlichen Belastung der Verfahren mit Bürokratie erkauft wurde. Es ist zu hoffen, daß die Praxis der nächsten Jahre erlaubt, durch bilaterale Regelungen einen Teil dieser Verfahrenserschwernisse wieder abzubauen.

5 Ausblick

Probleme bei grenzüberschreitenden Abfallverbringungen sind zukünftig vor allem wegen des Fehlens einer hinreichend zuverlässigen Bestimmung des Begriffs "gefährliche Abfälle" im internationalen Rahmen zu erwarten. Vor diesem Hintergrund setzt die Bundesregierung große Hoffnung auf die Arbeiten in der Europäischen Gemeinschaft zur Schaffung eines einheitlichen und abschließenden Kataloges gefährlicher Abfälle. Ein solcher Katalog würde Signalwirkung auch für das internationale Regelwerk haben. Mit einem harmonisierten, international geltenden Katalog gefährlicher Abfälle würde die entscheidende Schwachstelle des Basler Übereinkommens beseitigt und zugleich auch eine Lösung für die außerordentlich unfruchtbare Diskussion über ein "totales Verbot des Exports gefährlicher Abfälle", auch zur Verwertung, aus OECD- in Nicht-OECD-Staaten möglich werden. Ein solches Verbot wurde auf der 2. Vertragsstaatenkonferenz zum Basler Übereinkommen im März d. J. politisch beschlossen. Die Ausgestaltung eines solchen Verbots im Rahmen des Übereinkommens ist nach wie vor offen, eine Einigung der Vertragsstaaten ist nur auf der Basis eines harmonisierten Kataloges zu erwarten.

Die Schaffung einer einheitlichen, europäischen Nomenklatur für gefährliche Abfälle wäre zudem ein deutlicher Fortschritt in Richtung auf eine materielle Harmonisierung des Abfallwirtschaftsrechts in der Europäischen Gemeinschaft selbst.

Der Abfallbegriff im deutschen Abfallrecht unter Berücksichtigung des EU- Rechts

Max-Jürgen Seibert

Nach langen, schmerzhaften Geburtswehen ist kurz vor Ablauf der 12. Legislaturperiode des Bundestages das Kreislaufwirtschafts- und Abfallgesetz (KrW-/AbfG) als Art. 1 des Gesetzes zur Vermeidung, Verwertung und Beseitigung von Abfällen (1) – man ist geneigt zusagen: wider Erwarten – doch noch verabschiedet worden. Gemäß Art. 13 Satz 2 des Gesetzes zur Vermeidung, Verwertung und Beseitigung von Abfällen treten die neuen Regelungen, soweit im Einzelfall nichts anderes bestimmt ist, zwei Jahre nach Verkündung, also voraussichtlich im September/Oktober 1996 in Kraft. Zum gleichen Zeitpunkt tritt das z. Z. geltende Abfallgesetz (AbfG) von 1986 außer Kraft. Ein zentraler Streitpunkt bis zuletzt war der Abfallbegriff, der "Schlüssel für die Anwendung" des Abfallrechts (2). Die Kontroverse entzündete sich vor allem an der mangelnden Übereinstimmung des Regierungsentwurfs mit den Vorgaben der EG-Abfallrahmenrichtlinie; der Kritik insbesondere des Bundesrates ist erst in letzter Minute im Vermittlungsausschuß umfassend Rechnung getragen worden. Ob der Abfallbegriff klarer und handhabbarer geworden ist, wird sich erst in der Praxis erweisen müssen. Eine vorgezogene Bewährungsprobe erlebt der neue Abfallbegriff im Bereich der Abfallverbringung; insoweit wird er nämlich bereits im September/Oktober 1994 in Kraft treten (3). Im folgenden soll ein Vergleich der Abfallbegriffe im alten, noch geltenden und im künftigen, teilweise schon geltenden Recht (einschließlich des § 5 Abs. 1 Satz 3 BImSchG) unternommen werden; zum Verständnis beider ist zunächst auf die z. T. wenig präzisen Vorgaben des europäischen Abfallbegriffs (4) einzugehen.

1 Abfallbegriff des EU-Rechts

1.1 Abfallrichtlinie 75/442/EWG vom 15. Juli 1975

Der gemeinschaftsrechtliche Abfallbegriff der Richtlinie des Rates vom 15. Juli 1975 über Abfälle (75/442/EWG) in ihrer Ursprungsfassung (5) unterscheidet – vergleichbar dem deutschen Recht – eine subjektive und eine objektive Komponente. Nach Art. 1 Buchstabe a dieser Richtlinie sind Abfälle alle Stoffe und Gegenstände, deren sich der Besitzer entledigt oder gemäß den geltenden einzelstaatlichen Vorschriften zu entledigen hat. Bedeutsam für das Verständnis des Abfallbegriffs ist ferner der Begriff der Beseitigung in Art. 1 Buchstabe b, der nicht nur das Einsammeln, Sortieren, Befördern, Behandeln, Lagern und Ablagern, sondern auch "die erforderlichen Umwandlungsvorgänge zu ihrer Wiederverwendung, Rückgewinnung oder Verwertung" umfaßt.

Der Beseitigungsbegriff der Richtlinie entspricht damit weitgehend dem Begriff der "Abfallentsorgung" in § 1 Abs. 2 AbfG in der Fassung von 1986. Der EuGH hat in seinen beiden bekannten Entscheidungen vom 28. März 1990 (6) Konkretisierungen des Abfallbegriffs vorgenommen, die zum Teil dem bisher herrschenden deutschen Verständnis widersprechen. Er folgert aus dem auch die Verwertung und Wiederverwendung einschließenden Beseitigungsbegriff sowie aus der Zielsetzung der Richtlinie, die Vermeidung, Verwertung und Wiederverwendung von Abfällen zu fördern, daß der Begriff "Abfälle" im Sinne der Richtlinie auch Stoffe und Gegenstände erfaßt, die zur wirtschaftlichen Wiederverwendung geeignet sind. Nationales Recht, das wiederverwendbare und -verwertbare Stoffe aus dem Abfallbegriff auschließt, steht demnach nicht mit dem europäischen Abfallrecht in Einklang. Der EuGH stellt diese begrifflichen Anforderungen nicht nur an den subjektiven, sondern auch an den objektiven Abfallbegriff. Zum anderen setzt der europäische subjektive Abfallbegriff nach Ansicht des EuGH nicht voraus, daß der Besitzer, der sich eines Stoffes oder eines Gegenstandes entledigt, dessen wirtschaftliche Wiederverwendung durch andere ausschließen will. Für den Begriff der "Entledigung" kommt es demnach nicht darauf an, ob eine Wiederverwertung vom Besitzer beabsichtigt ist. Der früher herrschenden Auffassung (7), daß eine Sache, die ordnungsgemäß verwertet werde, nicht dem Abfallregime unterfallen könne, weil Abfall und Verwertung Gegensätze seien, ist damit der Boden entzogen.

1.2 Änderungsrichtlinie 91/156/EWG vom 18. März 1991

a) Allgemeines

Gemäß Art. 1 der Richtlinie vom 18. März 1991 zur Änderung der Richtlinie 75/442/EWG über Abfälle (91/156/EWG) (8) sind Abfall alle Stoffe oder Gegenstände, die unter die in Anhang I aufgeführten Gruppen fallen und deren sich ihr Besitzer entledigt, entledigen will oder entledigen muß. Die 16 Abfallgruppen des Anhangs I umschreiben lediglich abstrakt und sehr allgemein verschiedene Stoffgruppen; die letzte Gruppe, die Auffangklausel Q 16, erfaßt "Stoffe und Produkte aller Art, die nicht einer der oben erwähnten Gruppen angehören". Gemäß Art. 1 Buchstabe a Satz 2 der Richtlinie hat die Kommission nach einem in Art. 18 detailliert geregelten Verfahren unter Beteiligung eines Ausschusses, der seine Stellungnahme nach dem Mehrheitsschlüssel des Art. 148 Abs. 2 EWGV abgibt, spätestens bis zum 1. April 1993 ein Verzeichnis der unter die Abfallgruppen in Anhang I fallenden Abfälle zu erstellen. Dieses Verzeichnis ist regelmäßig zu überprüfen und erforderlichenfalls nach demselben Verfahren zu überarbeiten. Ein solches Verzeichnis hat die Kommission im Januar 1994 nach langem Vorlauf und mehrfachen Überarbeitungen veröffentlicht (9).

Auch die Neufassung der Richtlinie hält demnach an der Unterscheidung vom subjektivem (entledigt, entledigen will) und objektivem Abfallbegriff (entledigen muß) fest. Zu den wichtigsten Änderungen gehört der entfallene Verweis des objektiven Abfallbegriffs auf die einzelstaatlichen Vorschriften. Statt dessen ist neben das subjektive und das objektive Begriffselement als zusätzliche Tatbestandsvoraussetzung die Zugehörigkeit des Stoffes oder Gegenstandes zu den Abfallgruppen des Anhangs I getreten. Welche Funktion der Anhang I erfüllen soll, ob etwa die einzelstaatliche Definitionsmacht im Sinne des bisherigen objektiven Abfallbegriffes durch europarechtliche Gründe ersetzt worden ist, ist nicht ohne weiteres klar. Zu dieser Unsicherheit trägt bei, daß die Abfallgruppen des Anhangs I insbesondere im Hinblick auf den Auffangtatbestand Q 16 so weit gefaßt sind, daß letztlich *jede* Sache erfaßt wird. Dies hat zur Folge, daß dem als zusätzliches Tatbestandsmerkmal formulierten Anhang I jegliche eingrenzende und konkretisierende Bedeutung fehlt. Eine verbindliche Konkretisierung könnte indes dem Abfallverzeichnis zukommen; aber auch insoweit ist sehr zweifelhaft, welche rechtliche Bedeutung das Verzeichnis für den Abfallbegriff und damit für das nationale Recht hat.

b) Rechtliche Bedeutung des Abfallverzeichnisses

In der Literatur wird verschiedentlich die Ansicht vertreten (10), aufgrund des Verweises auf den Anhang I ergebe sich der Inhalt des objektiven Abfallbegriffes nunmehr aus diesem Anhang, der durch das von der Kommission zu erstellende Abfallverzeichnis ausgefüllt werde. Werde ein Stoff oder Gegenstand dort aufgeführt, so sei er Abfall. Die Gegenposition (11) betont, der objektive Abfallbegriff des EU-Rechts werde in der Neufassung inhaltlich unverändert beibehalten. Die Zugehörigkeit eines Stoffes oder Gegenstandes zum Anhang I und zum Abfallverzeichnis genüge nicht, um dessen Abfalleigenschaft zu begründen; *zusätzlich* müsse entweder der subjektive oder objektive Abfallbegriff der Richtlinie erfüllt sein. Dem Abfallverzeichnis komme lediglich die Bedeutung zu festzulegen, welche Stoffe und Gegenstände jedenfalls als Abfälle in Betracht zu ziehen sind (12). Im Ergebnis wird damit weiterhin den Mitgliedstaaten die ausschließliche Definitionsmacht überantwortet.

Das Anfang 1994 veröffentlichte europäische Abfallverzeichnis scheint die Auffassung von der Unverbindlichkeit seiner Auflistung zu bestätigen, wenn es dort in Nr. 3 der "Einleitung" heißt, die Aufnahme eines Stoffes in den Katalog bedeute nicht, daß es sich unter allen Umständen um Abfall handele, und der Eintrag sei nur dann von Belang, wenn die Definition von Abfall zutreffe. Mit diesem Selbstverständnis enthält das Abfallverzeichnis keinerlei Konkretisierung oder Objektivierung des Abfallbegriffs, sondern lediglich eine Kategorisierung der Abfälle, also allenfalls eine Verständigung über die Nomenklatur bestimmter Stoffe (13). Die neugefaßte Abfallrichtlinie dürfte jedoch dem Abfallverzeichnis eine andere Funktion zugedacht haben. Zwar ist der Anhang I der Abfallrichtinie nach deren Wortlaut ("und") zweifellos ein kumulatives Tatbestandsmerkmal; die Zuordnung eines Stoffes zum Anhang I qualifiziert ihn daher noch nicht als Abfall. Demgegenüber soll die Kommission mit dem Abfallkatalog ein Verzeichnis derjenigen Stoffe und Gegenstände erstellen, die den *Abfallbegriff* des Art. 1 Abs. 1a, d. h., dessen kumulative Tatbestandsvoraussetzungen erfüllen.

Werden Stoffe oder Gegenstände in das *Verzeichnis* aufgenommen, so soll es sich mithin um Abfall handeln; im Einzelfall mag die Abfallqualifikation auch nur als Regelvermutung ausgestaltet sein. Ein verbindlicher Charakter des Abfallverzeichnisses wird insbesondere durch sein Beschlußverfahren nahegelegt. Die novellierte Abfallrichtlinie schreibt in Art. 18 ein aufwendiges, sorgfältig austariertes, mehrere Organe einbeziehendes Verfahren zur Erstellung des Abfallverzeichnisses vor, was nicht verständlich wäre, wenn dem Verzeichnis für die Abfalleigenschaft eines Stoffes keine Bedeutung zukäme. Bekräftigt wird der Verbindlichkeitscharakter durch das Ziel der Neufassung des Abfallbegriffs, die Definitionsmacht der Mitgliedstaaten gerade zu beseitigen oder zumindest zurückzudrängen.

Diese Zielsetzung liefe ins Leere, wenn auf Gemeinschaftsebene die Definitionsbefugnis nicht wahrgenommen und die Bedeutung des Abfallverzeichnisses auf eine "façon de parler" zurückgestutzt würde. Ursprünglich sollte der Anhang I den objektiven Abfallbegriff in der Form von gemeinschaftsrechtlichen Gründen konkretisieren (14). Diese Regelungsabsicht ist aufgegeben und zugleich die Erstellung eines Abfallverzeichnisses vorgeschrieben worden. Das Konkretisierungsproblem ist damit in das Abfallverzeichnis verlagert worden. Die Kommission ist freilich weder befugt noch gar verpflichtet, *abschließend* die als Abfall zu qualifizierenden Stoffe und Gegenstände für einzelne oder alle Abfallgruppen zu bestimmen (15). Sie ist berechtigt, die Abfalleigenschaft einzelner Stoffe mit einem minderen Verbindlichkeitsgrad festzulegen. Kann das vorrangig anzustrebende Ziel, bestimmte Stoffe oder Gegenstände verbindlich als Abfall einzuordnen, etwa wegen der Eigenart der Abfallgruppe nicht erreicht werden, so steht der Kommission als Minus die Befugnis zu, die betreffenden Stoffe mit einem herabgestuften Verbindlichkeitsgrad in das Verzeichnis aufzunehmen. In Betracht kommt insbesondere eine Art Regelvermutung, die im Einzelfall wiederlegt werden kann.

Denkbar ist auch eine Konkretisierung durch Indizien oder Regelbeispiele, die im Einzelfall Anhaltspunkte für die Abfalleigenschaft eines Stoffes im objektiven Sinne oder einen Entledigungswillen geben können. Die Abfallrahmenrichtlinie hat mithin das einzelstaatliche Definitionsmonopol für Abfälle nur in dem Maße aufgehoben, wie die Kommission von ihrer nach Art. 1a Satz 3 eingeräumten Definitionskompetenz Gebrauch macht. Soweit die Kommission ihrem Regelungsauftrag nicht genügt und – wie geschehen – lediglich ein unverbindliches Abfallverzeichnis erstellt, dürfte den Festlegungen nicht einmal eine Regelvermutung oder ein indizieller Charakter entnommen werden können. Es verbleibt vielmehr bei der einzelstaatlichen Definitionsbefugnis. Damit erwiese sich die komplizierte und unübersichtliche Änderung des europäischen Abfallbegriffs mit Einführung eines Anhangs I und eines Abfallverzeichnisses als schlichtes Windei. Sachlich hätte sich nichts gegenüber dem alten Rechtszustand geändert. Während allerdings die Ursprungsfassung der Richtlinie klar und eindeutig regelte, daß sich die Entledigungspflicht nach den einzelstaatlichen Vorschriften richtet, wird dies für den Normadressaten derzeit verschleiert. Angesichts dessen übertrifft das "Elend" des europäischen Abfallbegriffs das des deutschen Rechts bei weitem (16).

c) Begriff des "Abfallbesitzers"

Eine beachtenswerte Erweiterung hat der Begriff des "Besitzers" durch die Änderungsrichtlinie 91/442/EWG erfahren. Nach Art. 1 Buchstabe c i.V.m. Buchstabe b ist neben der juristischen natürlichen Person, in deren Besitz sich die Abfälle befinden, auch der "Erzeuger" der Abfälle Abfallbesitzer. Der europarechtliche Begriff geht damit über das bisherige Verständnis des Abfallbesitzers im geltenden deutschen Recht hinaus, das ausschließlich an die tatsächliche Sachherrschaft anknüpft.

1.3 Abfallverbringungs-Verordnung (EWG) Nr. 259/93

Besonderer Erwähnung bedarf die Verordnung (EWG) Nr. 259/93 des Rates vom 1. Februar 1993 zur Überwachung und Kontrolle der Verbringung von Abfällen in der, in die und aus der Europäischen Gemeinschaft (17), in deren Geltungsbereich der allgemeine europäische Abfallbegriff seit dem 6. Mai 1994 (18) als unmittelbar geltendes Bundesrecht anzuwenden ist. Art. 2 Buchstabe a der VO verweist für die Definition der "Abfälle" auf Art. 1 Buchstabe a der Abfallrichtlinie. Die unmittelbare Geltung des europäischen Abfallbegriffes ist ein weiteres Argument dafür, dem Abfallverzeichnis eine verbindliche Wirkung im Sinne gemeinschaftsrechtlicher Maßstäbe für die Entledigungspflicht zuzuerkennen, weil anderenfalls der europäische objektive Abfallbegriff jeder Konkretisierung entbehrt. Solange indes das Abfallverzeichnis selbst sich als unverbindlich versteht, bleibt auch im Anwendungsbereich der Abfallbestimmungs-VO nur der Rückgriff auf das nationale Recht. Diese Konsequenz hat der Gesetzgeber im Ausführungsgesetz zum Basler Übereinkommen (19) daher auch gezogen und den Abfallbegriff des KrW-/AbfG in § 2 des Abfallverbringungsgesetzes (20) wörtlich übernommen. Da das Ausführungsgesetz zum Basler Übereinkommen – einschließlich Abfallverbringungsgesetz – bereits am 3. Tag nach seiner Verkündung (Art. 7), also voraussichtlich im September/ Oktober 1994, in Kraft tritt, kommt es für einen Zeitraum von 2 Jahren zur parallelen Anwendung des alten und des neuen Abfallbegriffs. Die Unterschiede sind freilich nicht so gravierend, wie verbreitet angenommen wird.

2 AbfG in der Fassung von 1986

2.1 Objektiver Abfallbegriff

Abfall im Sinne des geltenden deutschen objektiven Abfallbegriffs sind bewegliche Sachen, deren geordnete Entsorgung zur Wahrung des Wohls der Allgemeinheit, insbesondere des Schutzes der Umwelt, geboten ist (§ 1 Abs. 1 Satz 1, 2. Alternative AbfG). Nach der bisher im verwaltungsrechtlichen Schrifttum und in der Rechtsprechung überwiegend vertretenen Auffassung ist eine Entsorgung nicht geboten, wenn Stoffe, die die Umwelt potentiell gefährden, vom Besitzer umweltunschädlich verwertet werden (21). Maßstab für die schadlose Verwertung und Verwendung einer potentiell gefährlichen Sache soll die Prüfung sein, ob eine konkrete Gefahr im Einzelfall vorliegt; denn der objektive Abfallbegriff rechtfertige keine abfallrechtliche Präventivkontrolle der privaten Verwertung. Demgegenüber knüpft das BVerwG nunmehr den Abfallbegriff nicht mehr an die konkrete Gefahr im Einzelfall, sondern stellt auf die abstrakte Gefährdungslage ab. In seinen Urteilen vom 24. Juni 1993 (22) hat es die Entsorgung einer Sache als "geboten" erachtet, wenn die gegenwärtige Aufbewahrung der Sache und ihre künftig Verwendung oder Verwertung *typischerweise* zu einer Gemeinwohlgefährdung, insbesondere zu Umweltgefahren führt. Die Gefährdung, die von der Sache in ihrem Ausgangszustand ausgeht (sogenanntes gegenwärtiges Gefahrenpotential), ist nach dem gleichen abstrakten Gefahrenmaßstab zu beurteilen wie die Gefährdung, die durch eine beabsichtigte private Verwendung oder Verwertung der Sache entsteht (sogenanntes zukünftiges Gefahrenpotential). Die Abfalleigenschaft eines Altstoffs wird folglich nicht schon dadurch ausgeschlossen, daß er an einen Dritten zur Verwendung oder Verwertung weitergegeben werden kann oder tatsächlich weitergegeben wird. Ein Altstoff ist allerdings regelmäßig dann nicht Abfall, sondern Wirtschaftsgut, wenn für ihn ein Marktpreis erzielt werden kann. Diese Konkretisierung des objektiven Abfallbegriffs entspricht dem Begriffsverständnis des EuGH zur Abfallrichtlinie 75/442/EWG. Ob der durch die Änderungsrichtlinie 91/156/EWG modifizierte Abfallbegriff weitergehende Anpassungen des deutschen objektiven Abfallbegriffs erfordert, hängt maßgeblich von der rechtlichen Bedeutung des Abfallverzeichnisses ab. Folgt man der hier befürworteten Auffassung, daß der EU-Abfallbegriff durch das Abfallverzeichnis eine Konkretisierung erfährt, bedarf es im deutschen Recht zumindest einer (dynamischen) Bezugnahme auf das europäische Abfallverzeichnis. Die Konkretisierung des Abfallverzeichnisses hat Vorrang vor der nationalen Definition der Entledigungspflicht im Sinne des objektiven Abfallbegriffs, erübrigt diese aber nicht. Derartige Harmonisierungsprobleme bestehen freilich nicht, wenn das Abfallverzeichnis lediglich als unverbindliche Auflistung aller als Abfall in Betracht kommenden Stoffe und Gegenstände verstanden wird. Da das Verzeichnis nicht erschöpfend ist, käme ihm keinerlei konkretisierende Bedeutung zu. Dem nationalen Normgeber bliebe es freilich im Hinblick auf Art. 130t EWGV unbenommen, die im Abfallverzeichnis aufgeführten Stoffe im nationalen Recht verbindlich oder mit indiziellem Charakter als Abfälle einzuordnen (23).

2.2 Subjektiver Abfallbegriff

Der überkommene deutsche subjektive Abfallbegriff beruht noch auf dem ursprünglich engen Beseitigungsbegriff im Sinne von Vernichtung, wie er dem AbfG in der Fassung von 1972 zunächst zugrunde lag; entledigen wurde danach verstanden als Gewahrsamsaufgabe zum alleinigen Zweck der Beseitigung einer Sache, ohne daß zugleich ein anderer Zweck im Sinne einer irgendwie gearteten weiteren Verwendung der Sache verfolgt wird (24). Dieses Abfallverständnis ist mit dem europäischen Recht nicht zu vereinbaren und kann jedenfalls für die durch das AbfG 1986 geschaffene Rechtslage nicht aufrechterhalten werden. Denn der Begriff der Beseitigung ist durch den Begriff der Entsorgung ersetzt worden, der auch die Verwertung von Abfällen einschließt (vgl. §§ 1 Abs. 2, 1a Abs. 2, 3 Abs. 2 Satz 3 AbfG). Die Abfalleigenschaft eines Stoffes, deren sich der Besitzer entledigen will, wird deshalb nicht allein dadurch ausgeschlossen, daß er an einen zur wirtschaftlichen Wiederverwertung bereiten Dritten weitergegeben werden kann oder tatsächlich weitergegeben wird. Diese Konsequenzen hat das Bundesverwaltungsgericht (25) im Zusammenhang mit dem objektiven Abfallbegriff bereits gezogen.

Die allgemein gehaltenen Ausführungen lassen erwarten, daß das Gericht auch den subjektiven Abfallbegriff entsprechend revidieren und an den europäischen subjektiven Abfallbegriff angleichen wird. Mit der Aufgabe des engen Entledigungsbegriffs sind freilich noch nicht die neuen Grenzen bestimmt. Ein Entledigungswille ist regelmäßig dann zu verneinen, wenn eine Sache veräußert wird. Umgekehrt ist der Entledigungswille bei der Abgabe einer Sache an einen verwertungsbereiten Dritten *gegen Entgelt* zu bejahen. Die Zahlung eines "Draufgeldes" indiziert unzweifelhaft den Entledigungswillen, und zwar unabhängig davon, ob ein wirtschaftlicher Vorteil darin liegen mag, daß das Entgelt geringer ist als die für die Abfallentsorgung sonst anfallende Gebühr. Hierzu werden auch die Fälle gerechnet werden können, in denen der Stoffbesitzer sonstige Aufwendungen erbringt (z. B. Einsatz von Personal, Transport- und Arbeitsgerät), um die Sache "loszuwerden". Werden die Stoffe unentgeltlich zur weiteren Verwendung oder Verwertung überlassen, dürfte bei richtlinienkonformer Auslegung in der Regel von einem Entledigungswillen auszugehen sein. Wie im Fall des "Draufgeldes" geht es hier dem Besitzer in erster Linie darum, sich von einer für ihn nutz- und wertlos gewordenen Sache zu befreien. Ungeklärt ist ferner, wann und unter welchen Voraussetzungen die Abfalleigenschaft im subjektiven Sinne entfällt, wenn der bisherige Besitzer die Sache tatsächlich, sei es auch unter Verstoß gegen seine abfallrechtlichen Pflichten aus § 3 Abs. 1 oder 4 AbfG, an einen Dritten weitergibt. Wird die Sache *verwertet*, also einem Umwandlungsvorgang unterworfen, um sie dem Wirtschaftskreislauf wieder zuzuführen, so entfällt die Abfalleigenschaft erst mit Abschluß der Verwertung. *Verwendet* der neue Besitzer die Sache hingegen unmittelbar (d. h. ohne Aufbereitung) für einen neuen Zweck, so verliert die Sache ihre Abfalleigenschaft bereits mit Übergabe an den neuen Besitzer.

3 Kreislaufwirtschafts- und Abfallgesetz

3.1 Allgemeines

Zielsetzung des KrW-/AbfG ist ein gegenüber dem geltenden AbfG erweiterter gesetzlicher Anwendungsbereich. So werden u. a. alle (Rest-)Stoffe einbezogen, die bei der Produktion oder beim Konsum mehr oder weniger "ungewollt" oder "unbeabsichtigt" anfallen (26). Die bisherigen Abgrenzungsschwierigkeiten zwischen

Abfall und (verwertbarem) Wirtschaftsgut (27) sollen beseitigt werden, um die grundlegenden Ziele einer vorrangigen Vermeidung und Verwertung von Abfällen zu erreichen (28). Freilich werden die Unterschiede zwischen neuem und altem Recht aufgrund der beschriebenen europarechtskonformen Auslegung des geltenden AbfG durch das Bundesverwaltungsgericht deutlich gemildert. Insbesondere die Verwertung von Abfällen ist entgegen der früher herrschenden Meinung bereits jetzt Bestandteil der dem Abfallregime unterfallenden Abfallentsorgung; die Verwertung von Reststoffen im Sinne des § 5 Abs. 1 Nr. 3 BImSchG untersteht hingegen erst nach Inkrafttreten des KrW-/AbfG dem Abfallregime (dazu unter IV). § 3 Abs. 1 Satz 1 KrW-/AbfG übernimmt beinahe wörtlich den Abfallbegriff der EG-Abfallrahmenrichtlinie: "Abfälle im Sinne des Gesetzes sind alle beweglichen Sachen, die unter die im Anhang I aufgeführten Gruppen fallen und deren sich ihr Besitzer entledigt, entledigen will oder entledigen muß." Anhang I des KrW-/AbfG ist identisch mit dem bereits erwähnten Anhang I der EG-Abfallrahmenrichtlinie. Angesichts der Auffangklausel Q 16 (29) stellt der Anhang I keine Konkretisierung des Abfallbegriffes dar. Das Abfallverzeichnis der EU hat bisher keine Berücksichtigung im KrW-/AbfG gefunden, ganz offensichtlich wegen der beschriebenen Unsicherheit über den Verbindlichkeitsgrad (30). Derzeit ist daran gedacht, das Abfallverzeichnis über die Verordnungs-Ermächtigung des § 57 KrW-/AbfG (Umsetzung von Rechtsakten der europäischen Gemeinschaften) in das deutsche Recht einzuführen, obwohl die Ermächtigungsnorm sich nur auf Anforderungen an die ordnungsgemäße und schadlose Verwertung sowie die umweltverträgliche Beseitigung erstreckt. Geht man von der Unverbindlichkeit des aktuellen europäischen Abfallverzeichnisses aus, so könnte überdies zweifelhaft sein, ob es sich insoweit überhaupt um eine "Umsetzung" i. S. d. § 57 KrW-/AbfG handelt.

Der nationale Rechtsetzungsgeber wird sich jedenfalls bei der "Umsetzung" Klarheit über die Verbindlichkeit bzw. den Indizcharakter des Abfallverzeichnisses zu verschaffen haben. Die bis zuletzt umstrittene Terminologie ist in der jetzt verabschiedeten Gesetzesfassung an das EU-Recht angepaßt worden. Der ursprünglich vorgesehene Rückstandsbegriff ist durch den Terminus "Abfall" ersetzt worden. Dabei werden Abfälle zur Verwertung (Abfälle, die verwertet werden) und Abfälle zur Beseitigung (Abfälle, die nicht verwertet werden) unterschieden (§ 3 Abs. 1 Satz 2 KrW-/AbfG). Der Begriff des Abfallerzeugers (§ 3 Abs. 5 KrW-/AbfG) ist – abweichend vom EU-Recht – eigenständig definiert worden und steht neben dem Begriff des Abfallbesitzers (§ 3 Abs. 6 KrW-/AbfG).

3.2 Subjektiver Abfallbegriff

Der subjektive Abfallbegriff wird künftig eine dominantere Rolle spielen. Er wird in § 3 Abs. 2 und 3 KrW-/AbfG näher bestimmt. § 3 Abs. 2 KrW-/AbfG übernimmt weitgehend die Elemente des bisherigen Begriffsverständnisses. Eine Entledigung liegt danach vor, wenn der Besitzer bewegliche Sachen einer Verwertung oder Beseitigung zuführt oder die tatsächliche Sachherrschaft über sie unter Wegfall jeder weiteren Zweckbestimmung aufgibt. Eine Erweiterung und zugleich "Verobjektivierung" des subjektiven Abfallbegriffs erfolgt durch § 3 Abs. 3 KrW-/AbfG. Diese Vorschrift "fingiert" den Entledigungswillen in zwei Fällen. Während Abs. 2 auf die Gewahrsamsaufgabe bzw. die Verwertungs- oder Beseitigungsabsicht abstellt, ist Ansatzpunkt in Abs. 3 die Verwendungsabsicht. Zum einen fallen solche beweglichen Sachen unter den subjektiven Abfallbegriff, die bei der Energieumwandlung, Herstellung, Behandlung oder Nutzung von Stoffen oder Erzeugnissen oder bei Dienstleistungen anfallen, ohne daß der Zweck der jeweiligen Handlung hierauf gerichtet ist (Abs. 3 Nr. 1). Damit hat der bisherige Reststoffbegriff des § 5 Abs. 1 Nr. 3 BImSchG Eingang in die Abfalldefinition gefunden. Zum anderen sind solche Sachen Abfall im subjektiven Sinne, deren ursprüngliche Zweckbestimmung entfällt oder aufgegeben wird, ohne daß ein neuer Verwendungszweck unmittelbar an deren Stelle tritt (Abs. 3 Nr. 2). Für die Beurteilung der Zweckbestimmung in beiden Fällen ist die Auffassung des Erzeugers oder Besitzers unter Berücksichtigung der Verkehrsanschauung zugrunde zu legen.

Die Verkehrsanschauung beurteilt sich nach der Auffassung der beteiligten Verkehrskreise und Fachleute. Sie stellt also ein Korrektiv für die Angaben des Abfallbesitzers dar und macht die Verobjektivierung deutlich. Fraglich ist, ob und inwieweit im Rahmen der Verkehrsanschauung die Umweltunschädlichkeit oder Rechtmäßigkeit des Verwendungszwecks von Bedeutung ist. Man wird differenzieren müssen. Ist die beabsichtigte Verwendung ihrer Art nach umweltrechtlich inkriminiert, wird sie grundsätzlich auch nach der Verkehrsanschauung nicht akzeptiert werden. Anders liegt der Fall, wenn bei einer an sich zulässigen und üblichen Verwendung im konkreten Einzelfall gegen umweltrechtliche Vorschriften verstoßen wird. Hier wird nicht der Stoff allein wegen der unsachgemäßen Verwendung zu Abfall. Mit dem neuen Abfallbegriff des KrW-/AbfG verschieben sich die Auslegungs- und Anwendungsprobleme. Während beim früheren Abfallbegriff die leidige Abgrenzung zwischen Wirtschaftsgut und Abfall Kopfzerbrechen bereitete (31), steht nun die Abgrenzung zwischen Produkt und Abfall im Vordergrund (32). Insoweit kann freilich auf die bisherigen Abgrenzungsversuche zum Reststoffbegriff des § 5 Abs. 1 Nr. 3 BImSchG zurückgegriffen werden; Nebenprodukte sind daher kein Abfall, wenn sie im Regelfall gewinnbringend veräußert werden können (33). Im Rahmen des § 3 Abs. 3 Nr. 2 KrW-/AbfG ist ferner der Streit darüber, ob ein neuer Verwendungszweck an die Stelle des alten getreten ist, vorprogrammiert. Denn dem Erfindungsreichtum verwertungs- oder beseitigungsunwilliger Abfallbesitzer dürften keine Grenzen gesetzt sein (34).

3.3 Objektiver Abfallbegriff

Als ergänzendes Korrektiv greift hier –ähnlich wie nach geltendem Recht– der objektive Abfallbegriff ein. Nach § 3 Abs. 4 KrW-/AbfG besteht eine Entledigungspflicht, wenn die fraglichen Sachen nicht mehr ihrer *ursprünglichen* Zweckbestimmung entsprechend verwendet werden, aufgrund ihres konkreten Zustandes geeignet sind, gegenwärtig oder künftig das Wohl der Allgemeinheit, insbesondere die Umwelt, zu gefährden und deren Gefährdungspotential nur durch eine ordnungsgemäße und schadlose Verwertung oder gemeinwohlverträgliche Beseitigung ausgeschlossen werden kann. Diese Begriffsbestimmung greift die neuere Rechtsprechung des Bundesverwaltungsgerichts auf und stellt auf das gegenwärtige und künftige (abstrakte) Gefährdungspotential ab. Kann für den Stoff grunsätzlich ein Marktpreis erzielt werden, ist dies –wie bisher– als Indiz gegen die Abfalleigenschaft anzusehen. In der Sache dürften sich daher kaum relevante Unterschiede zum geltenden Recht ergeben. Wegen der Verobjektivierung des subjektiven Abfallbegriffs wird man freilich künftig seltener auf den objektiven Abfallbegriff zurückgreifen müssen. Der Umstand, daß das KrW-/AbfG die Abfalldefinition wortgetreu aus dem EU-Recht übernommen hat, darf nicht zu dem Fehlschluß führen, die Abfallbegriffe beider Rechtskreise seien identisch. Der Abfallbegriff der Abfallrahmenrichtlinie ist *Rahmenrecht*, das lediglich Mindeststandards vorgibt, die in nationales Recht umgesetzt werden müssen. Deutlich wird dies insbesondere beim objektiven Abfallbegriff, der seine Konkretisierung und seinen Inhalt erst durch das nationale Recht erfährt.

4 § 5 Abs. 1 Nr. 3 BImSchG

4.1 Geltende Regelung

Der Abfallbegriff und damit die Anwendung des AbfG werden verdrängt durch die anlagenbezogenen Regelungen des § 5 Abs. 1 Nr. 3 BImSchG. Diese Vorschrift verpflichtet den Betreiber einer nach § 4 BImSchG genehmigungsbedürftigen Anlage zur Vermeidung oder ordnungsgemäßen und schadlosen Verwertung von Reststoffen. Nur wenn dies technisch nicht möglich oder unzumutbar ist, entfällt die Vermeidungs- und Verwertungspflicht, und die Reststoffe dürfen und müssen als Abfälle ohne Beeinträchtigung des Wohls der Allgemeinheit beseitigt werden. Unter Reststoffen sind alle Stoffe zu verstehen, die bei der Energieumwandlung, bei der Herstellung, Bearbeitung oder Verarbeitung von Stoffen oder auf sonstige Weise im Rahmen des Anlagenbetriebs anfallen, ohne daß der Zweck des Anlagenbetriebs hierauf gerichtet ist (vgl. § 2 Nr. 4 der 17. BImSchV) (35). Aus § 1a Abs. 1 Satz 2 AbfG ergibt sich, daß Reststoffvermeidung und -verwertung nicht den Vorschriften über die Entsorgung von Abfällen unterliegen(36). Diese Verdrängung des Abfallrechts ist schwer verständlich (17) und beruht noch auf dem alten, auf Beseitigung fixierten Abfallverständnis des AbfG 1972. Sie wirft überdies europarechtliche Probleme auf. Verwertbare Reststoffe im Sinne des § 5 Abs. 1 Nr. 3 BImSchG unterfallen grundsätzlich dem europäischen Abfallbegriff. Nach Art. 10 i.V.m. Anhang II B der Abfallrahmenrichtlinie bedürfen alle Anlagen oder Unternehmen, die Abfälle verwerten, einer Genehmigung. Die Voraussetzungen für Ausnahmen von der Genehmigungspflicht nach Art. 11 der Abfallrahmenrichtlinie erfüllt das deutsche Recht z. Z. nicht, da Vorschriften, die die "Bedingungen" festlegen, "unter denen die Tätigkeit von der Genehmigungspflicht befreit werden kann" (Art. 11 Abs. 1 Satz 2, erster Spiegelstrich), bisher nicht erlassen wurden (38). Die immissionsschutzrechtliche Genehmigung für die reststoffproduzierende Anlage vermag dieser europarechtlichen Genehmigungspflicht dann nicht zu genügen, wenn *Dritte* die Reststoffe im Sinne des § 5 Abs. 1 Nr. 3 BImSchG verwerten; denn genehmigungspflichtig sind die Anlagen oder Unternehmen selbst, die Abfälle verwerten. Diese europarechtlichen Vorgaben haben das Bundesverwaltungsgericht in seinem jüngsten Urteil vom 26. Mai 1994 (39) zu einer vorsichtigen richtlinienkonformen Auslegung bewogen. Die Verwertung von Reststoffen aus immissionsschutzrechtlich genehmigungsbedürftigen Anlagen sei nur dann nicht dem sonst regelmäßig eingreifenden, eine gemeinwohlverträgliche Entsorgung gebietenden Abfallrecht (vgl. § 2 Abs. 1 Satz 2 AbfG) zu unterstellen, wenn die Verwertung einer sonstigen behördlichen Bewilligung bedarf, die nach Verfahren und materiellen Zulassungsvoraussetzungen so ausgestaltet ist, daß eine ordnungsgemäße und schadlose Reststoffverwertung gewährleistet ist.

Dies kann – wie bei der Verfüllung von Tagebauen – eine bergrechtliche Betriebsplanzulassung oder etwa auch eine wasserrechtliche Gestattung oder immissionsschutzrechtliche Genehmigung sein. Die Abgrenzung zwischen Verwertung und Beseitigung von Reststoffen entscheidet über die Anwendung des Abfallrechts. Von erheblicher praktischer Bedeutung ist die schwierige Frage, ob die Verfüllung von Tagebauen mit Reststoffen im Sinne des § 5 Abs. 1 Nr. 3 BImSchG (z. B. Gipsen und Aschen aus Rauchgasentschwefelungsanlagen) zur Wiedernutzbarmachung der Oberfläche als Verwertungsvorgang anzusehen ist, obwohl der äußere Vorgang der Ablagerung von Abfällen in Deponien gleicht (40). Das Bundesverwaltungsgericht hat dies jedenfalls für den Fall bejaht, daß eine bergrechtliche Verpflichtung zur Rekultivierung des Tagebaues besteht (41). Der den Verwertungsvorgang kennzeichnende konkrete Nutzungseffekt bestehe darin, daß die Verfüllung der Herstellung eines von der Rechtsordnung geforderten Zustands diene. Diese Entscheidung lenkt den Blick auf ein Defizit der geltenden Fassung des § 5 Abs. 1 Nr. 3 BImSchG. Zwar besteht im Verhältnis von Reststoffverwertung zur Reststoffbeseitigung ein gesetzliches Vorrangverhältnis, nicht jedoch im Verhältnis zwischen verschiedenen Verwertungsarten. Deshalb kann die Immissionsschutzbehörde z. B. den Betreiber einer Rauchgasentschwefelungsanlage nicht über § 5 Abs. 1 Nr. 3 BImSchG verpflichten, die anfallenden REA-Gipse einer "höherwertigen" Verwertung zuzuführen, sie also gereinigt in der Gipsindustrie als Rohstoff einzusetzen, statt sie kostengünstiger schlicht zu verfüllen.

4.2 Neufassung

Art. 2 des Gesetzes zur Vermeidung, Verwertung und Beseitigung von Abfällen hat den Begriff "Reststoffe" in § 5 Abs. 1 Nr. 3 BImSchG durch den Begriff "Abfälle" ersetzt, das grundsätzliche Nebeneinander von anlagenbezogenen Anforderungen nach dem BImSchG und der eher stoffbezogenen Sicht des Abfallrechts freilich aufrechterhalten (vgl. § 9 KrW-/AbfG) (42). In § 5 Abs. 1 Nr. 3 BImSchG wird daher künftig der neue Abfallbegriff des § 3 KrW-/AbfG in Bezug genommen. Dieser erfaßt gemäß § 3 Abs. 1 i.V.m. Abs. 3 Nr. 1 KrW-/AbfG u. a. auch solche beweglichen Sachen, die bei der Energieumwandlung, Herstellung, Behandlung oder

Nutzung von Stoffen oder Erzeugnissen oder bei Dienstleistungen anfallen, ohne daß der Zweck der jeweiligen Handlung hierauf gerichtet ist, also im wesentlichen Reststoffe im herkömmlichen Sinne. Der neue Abfallbegriff ist damit weiter als der bisherige Reststoffbegriff. Wie der geltende immissisionsschutzrechtliche Reststoff- bzw. Abfallbegriff erstreckt sich auch der künftige Abfallbegriff des § 5 Abs. 1 Nr. 3 BImSchG auf *alle* beim Anlagenbetrieb entstehenden unerwünschten Nebenprodukte und umfaßt z. B. auch Abwässer. Denn § 2 Abs. 2 KrW-/AbfG nimmt zwar (wie bisher § 1 Abs. 3 AbfG) Abwässer vom Geltungsbereich des KrW-/AbfG aus, engt aber nicht den Abfallbegriff ein. Zu begrüßen ist, daß nunmehr gemäß § 9 Satz 2 i.V.m. § 5 Abs. 2 Satz 3 KrW-/AbfG auch im Bereich des § 5 Abs. 1 Nr. 3 BImSchG eine "hochwertige Verwertung" anzustreben ist. Den geschilderten Bedenken zum geltenden Recht ist damit Rechnung getragen. Die bedeutsamste Änderung der Neufassung des § 5 Abs. 1 Nr. 3 BImSchG i.V.m. der Regelung des § 9 KrW-/AbfG besteht darin, daß nunmehr auch die Reststoffverwertung und -vermeidung dem Abfallregime unterfällt. Während nach geltendem Recht die Verwertung von Reststoffen keine Abfallverwertung darstellt, ist mit der jetzigen Qualifizierung der Reststoffe als Abfälle diese "Privilegierung" entfallen. Dies wirkt sich sowohl auf die Genehmigungsbedürftigkeit als auch auf die Überwachung des Verwertungsvorgangs aus. Die bisherige – fragwürdige – unterschiedliche rechtliche Behandlung von Reststoffen und Abfällen ist damit aufgegeben.

Bemerkenswert ist schließlich die Erweiterung des Anwendungsbereichs des § 5 Abs. 1 Nr. 3 BImSchG durch die neue Verordnungsermächtigung in § 22 Abs. 1 Satz 2 BImSchG. Danach wird die Bundesregierung ermächtigt, diejenigen *nicht genehmigungsbedürftigen* Anlagen in einer Rechtsverordnung festzulegen, für die die anlagenbezogenen Anforderungen an die Vermeidung, Verwertung und Beseitigung von Abfällen gemäß § 5 Abs. 1 Nr. 3 BImSchG entsprechend gelten sollen. Maßstab für die Festlegung sind Art oder Menge aller oder einzelner anfallender Abfälle.

Anmerkungen

1 Bislang nicht im BGBl veröffentlicht; der Text ergibt sich aus der BR-Drs. 654/94.

2 Hösel/von Lersner, Recht der Abfallbeseitigung des Bundes und der Länder, § 1 AbfG RdNr. 3; Kloepfer, Umweltrecht, 1989, § 12 RdNr. 21

3 dazu näher unter 1.3

4 siehe dazu Krieger, RdE 1991, 202ff.; von Wilmowsky, NuR 1991, 253 (254f.); ders., EuR 1992, 414ff.; Kersting, Die Abgrenzung zwischen Abfall und Wirtschaftsgut, 1992; ders., DVBl 1992, 343ff.; Dieckmann, NuR 1992, 407; Bickel, NuR 1992, 361 (368ff.); Fluck, DVBl 1993, 590ff.; Paetow, in: 2. Kölner Abfalltage – Abfallwirtschaft im EG-Binnenmarkt, 1993, S. 85ff.; Fluck a.a.O., S. 103ff.; Zubiller, a.a.O., S. 125ff.; Seibert, DVBl 1994, 229ff.; zum Strafrecht: BGH, Urteil vom 26. Februar 1991, DVBl 1991, 876 = BGHSt 37, 333 ("Pyrolyse"); hierzu Franzheim/Kreß, JR 1991, 402; Horn, JZ 1991, 886

5 ABl. Nr.·L 194, S. 47. Die speziellen Einzelrichtlinien knüpfen ebenfalls an die allgemeine Abfalldefinition an und konkretisieren sie entsprechend für die zu regelnden Teilbereiche. So setzt z. B. die Anwendung der Richtlinie vom 12. Dezember 1991 über gefährliche Abfälle (91/689/EWG) den allgemeinen Abfallbegriff der Richtlinie 75/442/EWG voraus (Art. 1 Abs. 3). Zur EG-Abfallverbringungs-Verordnung siehe näher unter 3.

6 NVwZ 1991, 660 und 661

7 vgl. Kunig/Schwermer/Versteyl, AbfG, 2. Auflage 1992, § 1 RdNr. 28 und 33 m.w.N.; Tettinger, GewArch 1988, 41 (43); Altenmüller, DÖV 1978, 27 (31); Sondergutachten des Rates von Sachverständigen für Umweltfragen vom September 1990 "Abfallwirtschaft", BT-Drs. 11/8493, insbesondere Tz. 109; Kersting, Die Abgrenzung zwischen Abfall und Wirtschaftsgut, S. 185ff., VGH BaWü, GewArch 1990, 425; anderer Ansicht Hess VGH, NJW 1987, 393

8 ABl. Nr. L 78, S. 32

9 ABl. vom 7. Januar 1994 Nr. L 5, S. 15

10 Kersting, DVBl 1992, 343 (345f.); ähnlich Schröder, DÖV 1991, 910 (914); diferenzierend Paetow, a.a.O. (Fußnote 4), S. 94ff.

11 Bickel, NuR 1992, 361 (369); Dieckmann, NuR 1992, 407 (408)

12 im Ergebnis ähnlich Fluck, DVBl 1993, 590 (591), der jedoch in der Bezugnahme auf den Anhang I der Abfallrichtlinie und das Abfallverzeichnis eine "gewisse Konkretisierung" des Abfallbegriffes sieht (S. 596)

13 vgl. Nr. 5 der "Einleitung" des europäischen Abfallkatalogs: "Der Europäische Abfallkatalog soll eine Bezugsnomenklatur darstellen, mit der eine gemeinsame Terminologie für die ganze Gemeinschaft festgelegt ... werden soll."

14 vgl. die Vorschläge der Kommission zur Änderung der Richtlinie 75/442/EWG vom 16 August 1988 (ABl. Nr. C 295, S. 3) und vom 23. November 1989 (ABl. Nr. C 326, S. 6)

15 im Ergebnis ebenso Dieckmann, NuR 1992, 407 (411f.)

16 zu letzterem siehe Franßen, Vom Elend des (Bundes-) Abfallgesetzes, in: Festschrift für Redeker, 1993, S. 457ff.

17 ABl. Nr. L 30, S. 1ff.; siehe dazu auch das Urteil des EuGH vom 28. Juni 1994, DVBl 1994, 997, wonach die Verordnung zutreffend auf Art. 130s EWGV und nicht auf Art. 100a EWGV gestützt worden ist.

18 siehe Art. 44 der Verordnung

19 Ausführungsgesetz zu dem Basler Übereinkommen vom 22. März 1989 über die Kontrolle der gesetzüberschreitenden Verbringung von Abfällen und ihrer Entsorgung. Das verabschiedete Gesetz ist bislang noch nicht im BGBl. veröffentlicht; der Text ergibt sich aus der BR-Drs. 653/94

20 Das Abfallverbringungsgesetz ist als Art. 1 des Ausführungsgesetzes zum Basler Übereinkommen (siehe Fußnote 19) verabschiedet worden.

21 siehe Fußnote 7

22 – 7 C 11.92 –, DVBl 1993, 1139 = NVwZ 1993, 988 = UPR 1993, 387 = ZUR 1993, 219 mit Anmerkung Wendenburg ("Bauschutt");
– 7 C 10.92 –, DVBl 1993, 1137 = NVwZ 1993, 990 = UPR 1993, 389 = ZUR 1993, 218 ("Altreifen")

23 zweifelnd Fluck, in: 2. Kölner Abfalltage – Abfallwirtschaft im EG-Binnenmarkt, S. 103 (109f.)

24 vgl. BVerwG, Beschluß vom 19. Dezember 1989 – 7 B 157.89 –, DÖV 1990, 570; siehe aber auch Beschluß vom 20. August 1987 – 7 B 156.87 – (nicht veröffentlicht): "Beseitigung" im Sinne des AbfG erfasse nicht nur die stoffliche Vernichtung, sondern auch die Verwertung als besondere Form der Abfallbeseitigung. Aus der Literatur z. B. Kunig/Schermer/Versteyl (Fußnote 7), § 1 RdNr. 14; Hösel/von Lersner (Fußnote 2), § 1 AbfG RdNr. 6; Franßen, Grundzüge des Umweltrechts, 1982, S. 399 (411)

25 Urteile vom 24. Juni 1993, a.a.O. (Fußnote 10)

26 Begründung des Gesetzesentwurfs vom 15. September 1993, BT-Drs. 12/5672, S. 35

27 vgl. Kersting, Die Abgrenzung zwischen Abfall und Wirtschaftsgut, 1992, m.w.N.

28 vgl. auch die Darstellung bei Kersting, DVBl 1994, 273 (275ff.)

29 siehe oben unter 1.2 a

30 In ihrer Gegenäußerung zur Stellungnahme des Bundesrates (BT-Drs. 12/5672, S. 121) hoffte die Bundesregierung noch, die vom Abfallkatalog der EU "zu erwartende materielle Konkretisierung der Begriffe" im Gesetz berücksichtigen zu können.

31 Bei europarechtskonformer Auslegung des geltenden Abfallbegriffs macht freilich die Verwertungsabsicht allein aus Abfall noch kein "Wirtschaftsgut", siehe oben unter 2

32 ebenso Begründung zum Regierungsentwurf, BT-Drs. 12/5672, S. 120

33 vgl. Hansmann, NVwZ 1990, 409 (410)

34 vgl. Kersting, DVBl 1994, 273 (276)

35 BVerwG, Urteil vom 26. Mai 1994 – 7 C 14.93 –; ferner OVG Saarland, NVwZ 1990, 491; Rehbinder DVBl 1989, 496 (497); Rehbentisch, UPR 1989, 209 (211); Fluck, NuR 1989, 409 (410); Hansmann, NVwZ 1990, 409 (411) Jarrss, BImSchG 2. Auflage 1992, § 5 RdNr. 63

36 BVerwG, Urteil vom 26. Mai 1994 – 7 C 14.93 – in Übereinstimmung mit der herrschenden Meinung

37 Da die Genehmigungsbedürftigkeit nicht selten von der Kapazität der Anlage abhängt, wird z. B. die Verwertung desselben Reststoffes bei kleinen Anlagen als Abfall, bei großen als Nichtabfall behandelt

38 vgl. auch Fluck, DVBl 1993, 590 (597)

39 – 7 C 14.93 –

40 vgl. dazu auch Anhang II A Ziffer D 1 der EG-Abfallrichtlinie, wo "Ablagerungen in oder auf dem Boden (d. h. Deponieren usw.)" zu den Beseitigungsverfahren gezählt werden.

41 Urteil vom 26. Mai 1994, a.a.O.

42 Der Referentenentwurf vom Juni 1992 hatte noch folgende Neufassung des § 5 Abs. 1 Nr. 3 BImSchG vorgesehen: "Rückstände nach Maßgabe des KrW-/ABfG vermieden, verwertet oder entsorgt werden."

Anwendung der EU-Vorschriften im Vollzug

Carl-Otto Zubiller

1 Bedeutung der EU-Vorschriften im nationalen Vollzug

Nach deutschem Recht ist der Vollzug abfallrechtlicher Vorschriften Ländersache. Das gilt in der Durchführung auch für die EU-Vorschriften. In der rechtlichen Rangordnung gibt es allerdings Unterschiede. EG-Verordnungen sind unmittelbar, ohne besondere Umsetzung, im nationalen Recht anzuwenden, sie sind verbindlich, Abweichungen oder Ausgestaltungen sind nicht zulässig.

EU-Richtlinien sind konform anzuwenden. Die Mitgliedstaaten, hier die Bundesregierung, sind dementsprechend verpflichtet, die EU-Vorschriften, die nicht unmittelbar wirken, in nationales Recht umzusetzen. Dabei ist eine konforme Ausgestaltung im Sinne von Mindestanforderungen verlangt. Im nationalen Umweltrecht können – bei Richtlinien nach Artikel 130s – höhere Anforderungen, als in den EU-Richtlinien festgelegt, verlangt werden.

Solange und soweit die Bundesregierung nicht umsetzt, sind nach unserer Auffassung die zuständigen Vollzugsbehörden verpflichtet, die Richtlinien konform anzuwenden.

Internationale Übereinkommen, zu denen sich die EU und die Mitgliedstaaten im einzelnen verpflichtet haben, sind durch nationale Ausführungsgesetze umzusetzen. Für den Bereich der Abfallwirtschaft, insbesondere im Falle der grenzüberschreitenden Verbringung, sind das Basler Übereinkommen und die Abfallverbringungs-Verordnung in Verbindung mit den OECD-Ratsentscheidungen (Verbringung von Abfällen zur Verwertung) maßgebend.

Die Umsetzung soll in Kürze durch das Abfallverbringungsgesetz erfolgen, nachdem im Vermittlungsausschuß des Bundesrates eine Einigung erzielt wurde.

In der Vollzugspraxis ist darauf zu achten, in welchen Fällen EU-Recht weiter geht als das deutsche Abfallrecht oder andere Rechtsregime, die in konkreten Anwendungsfällen in den abfallrechtlichen Vollzug hineinwirken (z. B. BImSchG, Wasserrecht, Chemikalienrecht). Da die für die Abfallwirtschaft wichtigsten EU-Richtlinien nach Artikel 130s erlassen wurden und die deutschen abfallrechtlichen Vorschriften zumeist schärfer sind, entstehen in der Regel im Ländervollzug kaum Defizite. Anders verhält es sich für die Bundesregierung, die nach rein formalen

Gesichtspunkten automatisch beim Europäischen Gerichtshof (EUGH) verklagt wird, wenn Sie die EU-Vorschriften nicht unverzüglich in das deutsche Umweltrecht rechtsförmlich umsetzt.

Es gibt aber auch EU-Vorschriften, die über das deutsche Abfallrecht hinausgehen bzw. von diesem abweichen. In diesen Fällen muß aus Ländersicht eine schnelle Umsetzung in das Bundesrecht verlangt werden, weil die Vollzugsbehörden in den Bundesländern sonst in Konflikt mit ihrer Pflicht zur konformen Anwendung des EU-Rechts geraten könnten.

Typisch für diese Fallgestaltung war die Diskussion über den Abfallbegriff. Obwohl von dem höchsten deutschen Verwaltungsgericht (BVerwG) die Probleme des objektiven Abfallbegriffes (in Verbindung mit den Begriffen "Wirtschaftsgut" und "Reststoffe") offengelegt und klargestellt worden waren und obwohl sich alle 16 Bundesländer im Rahmen der Beratungen zu der 5. Novelle des AbfG (Kreislaufwirtschaftsgesetz), mit der auch EU-Recht umgesetzt werden sollte, für den EU-Abfallbegriff ausgesprochen hatten, bedurfte es langwieriger Auseinandersetzungen, bis die einfacheren, eindeutigeren und leichter zu vollziehenden Definitionen nach der EU-Rahmenrichtlinie *unmittelbar* übernommen wurden.

Da aber die 5. Novelle nach dem jetzigen Stand erst in zwei Jahren in Kraft treten wird, bleibt der Vollzug in der Übergangszeit im unklaren bei der Anwendung des europäischen und des deutschen Abfallrechtes. Noch fragwürdiger ist dieser Zustand dadurch geworden, daß spätestens ab dem 6. Mai 1994, mit dem Wirksamwerden der EU-Abfallverbringungs-Verordnung, der europäische Abfallbegriff für grenzüberschreitende Verbringungen unmittelbar anzuwenden ist. Im nationalen Recht gilt aber noch der deutsche Abfallbegriff.

Hier bemüht sich die Länderarbeitsgemeinschaft Abfall (LAGA) unter Mitwirkung des Bundesumweltministeriums praktikable und möglichst einheitliche Empfehlungen zu geben.

Für die Vollzugspraxis in der Abfallüberwachung stellt sich im besonderen die Frage, inwieweit überwachungsbedürftige Reststoffe ebenfalls der Nachweispflicht nach der Abfall- und Reststoffüberwachungs-Verordnung zu unterwerfen sind. Das EU-Recht kennt nämlich keine Unterscheidung in besonders überwachungsbedürftige Abfälle und Reststoffe zur Verwertung. Es definiert Abfälle, die im Europäischen Abfallkatalog verzeichnet sind, und unterscheidet diese nach Abfällen zur Verwertung und nach Abfällen zur Beseitigung. Sie unterliegen alle der abfallrechtlichen Überwachung, nur mit graduellen Unterschieden im formellen Aufwand. Allerdings gibt es für die grenzüberschreitende Abfallverbringung eine andere und zusätzliche Begrifflichkeit für Abfälle zur Verwertung. Diese ergibt sich aus den sog. Ampellisten nach den Anhängen II, III und IV (Grüne, Gelbe und Rote Liste) der Abfallverbringungs-Verordnung, die nicht der Struktur und Systematik des EWC entsprechen.

Nach einer weiteren noch zu erörternden Richtlinie ist außerdem eine Liste der gefährlichen Abfälle aufzustellen, an die besondere Anforderungen hinsichtlich ihrer Entsorgung gestellt werden.

Diese Liste wird zur Zeit nach Art und Umfang in der Kommission und in dem vorgeschriebenen Anpassungsausschuß noch strittig diskutiert. Die darin aufzulistenden Abfallarten sind jedoch auch nach dem europäischen Abfallbegriff definiert, so daß hierfür keine andere Rechtssystematik gilt.

2 Besonders wichtige EU-Vorschriften für die nationale Abfallwirtschaft

Die Gesamtheit der für die Abfallwirtschaft relevanten EU-Vorschriften wird im folgenden Beitrag behandelt.

Ich möchte mich auf die maßgeblichen Vorschriften, die den Vollzug des Abfallrechtes für die Abfallüberwachung in Deutschland unmittelbar verändern, beschränken und die Konsequenzen für den Vollzug in einem Bundesland aufzeigen.

Als abfallrechtliches "Grundgesetz" für einen EU-konformen Vollzug in den Mitgliedstaaten ist die Abfallrahmenrichtlinie hervorzuheben. Das ist die EU-Richtlinie 75/442/EWG, geändert durch Richtlinie 91/156/EWG *über Abfälle*. Sie wird ergänzt durch die EU-Richtlinie 91/689/EWG, geändert durch Richtlinie 94/31/EG *über gefährliche Abfälle*, wie bereits zuvor erwähnt.

Für die "Überwachung von Abfällen, in der, in die aus der EU, und durch die EU verbracht werden, sind maßgeblich die EG-Abfallverbringungs-Verordnung (Nr. 259/93/EWG) sowie das Basler Übereinkommen i.V. mit dem Ausführungs- und dem Zustimmungsgesetz zum Basler Übereinkommen durch die Bundesrepublik Deutschland. Das Ausführungsgesetz, kurz Abfallverbringungsgesetz, wird Ende September 1994 erwartet.

3 Probleme und Konsequenzen bei der Anwendung im Vollzug

Von aktueller Bedeutung für den Vollzug der Abfallüberwachung ist die Abfallverbringungs-Verordnung, weil im europäischen Binnenmarkt und darüber hinaus auch mit den MOE-Staaten zunehmend mit grenzüberschreitenden Abfalltransporten zur Verwertung zu rechnen ist. Die LAGA hat deshalb eine Musterverwaltungsvorschrift für die Durchführung der EU-Abfallverbringungs-Verordnung in Zusammenarbeit mit dem BMU erstellt. Sie dient schon jetzt den Behörden in den Bundesländern zur Orientierung und Erleichterung. Vor allem soll sie aber eine einheitliche

Durchführung beim Vollzug der Verordnung gewährleisten. Da viele Einzelprobleme erst bei den konkreten Fällen der grenzüberschreitenden Entsorgung deutlich werden, findet zur Zeit noch eine laufende Anpassung statt. Mit einer endgültigen Einführung der Verwaltungsvorschrift ist im Laufe des Jahres 1995 zu rechnen. Zusätzlich sind Testprojekte geplant, an denen sich mehrere EU-Staaten beteiligen.

Gleichzeitig werden bestimmte Regelungen des Abfallverbringungsgesetzes umgesetzt. Die Bundesregierung ist den Ländern weitgehend gefolgt und hat eine zentrale Anlaufstelle mit noch genauer festzulegenden Aufgaben beim Umweltbundesamt eingerichtet. Dies ist zur Bündelung der zahlreich eingehenden Ersuchen, insbesondere auch im Zusammenhang mit Staaten, die nicht der OECD angehören oder die das Basler Abkommen noch nicht unterzeichnet haben, unverzichtbar. Vor allem sind verschiedenste Informationen – nicht zuletzt zur Verhinderung illegaler Abfallexporte – zentral zu sammeln und gezielt an die zuständigen Behörden der Bundesländer weiterzugeben. Zu diesem Zweck haben diese auch zentrale Anlaufstellen (auch als Knotenstellen, in Verbindung mit DV-Projekten, bezeichnet) eingerichtet.

Unentbehrlich für eine kontrollierte grenzüberschreitende Abfallentsorgung ist es, z. B. den jeweils neuesten Stand der Vereinbarungen von "Nicht-Basler-", bzw. "Nicht-OECD-Ländern" mit der EU oder bilateral mit der Bundesrepublik Deutschland zu kennen. Auch diese Aufgabe hat die Anlaufstelle beim Umweltbundesamt schon jetzt erfolgreich begonnen.

Den Rahmen für die Durchführung der Abfallwirtschaft und den abfallrechtlichen Vollzug setzt, wie bereits erwähnt, die Richtlinie 91/156/EWG mit dem Abfallbegriff, den Zielen, Grundsätzen und generellen Regelungen für die Abfallbeseitigung und -verwertung.

Eine Konkretisierung ergibt sich aus den Anhängen zu der Richtlinie. Anhang I gibt eine nähere, aber noch sehr allgemeine, auf Oberbegriffe beschränkte Aufzählung von Abfallgruppierungen. Diese Auflistung von Q1-Q16 bildet zusammen mit dem Abfallbegriff eine Basis für den EWC. Sie korrespondiert mit der Grundliste nach dem Basler Übereinkommen. Leider könnte danach bei extensiver Auslegung alles als Abfall definiert werden. Das ist zweifelsohne nicht gewollt. So müssen nicht zwangsläufig alle Stoffe oder Gegenstände, die auch die Q-Beschreibungen erfüllen und sich im EWC als (*mögliche*) Abfallart wiederfinden, immer auch Abfall sein. Deshalb ist in jedem konkreten Einzelfall nach dem EU-Abfallbegriff zu prüfen, ob es sich um Abfall handelt. Dabei ist kohärent festzustellen, ob einer der Beseitigungswege nach Anhang II A oder der Verwertungswege nach II B der Rahmenrichtlinie vorgesehen ist und ob ein Entgelt für den Stoff bezahlt wird (positiver Marktwert). Wenn der Stoff ohne weitere Behandlung und unmittelbar z. B. wieder in die Produktion geht und einen Wert hat, spricht vieles dafür, daß es sich nicht um Abfall handelt (z. B. Rohstoff, Zwischenprodukt, Hilfsstoff, Produkt). Für diesen Abgrenzungssachverhalt besteht noch eine Regelungslücke in der EU-Rahmenrichtlinie. Bund und Länder sollten auf eine rechtsverbindliche Klarstellung bei der

EU hinwirken. Erst, wenn dieses Ziel umgesetzt ist, haben EU-Abfallbegriff und EWC ihre eigentliche Qualität erreicht, und damit würden Europa- sowie nationales Recht einen bedeutenden Schritt zu mehr Klarheit und Bestimmtheit im Vollzug nach vorn machen.

Für die Anwendung im nationalen Recht sind neben dem Abfallbegriff, der sich vom noch geltenden deutschen Abfallbegriff unterscheidet, hauptsächlich folgende Regelungen zu übertragen:

- Zuordnung und entsprechende Regelungen für Abfälle zur Beseitigung
  – Anhang II A –
  und für Abfälle zur Verwertung
  – Anhang II B –;
- EU-Abfallkatalog (EWC);
- Grundsatz der Entsorgungsnähe im Herkunftsland mit der Entsorgungsautarkie für die Regionen.

Die Umsetzung in das nationale Recht erfolgt durch die 5. Novelle zum AbfG, die allerdings erst in zwei Jahren in Kraft tritt. So lange sind die EU-Bestimmungen kohärent im geltenden Abfallrecht anzuwenden.

Das bedeutet, Abfall- und Reststoffbestimmungs-Verordnung sind in Verbindung mit der Überwachungsverordnung, der TA Abfall und dem LAGA-Katalog konform mit dem EU-Recht zu vollziehen.

Sollte die Bundesregierung schon vor Ablauf der zwei Jahre von den Ermächtigungen für bestimmte Rechtsverordnungen Gebrauch machen, so werden diese unmittelbar EU-Recht in den genannten Punkten umsetzen.

Liste der gefährlichen Abfälle

Solange die längst fällige Liste der gefährlichen Abfälle nicht von der Kommission im Verfahren nach Art. 18 der Rahmenrichtlinie beschlossen wird, gilt die Abfallbestimmungs-Verordnung für besonders überwachungsbedürftige Abfälle. Die darin aufgeführten Abfallarten sind "gefährliche Abfälle" i. S. der EU-Richtlinie 91/689/EWG.

Die dabei entstehenden Probleme in der Übergangszeit lassen sich folgendermaßen charakterisieren:

Mit dem EU-Abfallbegriff bleiben bis zum Inkrafttreten der 5. Novelle parallel zwei verschiedene Rechtszustände. Im Regelfall wird geltendes Recht (AbfG, BImSchG) angewandt, allenfalls in EU-konformer Auslegung.

Im Sonderfall, nämlich bei der Abfallverbringung, gelten EU-Recht und der EU-Abfallbegriff unmittelbar. In diesem Anwendungsbereich entfällt schon jetzt der Reststoffbegriff, und die Überwachung von Abfällen zur Verwertung ist zumindest auf Abfälle der Gelben und Roten Liste auszudehnen. Für Abfälle zur Beseitigung gilt in diesem Fall schon jetzt der EWC.

Für Abfälle nach Anhang II (Grüne Liste) der Abfallverbringungs-Verordnung gilt ein stark vereinfachtes Verfahren, wenn im Einzelfall keine besonderen Forderungen notifiziert werden.

Dieser zwiespältigen Situation mußte für die Abfallüberwachung nach nationalem Recht Rechnung getragen werden. Gleichzeitig sind die Vollzugsbehörden schon jetzt auf die künftig in das deutsche Abfallrecht übertragenen EU-Vorschriften einzustimmen. Erfahrungsgemäß wird dazu ein längerer Zeitraum benötigt; denn der Erfolg der Verwaltungsbehörden hängt nicht unwesentlich von dem Kenntnisstand der Abfallerzeuger oder -besitzer ab. Auch diese müssen sich mit den neuen Rechtsbegriffen und -inhalten vertraut machen.

Für Import- und Exportvorgänge wird deshalb sofort ein Umsteigerkatalog vom LAGA-Katalog in den EWC und eine Zuordnung zu den völlig anders strukturierten Ampellisten zum EWC benötigt.

Die LAGA hat in Zusammenarbeit mit dem BMU neben der bereits erwähnten Musterverwaltungsvorschrift zum Vollzug der Abfallverbringungs-Verordnung einen solchen Umsteigerkatalog im Entwurf erarbeitet. Beide sind als Orientierungshilfe für den Vollzug empfohlen.

Sobald die Liste der gefährlichen Abfälle vorliegt, sind die AbfBestV und die AbfRestV anzupassen. Die AbfRestV könnte auch vorzeitig entfallen. Mit Inkrafttreten der Liste der gefährlichen Abfälle sind die Zuordnungen zu Behandlungs- und Beseitigungsanlagen nach dieser Richtlinie auch für nationales Recht verbindlich, falls dies nicht bereits durch die TA Abfall gefordert wird.

Die übrigen anlagen- und stoffbezogenen EU-Richtlinien können im wesentlichen in unserem Abfallrecht als erfüllt gelten. Überwiegend stellt unser nationales Recht höhere Anforderungen.

Die Zusammenhänge für die Anwendung des EU-Rechtes im deutschen Abfallrecht, konzentriert auf die Bestimmungen für die Abfallüberwachung, sind in der nachstehenden Übersicht komprimiert dargestellt.

Zusammenhänge und Anwendung von EU-Vorschriften und AbfG (Überwachung)

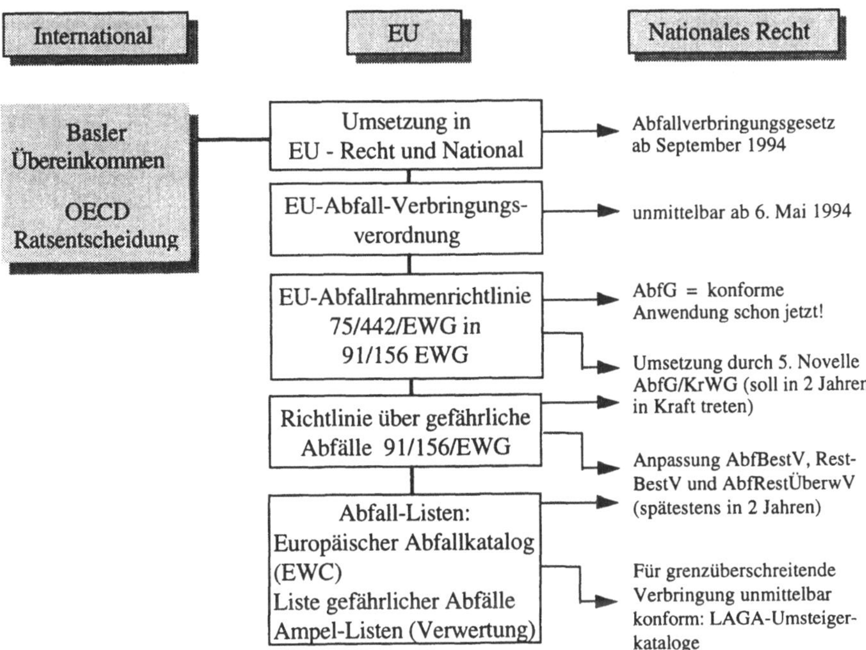

Die neuen abfallrechtlichen Vorschriften der EU – Stand der Umsetzung in Bonn und Brüssel

Hans-Martin Stolz

Die Europäischen Gemeinschaften – seit Maastricht die Europäische Union – haben im Abfallbereich in der Vergangenheit und werden auch in Zukunft eine Reihe von richtungsweisenden Vorschriften erlassen. Diese Vorschriften haben entscheidenden Einfluß auf die Abfallgesetzgebung in Deutschland. In der Anlage 1 findet sich ein Überblick über die wesentlichen, das Abfallrecht betreffenden EG-Vorschriften. In den Anlagen 2a, 2b und 2c sind jeweils für die einzelnen aufgeführten Regelungen die Daten der Veröffentlichung, die von der EU vorgegebenen Umsetzungsfristen und die Umsetzungsmaßnahmen und -daten in Deutschland zusammengestellt.

Basler Konvention

Die Basler Konvention mit den dadurch notwendig gewordenen Gesetzen – dem Zustimmungsgesetz und dem Ausführungsgesetz zu Basel und der EG-Abfallverbringungs-Verordnung – sind nur der Vollständigkeit halber aufgeführt. Hierüber wird im ersten Beitrag ausführlich berichtet.

EG-Richtlinie über Abfälle

Entscheidend ist die Abfallrahmenrichtlinie vom 18. März 1991. Sie ist die Grundrichtlinie, die immer und auch bei der Umsetzung der übrigen aufgeführten Vorschriften zu beachten ist. Mit anderen Worten: Die übrigen Richtlinien enthalten für bestimmte Abfallgruppen oder Beseitigungs- bzw. Verwertungsverfahren spezielle Regelungen, die zusätzlich zu den Regelungen der Rahmenrichtlinie zu beachten sind. Die Rahmenrichtlinie enthält die Grundsätze der Abfallentsorgung, d. h. der Maßnahmen zur Beseitigung und Verwertung, der Abfallbewirtschaftungspläne, der Genehmigungen und der Überwachung.

Die wichtigste Regelung der Rahmenrichtlinie ist aber die EG-einheitliche Definition des Abfallbegriffs, die im Anhang I durch 16 Abfallgruppen näher erläutert wird. Entscheidend ist, daß nunmehr zu den bisher in Deutschland schon dem Abfallrecht unterliegenden Sachgruppen völlig neue Sachgruppen hinzukommen, für die es bisher noch keine Regelungen gibt.

Exemplarisch seien hier genannt:

- Sachen, deren ursprüngliche Zweckbestimmung entfällt oder aufgegeben wird, d. h. die Produktabfälle,
- die sogenannten Reststoffe, die bisher nach den Vorschriften des Bundes-Immisssionsschutzgesetzes (BImSchG) zu vermeiden, zu verwerten und zu entsorgen waren.

Es wird größter Anstrengungen bedürfen, für diese neu hinzugekommenen Abfallgruppen sachgerechte Regelungen zur Beseitigung, Verwertung und Überwachung zu finden.

Die Kommission hat entsprechend ihrer Verpflichtung in der Abfallrahmenrichtlinie im Dezember 1993 ein Verzeichnis der unter die Abfallgruppen in Anhang I fallenden Abfälle veröffentlicht. Dieses Verzeichnis wird gemeinhin als Europäischer Abfallkatalog (EWC) bezeichnet und gilt für alle Abfälle, ungeachtet dessen, ob sie zur Beseitigung oder Verwertung bestimmt sind. Der EWC ist ein illustratives, harmonisches, nicht erschöpfendes Verzeichnis von Abfällen und hat innerhalb der EU etwa den gleichen Stellenwert wie in Deutschland der LAGA-Abfallkatalog. Wichtig ist darauf hinzuweisen, daß der EWC nicht bestimmt, welche Sachen Abfälle sind und welche nicht. Diese Frage ist nur nach der EG-Abfalldefinition zu entscheiden.

Um in der Abfalldefinition mehr Klarheit zu bekommen, hat die Kommission eine eigene Arbeitsgruppe eingerichtet, die Abgrenzungskriterien zwischen Abfällen und Produkten, Nebenprodukten, Koppelprodukten etc. entwickeln soll. Diese Arbeitsgruppe hat erste Zwischenergebnisse erzielt, wird aber noch geraume Zeit weiterdiskutieren müssen.

Die Umsetzung der EG-Abfallrahmenrichtlinie in Deutschland ist durch das Kreislaufwirtschafts- und Abfallgesetz erfolgt. Insbesondere der EG-Abfallbegriff ist nunmehr bei uns eingeführt. Die Genehmigungsvorschriften sind – außer bei Deponien – über das BImSchG umzusetzen. Hier sind allerdings noch Abgleichungen mit der in Diskussion befindlichen "Integrated Pollution Control (IPC)-Richtlinie der EU vorzunehmen. Der EWC kann – das ist zumindest die Vorstellung des Autors – über eine Verordnung zum KrWG eingeführt werden. Eine entsprechende Verordnungsermächtigung ist vorhanden.

EG-Richtlinie über gefährliche Abfälle

Die EG-Richtlinie über gefährliche Abfälle vom 12. Dezember 1991 ist mit der Richtlinie 94/31/EWG vom 27. Juni 1994 dahingehend geändert worden, daß die Mitgliedstaaten die Vorschriften spätestens bis 27. Juni 1995 umgesetzt haben müssen. 6 Monate vorher, also Ende 1994, muß die Kommission eine Liste der gefährlichen Abfälle vorlegen. Im Gegensatz zum EWC ist diese Liste für alle Mitgliedstaaten verbindlich und abschließend. Ähnlich wie die deutsche Abfallbestimmungs-

Verordnung wird diese Liste definieren, welche Abfälle gefährlich sind. Diese gefährlichen Abfälle müssen über die Abfallrahmenrichtlinie hinaus zusätzlich die Richtlinie über gefährliche Abfälle mit ihren besonderen Anforderungen an Anlagengenehmigungen, Überwachung und Beseitigung bzw. Verwertung erfüllen.

Die Liste der gefährlichen Abfälle wird seit 2 Jahren in Brüssel und den anderen Hauptstädten der EU intensiv diskutiert. Ein von der Kommission vorgelegter, aus Sicht des Autors untauglicher Vorschlag wurde im März 1994 von den Mitgliedstaaten abgelehnt. Ein daraufhin von Deutschland und Frankreich gemeinsam formulierter Listenvorschlag, der ähnlich aufgebaut ist wie die deutsche Abfallbestimmungs-Verordnung, wird von der Kommission und einer Reihe von Mitgliedstaaten ebenfalls nicht akzeptiert. Es wird nunmehr dem Geschick der deutschen Ratspräsidentschaft überlassen bleiben, einen für alle akzeptablen Kompromiß zu finden.

Die Umsetzung der Richtlinie über gefährliche Abfälle ist ebenfalls durch das KrWG erfolgt. Die Liste der gefährlichen Abfälle muß über eine Verordnung zum KrWG in deutsches Recht eingeführt werden. Dies bedeutet, daß die bisherige Reststoffbestimmungs-Verordnung durch Verordnungen zur Bestimmung

- besonders überwachungsbedürftiger Abfälle zur Beseitigung,
- besonders überwachungsbedürftiger Abfälle zur Verwertung,
- überwachungsbedürftiger Abfälle zur Verwertung

ersetzt werden müssen. Alle diese Verordnungen müssen selbstverständlich die europäische Liste der gefährlichen Abfälle als Grundlage haben. Die übrigen vier in Anlage 1 aufgeführten Richtlinien seien der Vollständigkeit halber kurz erwähnt.

EG-Richtlinien über Abfalldeponien

Die Richtlinie über Abfalldeponien wurde im Juli 1994 vom Rat verabschiedet. Sie wird vermutlich im Herbst verkündet und muß in Deutschland durch eine Verordnung zum KrWG umgesetzt werden. Die TA Sonderabfall und die TA Siedlungsabfall müssen infolge der EG-Richtlinie allenfalls geringfügig geändert werden.

EG-Richtlinien über die Verwertung und Beseitigung spezieller Abfallarten

Die Batterierichtlinie und die dazugehörige Kennzeichnungsrichtlinie sind am 18. März 1991 bzw. am 4. Oktober 1993 verkündet worden und müssen in Deutschland durch eine Verordnung nach dem KrWG umgesetzt werden. Die Arbeiten an der Verordnung sind weitgehend abgeschlossen. Allerdings wird man verfahrensmäßig, also bei der Beteiligung der betroffenen Wirtschaft, des Bundesrates und seit dem KrWG auch des Bundestages das neue Gesetz beachten müssen.

Unter deutscher Präsidentschaft soll die Richtlinie aus dem Jahre 1976 zur Beseitigung der PCB und PCT novelliert werden. Die Beschlüsse der 3. Internationalen Nordseeschutzkommission (3. INK) und der Pariskommission, die PCB bis Ende

1999 bzw. bis Ende 2010 (für nicht INK-Mitglieder) zu beseitigen, sollen einheitlich für die EU-Mitgliedstaaten umgesetzt werden. Die Verhandlungen in Brüssel zu dieser Änderungsrichtlinie sind im September 1994 begonnen worden. Hauptdiskussionspunkte sind der Beseitigungstermin und die Definition der Stoffe und Einrichtungen, die zu beseitigen sind.

Zur EG-Richtlinie über Verpackungen und Verpackungsabfälle liegt seit Juli 1992 ein Kommissionsvorschlag vor, dem sowohl das Europa-Parlament als auch eine Reihe von Mitgliedstaaten – darunter Deutschland – nicht zugestimmt haben. Seit Juli dieses Jahres ist formell ein Vermittlungsverfahren entsprechend dem seit Maastricht möglichen Verfahren der Mitentscheidung eingeleitet worden. Das Ergebnis bleibt abzuwarten, insbesondere ist völlig offen, ob die deutsche Verpakkungs-Verordnung aufgrund der entsprechenden EG-Richtlinie geändert werden muß.

Anlage 1

EG-Regelungen

- **Basler Konvention**
  - EG-Abfallverbringungs-Verordnung
  - Ausführungsgesetz zum Basler Übereinkommen
  - Zustimmungsgesetz zum Basler Übereinkommen
- **EG-Richtlinie 75/442/EWG, geändert durch EG-Richtlinie 91/156/EWG über Abfälle (Abfallrahmenrichtlinie)**
  - Europäischer Abfallkatalog (EWG)
  - Abgrenzung Produkt–Abfall
- **EG-Richtlinie 91/689/EWG über gefährliche Abfälle, geändert durch Richtlinie 94/31/EG**
  - Liste der gefährlichen Abfälle
  - Abgrenzung Produkt–Abfall
- **EG-Richtlinie über Abfalldeponien**
- **EG-Richtlinie 91/157/EWG über gefährliche Stoffe enthaltende Batterien und Akkumulatoren**
  - EG-Richtlinie 93/86/EWG über die Kennzeichnung von Batterien und Akkumulatoren
- **EG-Richtlinie zur Änderung der Richtlinie 76/403/EWG über die Beseitigung von PCB und PCT**
- **EG-Richtlinie über Verpackungen und Verpackungsabfälle**

Anlage 2a

Daten zum Sachstand und zur Umsetzung

- **Basler Konvention**
  - Beschluß vom 22. März 1989
  - Zeichnung D am 23. Oktober 1989
  - Ratifizierung durch EG am 7. Februar 1994
  - Ratifizierung durch D nach Inkrafttreten des Zustimmungsgesetzes
- **EG-Abfallverbringungs-Verordnung**
  - vom 1. Februar 1993
  - Inkraftsetzung am 9. Februar 1993
  - Anwendung in D ab 6. Mai 1994
- **Ausführungsgesetz zu Basel**
  - Inkraftsetzung voraussichtlich Ende September 1994
- **Zustimmungsgesetz zu Basel**
  - Inkraftsetzung voraussichtlich Ende September 1994

Anlage 2b

Daten zum Sachstand und zur Umsetzung

- **EG-Richtlinie 75/442/EWG über Abfälle (Abfallrahmenrichtlinie)**

  - vom 18. März 1991
  - Umsetzungsfrist in den Mitgliedstaaten: 1. April 1993
  - Umsetzung in D durch Kreislaufwirtschafts- und Abfallgesetz (KrWG)
    Verkündung voraussichtlich im Herbst 1994
    Inkraftsetzung 2 Jahre nach Verkündung
    Inkraftsetzung der VO-Ermächtigungen am Tage nach der Verkündung

- **Europäischer Abfallkatalog (EWC)**

  - Erstellungsfrist für Kommission: 1. April 1993
  - Verkündet am 20.12.1993
  - Umsetzung in D durch Verordnung zum KrWG

- **Abgrenzung Produkt–Abfall**

  - in Diskussion

- **EG-Richtlinie 91/689/EWG über gefährliche Abfälle, geändert durch Richtlinie 94/31/EG**

  - vom 12. Dezember 1991/27. Juni 1994
  - Umsetzungsfrist in den Mitgliedstaaten: 27. Juni 1995
  - Umsetzung in D durch KrWG

- **Liste der gefährlichen Abfälle**

  - Erstellungsfrist für Kommission: 27. Dezember 1994
  - in Diskussion
  - Umsetzung durch Verordnung zum KrWG

Anlage 2c

Daten zum Sachstand und zur Umsetzung

- **EG-Richtlinie über Abfalldeponien**

  - im Juli-Rat Zustimmung der Mitgliedstaaten
  - Verkündigung im Herbst 1994
  - Umsetzung in D durch Verordnung zum KrWG in 1995/96

- **EG-Richtlinie 91/157/EWG über gefährliche Stoffe enthaltende Batterien und Akkumulatoren**

  - verkündet am 18. März 1991
  - Umsetzungsfrist in den Mitgliedstaaten: 18. September 1992

- **EG-Richtlinie 93/86/EWG über die Kennzeichnung**

  - verkündet am 4. Oktober 1993
  - Umsetzungsfrist in den Mitgliedstaaten: 31.12.1993
  - Umsetzung in D (für 91/157/EWG und 93/86/EWG) durch Verordnung zum KrWG in 1995/96

- **EG-Richtlinie zur Änderung der Richtlinie 76/403/EWG über die Beseitigung von PCB und PCT**

  - Diskussion im Rat hat begonnen
  - gemeinsamer Standpunkt im Dezember 1994 angestrebt

- **EG-Richtlinie über Verpackungen und Verpackungsabfälle**

  - Kommissionsvorschlag vom Juli 92; im Juli 94 formelle Einleitung eines Vermittlungsverfahrens.

Solidarfonds Abfallrückführung – verfassungsrechtliche und ordnungspolitische Implikationen

Bernhard M. Krämer

1 Einführung

Im Mai 1995 hat der Gesetzgeber das Ausführungsgesetz zur EG-Abfallverbringungs-Verordnung und zur Basler Konvention verabschiedet. Dies war notwendig, um die vorgenannten Vorschriften nach deutschem Recht vollziehbar zu machen.

In dem Ausführungsgesetz finden sich zwei Regelungen, die unmittelbar mit dem Solidarfonds zu tun haben.

Nach § 8 des Gesetzes wird ein Solidarfonds Abfallrückführung als rechtsfähige Anstalt des öffentlichen Rechts errichtet; sie gilt mit Inkrafttreten dieses Gesetzes als entstanden. Notifizierende Personen im Sinne der EG-Abfallverbringungs-Verordnung werden verpflichtet, Beiträge – so der Wortlaut für die abzuführende Geldleistung- an die Anstalt zu leisten, mit denen die Kosten der Rückholung illegaler Exporte gedeckt werden sollen; gemäß Art. 8 des Basler Übereinkommens ist der Entsenderstaat zum Rücktransport verpflichtet, sofern die illegal Exportierenden nicht ausfindig gemacht werden können oder zur Finanzierung der Rückholung nicht in der Lage sind.

Untrennbar mit der Solidarfondsregelung ist § 7 des Ausführungsgesetzes zu sehen. Danach wird die exportierende Abfallwirtschaft verpflichtet, für ihren Export Sicherheit zu leisten, für den Fall, daß die exportierten Abfälle zurückgeholt werden müssen. Diese Sicherheit kann auch in Form einer Bankbürgschaft oder durch Nachweis einer Versicherung erbracht werden. Bislang hat es nach unserer Kenntnis noch keinen Havariefall gegeben, in dem eine Versicherung hätte eintreten müssen.

Das eigene Risiko des gesetzestreuen Entsorgers wird also bereits auf diesem Wege abgedeckt. Die Zahlung an den Solidarfonds ist dagegen die Übernahme fremd verursachter Risiken (Rücktransportkosten), nämlich der von kriminellen Geschäftemachern, die nicht der Branche angehören; hierauf wird später noch eingegangen.

2 Gesetzgebungsverfahren

Interessant in diesem Zusammenhang ist es, das Gesetzgebungsverfahren kurz zu betrachten. Zu dem Gesetz, und zwar zur Solidarfondsregelung, gab es in Bundestag und Bundesrat so kontroverse Standpunkte, daß es nicht möglich war, dieses rechtzeitig zum Inkrafttreten der EG-Abfallverbringungs-Verordnung am 8. Mai 1994 zu verabschieden. Der Bundestag lehnte den von den Ländern geforderten Solidarfonds ab. Daraufhin wurde der Vermittlungsausschuß angerufen, um das Gesetz doch noch auf dem Wege des Kompromisses zustandezubringen. Im Bundesrat und Vermittlungsausschuß wurde die Beratung über das Ausführungsgesetz mit der über das Kreislaufwirtschaftsgesetz verbunden.

Letztlich mußten die Regierungsfraktionen den Wünschen der Länder bezüglich des Solidarfonds zustimmen, weil andernfalls möglicherweise das Kreislaufwirtschaftsgesetz gescheitert wäre. Dies, obwohl die Regierungsfraktionen während der Lesungen im Bundestag vehement gegen die Einführung eines Solidarfonds eingetreten sind. Begründet wurde die Ablehnung damals zum einen damit, *daß die Bundesländer für den Vollzug der Kontrolle verantwortlich sind und daher auch für die daraus erwachsenden finanziellen Verpflichtungen* (Abg. Kampeter, BTag-Plenarprot. 12/216, S. 18707 [B]). *Es gehe nicht an, daß das finanzielle Risiko schlampigen Gesetzesvollzugs auf die Wirtschaft abgewälzt werde* (Abg. Homburger a.a.O. S. 18710). Zum anderen lehnten die Regierungsfraktionen den Zwangsfonds, wie er bezeichnet wurde, wegen erheblicher verfassungsrechtlicher Bedenken ab.

Auch Bundesminister Töpfer nahm vom Fondsmodell Abstand: *Zur Bewältigung dieser Probleme wird jeder Fonds, den wir machen wollen, immer zu spät kommen. Sie können nicht hinterher kommen und sagen: Was vorher gewesen ist, machen wir jetzt in einer Umlage auf die Wirtschaft. ... Ich möchte nicht, daß mit dem Hinweis auf einen Fonds die Kontrolldichte und die Kontrollverantwortung irgendwo verwischt werden. Das kann es nicht sein* (BM Töpfer a.a.O. S. 18716 [B+C]). Der Bundeswirtschaftsminister lehnte ebenfalls einen Solidarfonds ab. *Die gesetzestreue Entsorgungswirtschaft dürfe nicht für die Kosten aufkommen, die von der illegal arbeitenden Konkurrenz verursacht werden. Auch hätten Fonds die Tendenz, sich – einmal installiert – zu verselbständigen und einer parlamentarischen Kontrolle zu entziehen* (Rede am 18. Mai 1994 anläßlich der ENTSORGA 1994).

Wie gesagt, alle diese Bedenken wurden im Vermittlungsausschuß beiseite gelassen, um das Kreislaufwirtschaftsgesetz nicht in Gefahr zu bringen.

3 Probleme des Solidarfonds

3.1 Daten zu illegalen Abfallexporten

Schwierigkeiten bereitet als erstes, daß keine zuverlässigen Daten zu illegalen Abfallexporten vorliegen. Es ist nicht bekannt, welcher Finanzierungsbedarf innerhalb eines Jahres besteht. Es ist auch nicht sicher, daß die in dem Gesetz vorgesehenen 75 Mio. DM für einen Zeitraum von drei Jahren ausreichen, um die staatlichen Verpflichtungen abzudecken, und ob die festgelegte Summe für die kommenden Jahre angehoben werden muß.

In diesem Zusammenhang muß noch einmal festgestellt werden, daß es sich bei den auf großes öffentliches Interesse gestoßenen Fällen von Rückholaktionen von Pflanzenschutzmitteln aus Rumänien im letzten Jahr und aus Albanien, die zur Zeit ansteht, nicht um illegal exportierte Abfälle handelt. Dies hat auch Bundesminister Töpfer in seiner Presseerklärung vom 3. August 1994 noch einmal festgestellt. Vielmehr handelte es sich um Exporte von zum Zeitpunkt der Verbringung – auch in Deutschland – zugelassenen Stoffen. Eine Rückholverpflichtung der Regierung nach dem Basler Übereinkommen bestand und besteht mithin nicht.

3.2 Verantwortung der Länder

Durch den Fonds droht die Verantwortungswahrnehmung der Bundesländer und der Vollzugsbehörden bei Genehmigung und Kontrolle nachzulassen. Es besteht die Gefahr, daß die Intensität der Verwaltungstätigkeit nachläßt, da die Kosten im Eintrittsfall durch den Fonds bezahlt werden. Folge kann das Prinzip Liquidation statt Administration sein. Der BPS hat in der Vergangenheit zuständige Behörden mehrfach auf illegal arbeitende Geschäftemacher hingewiesen. Von den Behörden kamen keine Reaktionen oder Anfragen, wie man gemeinsam solchen Geschäftemachern das Handwerk legen kann. Fairerweise muß hinzugefügt werden, daß eine lückenlose Kontrolle nicht möglich ist, denn Kriminelle pflegen nun einmal ihre Untaten nicht anzukündigen.

Weitere Konsequenz kann eine Zunahme illegaler Abfallexporte sein. Im Augenblick gibt es nur ganz wenige; dies wurde kürzlich in einer Expertenrunde beim Bundesverband der Deutschen Industrie, in der auch Regierungsvertreter anwesend waren, zur allgemeinen Überraschung gesagt. Es war von derzeit notwendigen Rückführungskosten für illegal verbrachten Abfällen in Höhe von 1 Mio. DM die Rede. Sollte diese Zahl der Realität entsprechen, wäre die Einführung des Fonds unverhältnismäßig; die Verwaltung des Fonds würde mehr Gelder beanspruchen, als zur Rückführung illegal verbrachter Abfälle aufgewandt werden müßten.

3.3 Vergleiche mit anderen "Fonds"

Zur zweckargumentativen Untermauerung der Zulässigkeit und Praktikabilität des Solidarfonds werden Beispiele anderer, bestehender Fonds vorgebracht und mit diesen die Verfassungsmäßigkeit des Solidarfonds begründet:

Da wird zunächst immer der Bankenfonds angeführt. Dieser ist schon deshalb nicht mit dem Solidarfonds zu vergleichen, weil die Mitgliedschaft freiwillig geregelt ist. Außerdem geht es hierbei nicht um kriminelle, anonyme Bankunternehmen. Zudem wird jede Bank vor Genehmigung von der Bankenaufsicht geprüft.

Weiterhin wird in der auf politischer Seite geführten Diskussion auf einen Touristikfonds verwiesen. Tatsächlich gibt es einen solchen Fonds überhaupt nicht. Als aus Brüssel eine Regelung, havarierte Reisende zurückzubringen, auf die Tourismusbranche zukam, liebäugelte man dort zunächst mit einer internen Fondsregelung, da man der Ansicht war, daß es eine gerechte Lösung sei, wenn alle Reiseveranstalter gleich hohe Beiträge zahlen würden. Zu einer solchen Regelung ist es aber letztlich nicht gekommen. Vielmehr müssen die Reiseveranstalter eine Versicherung abschließen. Diese Versicherung ist aber lediglich ein Schutz für eigene Probleme. Sie tritt nicht ein, wenn ein nichtversichertes anderes Unternehmen in Schwierigkeiten gerät, weil es leichtfertig nicht kostendeckende Reiseangebote gemacht hat.

Auch ein Vergleich mit dem in § 12 des Pflichtversicherungsgesetzes verankerten HUK-Fonds versagt. In diesen zahlen alle Kfz-Versicherer für den Fall ein, daß ein nichtversichertes Fahrzeug benutzt und damit ein Personenschaden verursacht wird.

Auch mit diesem ist der Solidarfonds Abfallrückführung nur bedingt vergleichbar. Es handelt sich in beiden Fällen um das Eintreten für durch kriminelles Handeln verursachte Schäden und Kosten. Andererseits tritt der HUK-Fonds wegen der Mißbrauchsgefahr gerade nicht für Vermögensschäden ein, sondern grundsätzlich nur für reine Personenschäden. Grundsätzlich deshalb, weil ausnahmsweise auch Stromhäuschen oder Ampeln von dem Fonds ersetzt werden. Dies zeigt freilich nur, daß sich der Staat wieder einmal als Trittbrettfahrer betätigt und sich Privilegien eingeräumt hat. Es stellt sich die Frage, warum nicht auch der Bürger Ersatz für seinen hinter dem Stromhäuschen stehenden beschädigten Gartenzaun erhält. Ob diese Regelung rechtlich zulässig ist, bedarf hier nicht der Klärung. Der Solidarfonds Abfallrückführung unterscheidet sich von dem HUK-Fonds weiterhin dadurch, daß er die dem Staat obliegende Verpflichtung, Abfälle zurückzuführen, erfüllen soll. Der HUK-Fonds hingegen ist eine Zusatzversicherung für solche Fälle, für die die Gemeinschaft der Versicherten zugunsten des geschädigten Versicherten unter normalen Umständen ebenfalls aufkommen müßte.

3.4 Unvereinbarkeit mit dem Grundgesetz

Die Regelung zum Solidarfonds Abfallrückführung ist mit dem Grundgesetz nicht vereinbar.

Das Gesetz mißachtet das Verursacherprinzip, das durchaus Verfassungsrang hat. Die gesetzestreuen Entsorger sind nicht verantwortlich für das Unrecht Dritter. Kosten krimineller Handlungen sind typische Gemeinlasten und somit von allen Bürgern zu tragen, also aus dem Steueraufkommen zu finanzieren. Andernfalls würde die Staatshaftung durch die Einführung des Solidarfonds quasi privatisiert.

Bei den in den Solidarfonds einzuzahlenden Beiträgen handelt es sich tatsächlich um parafiskalische Sonderabgaben, mögen die Befürworter auch von Gebühren oder Beiträgen sprechen. Sonderabgaben sind verfassungsrechtlich nur unter ganz engen Voraussetzungen zulässig. Das Bundesverfassungsgericht hat in zahlreichen Entscheidungen die Kriterien, die eine Sonderabgabe zulassen, dargelegt:

Die Finanzverfassung des Grundgesetzes geht davon aus, daß Gemeinlasten aus Steuern finanziert werden (vgl. BVerfG 67, 256 [278]; 78, 249 [266f.]. Sie versagt es dem Gesetzgeber, selbst unter Inanspruchnahme von Sachkompetenzen, Sonderabgaben zur Erzielung von Einnahmen für den allgemeinen Finanzbedarf eines öffentlichen Gemeinwesens zu erheben und das Aufkommen aus derartigen Abgaben zur Finanzierung allgemeiner Staatsaufgaben zu verwenden (vgl. BVerfGE 75, 108 [147]).

Das Bundesverfassungsgericht führt in seiner Entscheidung vom 31. Mai 1990 (BVerfGE 82, 159ff.) aus:

Der Gesetzgeber darf sich des Finanzierungsinstruments der Sonderabgabe nur zur Verfolgung eines Sachzwecks bedienen, der über die bloße Mittelbeschaffung hinausgeht.

Bereits dieses Kriterium ist hier nicht erfüllt. Es gibt keinen Sachzweck, der mit der Einrichtung des Solidarfonds Abfallrückführung verfolgt werden soll. Damit kann auch nicht erreicht werden, daß illegale Abfallexporte erschwert werden.

Die einen Sachbereich gestaltende Sonderabgabe darf nur eine vorgefundene homogene Gruppe in Finanzverantwortung nehmen; diese Gruppe muß durch eine vorgegebene Interessenlage oder durch besondere gemeinsame Gegebenheiten von der Allgemeinheit und anderen Gruppen abgrenzbar sein. Es ist dem Gesetzgeber verwehrt, für eine beabsichtigte Abgabenerhebung beliebig Gruppen nach Gesichtspunkten zu bilden, die nicht in der Rechts- oder Sozialordnung materiell vorgegeben sind. Bei einer nicht in die besondere Verantwortung der belasteten Gruppe fallenden Aufgabe handelt es sich um eine öffentliche Angelegenheit, deren Lasten nur die Allgemeinheit treffen dürfen und die deshalb nur mit von der Allgemeinheit zu erbringenden Mitteln, das heißt im wesentlichen mit Steuermit-

teln, finanziert werden darf. Dem Bundesratsgesetzgeber, den Ländern, geht es nur um die Beschaffung von Geldmitteln.

Die durch den Solidarfonds belastete Gruppe trägt gerade nicht die besondere Verantwortung, für illegale Exporte einzustehen. Es geht nicht darum, daß – wie gelegentlich aus Unkenntnis gesagt wird – die Abfallwirtschaft für ihr unmittelbar zurechenbares Versagen ihrer Branche einstehen muß. Illegale Abfallexporte werden eben nicht einmal von branchenzugehörigen Unternehmen durchgeführt, sondern von solchen, die lediglich Briefkastenfirmen sind und heute dieses Geschäft und morgen ein anderes durchführen. Es handelt sich um Unternehmen, die immer dort aktiv werden, wo mit möglichst wenig Aufwand möglichst viel Geld zu verdienen ist, auch wenn dabei gegen Gesetze verstoßen wird. Es sind keine Unternehmen, die sich auf Dauer der Abfallentsorgung oder -verwertung verschrieben haben.

In der eben zitierten Rechtsprechung des Bundesverfassungsgerichts (BVerfGE 82, 159ff.) wird noch eine weitere Voraussetzung für die Rechtmäßigkeit einer Sonderabgabe genannt:

Die nichtsteuerliche Belastung von Angehörigen einer Gruppe setzt voraus, daß zwischen den von der Sonderabgabe bewirkten Belastungen und den mit ihr finanzierten Begünstigungen eine sachgerechte Verknüpfung besteht. Diese Verknüpfung wird hergestellt, wenn das Abgabenaufkommen im Interesse der Gruppe der Abgabenpflichtigen, also gruppennützig, verwendet wird.

Diese Gruppennützigkeit, wie sie vom Grundgesetz gefordert wird, ist vorliegend nicht gegeben. Der Solidarfonds hat allein für die Verpflichtung der Länder, im Falle der Wiedereinfuhrverpflichtung nach dem Basler Übereinkommen, einzustehen. Den Nutzen aus dem Fonds ziehen nicht diejenigen, die den Fonds speisen, sondern die Bundesrepublik Deutschland, deren Verpflichtung zur Wiedereinfuhr finanziert wird. Die erhobene Abgabe wird also nicht im Interesse der durch den Fonds betroffenen Gesamtgruppe verwendet.

Für eigene mögliche Schäden hat der legal exportierende Unternehmer – wie bereits erwähnt – Sicherheit zu leisten, die der Höhe nach so bemessen ist, daß die Finanzierung einer eventuellen Verpflichtung zur Rückholung der Abfälle sichergestellt ist. Eines Rückgriffs auf den Fonds bedarf es also nicht. Es mag auch in ihrem Interesse liegen; dieses Interesse hat aber nicht nur diese Gruppe, sondern alle am Leben in einem Staat Beteiligten. Es ist daher eine Gemeinlast.

Die Sonderabgabe ist weiter nur zulässig, wenn und solange die zu finanzierende Aufgabe auf eine Sachverantwortung der belasteten Gruppe trifft (BVerfGE 82, 159ff.).

Es ist nicht ersichtlich, worauf eine solche Sachverantwortung der Entsorgungsbranche für illegale Exporte nicht zu dieser Gruppe gehöriger Unternehmen gegründet werden soll. Die legal arbeitende Abfallwirtschaft hat nicht den geringsten

Einfluß auf illegal Tätige. Eine solche Einflußnahme steht ausschließlich der die Gesetze vollziehenden Verwaltung zu. Wieso eine Branche für Nichtbranchenzugehörige Kostenverantwortung übernehmen soll, ist nicht nachvollziehbar. Hierauf wird noch im Zusammenhang mit der ordnungspolitischen Dimension eingegangen.

Das Bundesverfassungsgericht kommt in seinen diversen Entscheidungen zu dem Ergebnis, daß die für die Erfüllung einer Sonderabgabe erforderlichen Rechtfertigungsgründe insgesamt ergeben, daß die Sonderabgabe ein spezielles gesetzgeberisches Instrument ist, das gegenüber der Steuer die seltene Ausnahme zu sein hat.

3.5 Ordnungspolitische Dimension

Die Institutionalisierung eines Solidarfonds ist ordnungs- und wirtschaftspolitisch deswegen nicht von zu unterschätzender Bedeutung, weil zum ersten Mal vom Gesetzgeber versucht wird, die Folgekosten von Unrecht nicht von der Allgemeinheit (als Kollektivschuld) tragen zu lassen, sondern einer ausgewählten Gruppe aufzubürden. Die Wahl der Entsorgungswirtschaft kann durchaus als willkürlich bezeichnet werden, denn der einzige gemeinsame Anknüpfungspunkt ist, daß die Entsorgungswirtschaft und die kriminellen Abfallexporteure mit Abfällen zu tun haben; das trifft freilich auch auf die produzierende Industrie, die Privathaushalte, das Gewerbe und viele andere zu, wenn nicht sogar auf uns alle.

Es besteht die Gefahr, daß es nicht bei diesem einen Fonds bleibt. Es gibt so zahlreiche Finanzierungsverpflichtungen des Staates, zudem eines Staates der leeren Kassen, daß er der Versuchung unterliegen könnte, weitere dieser Pflichten auf bestimmte Personenkreise abzuwälzen. Würde die Einführung von Solidarfonds Schule machen, so ist an eine Vielzahl weiterer Fonds zu denken:

Es käme ein Fond der Beamten in Betracht, in den alle Beamten einzahlen müssen, um die durch bestechliche Beamte angerichteten Schäden zu finanzieren.

Es könnte dem Solidarfonds Abfallrückführung auch ein *Sozialabgabenhinterziehungsausgleichsfonds* folgen, in den alle gesetzestreuen Arbeitgeber einzuzahlen hätten, um den durch Schwarzarbeit bedingten Einnahmeausfall bei der Bundesanstalt für Arbeit und bei der Sozialversicherung auszugleichen.

Gerade das letzte Beispiel macht deutlich, in welche Dimensionen ein Fondsunwesen erwachsen kann: Geht es bei dem Solidarfonds -zunächst jedenfalls- um 75 Mio. DM in drei Jahren, so würde es bei dem Sozialversicherungsfonds bereits um rund 15 Mrd. DM pro Jahr gehen.

Die Errichtung des Solidarfonds Abfallwirtschaft ist auch wirtschaftlich nicht sinnvoll. Die Kosten für den Fonds müssen zwangsläufig auf die Entsorgungspreise aufgeschlagen werden. Es gibt aber Grenzen für Preiserhöhungen. Wenn diese überschritten werden, wird der Anreiz groß, Billigentsorger zu beauftragen. Dies kann wiederum zu einer Zunahme illegaler Entsorgung führen. Außerdem werden durch höhere Kosten mittelständische und kleine Unternehmen, die sich vielleicht auf die Entsorgung ganz spezieller Abfallarten verlegt haben, benachteiligt. Ihr Kreditrahmen für Investitionen wird geschmälert, wenn sie die erforderlichen höheren Entsorgungskosten nicht umlegen können.

4 Schlußbemerkungen

Aus den genannten Gründen hat der BPS die Einführung des Solidarfonds Abfallrückführung bereits bei den im Vorfeld stattgefundenen Erörterungen abgelehnt. Hier befand er sich noch in guter Gesellschaft der Regierungsfraktionen, der Ministerien für Umwelt, Wirtschaft und Justiz, die den Fonds ebenfalls ablehnten und teilweise auch als verfassungswidrig einschätzten.

Der BPS hat seinen Mitgliedern geraten, Verfassungsbeschwerde einzulegen. Solange keine Entscheidung des Bundesverfassungsgerichts vorliegt, wird sich der BPS nicht verweigern, an der sinnvollen Ausgestaltung der Anstalt Solidarfonds mitzuwirken.

Vordringlich sollten aber nach wie vor illegale Abfallexporte verhindert werden. Dazu hat der BPS stets Daten an die zuständigen Behörden weitergeleitet, wenn Verdachtsmomente an ihn herangetragen wurden. Ein Beispiel für ein Angebot, das wohl in die Rubrik "unseriös" eingeordnet werden darf, soll hier nicht vorenthalten werden:

An ein Krankenhaus wurde ein Entsorgungsangebot gerichtet, in dem es unter anderem hieß: "Wir fragen Sie nicht, wie Sie Blinddärme entfernen, fragen Sie uns bitte nicht, wie wir Ihre Abfälle entsorgen". Hier bestand wohl ausreichend Veranlassung, die Angelegenheit zu verfolgen.

Es sei darauf hingewiesen, daß auch der Abfallerzeuger die Pflicht hat, Entsorgungsunternehmen auszuwählen, die in der Lage sind, Abfälle ordnungsgemäß und im Rahmen der bestehenden Gesetze zu entsorgen. Hierzu ist eine Rückfrage beim BPS sicher dienlich.

Es wird immer Kriminalität geben, solange es Menschen gibt. Wenn auch eine lückenlose Überwachung und Aufklärung nicht möglich ist, so sollte doch ein möglichst dichtes Netz errichtet werden, das illegales Handeln immer mehr erschwert und möglichst gar verhindert. Daran mitzuarbeiten, sind wir alle aufgerufen.

Das neue Abfallverbringungsrecht aus Sicht der Entsorgungswirtschaft

Rainer Cosson

Die bundesdeutsche Entsorgungswirtschaft ist mit den Neuregelungen der EG-Abfallverbringungs-Verordnung unmittelbar konfrontiert und nimmt lebhaften Anteil an den rechtlichen Neuregelungen, die aufgrund des in Kürze in Kraft tretenden Ausführungsgesetzes zum Basler Übereinkommen auf sie zukommen werden.

1 Praktische Erfahrungen mit der EG-Abfallverbringungs-Verordnung

Die verschiedentlich geäußerte Meinung, der Erlaß des Europäischen Abfallkatalogs (EWC) erbringe Rechtsklarheit zu der Frage, was genau "Abfall" nach dem EG-Recht sei, hat die bundesdeutsche Entsorgungswirtschaft zu keiner Zeit mitgetragen. Schon bei der Diskussion um den EWC zeichnete sich deutlich ab, daß wegen der weit gefaßten Formulierungen bei den einzelnen Begriffen feste Konturen nicht erkennbar werden. In der Tat ist heute festzustellen, daß die beherrschende Diskussion der vergangenen Jahre, ob nämlich ein Stoff oder Gegenstand "Abfall" oder "Wertstoff" bzw. "Wirtschaftsgut" ist, mit ähnlicher Intensität, lediglich mit veränderter Terminologie, weitergeführt wird. Heute geht es darum, die Gegenstände und Stoffe, die unter den EWC fallen, von "Produkten" abzugrenzen. Zu dieser Abgrenzungsfrage ist überhaupt noch kein gesicherter Erkenntnisstand sichtbar.

Eine gesicherte Verwaltungspraxis fehlt auch noch in den Behörden, die über die Genehmigungen bzw. Zertifizierungen zu entscheiden haben. Uneinheitlichkeiten sind insbesondere bei der Erhebung von Sicherheitsleistungen zu erkennen. Selbst innerhalb ein und derselben Behörde wird die Höhe der Sicherheitsleistung für dieselbe Abfallgruppe unterschiedlich gehandhabt. Die Herausgabe einer Musterverwaltungsvorschrift, einschließlich eines Kataloges, wonach die zu erhebenden (individuellen) Sicherheitsleistungen zu bemessen sein werden, wird von der Entsorgungswirtschaft dringend erwartet.

Nach Beobachtungen der Entsorgungswirtschaft sind Abfallverbringungen aus der Bundesrepublik Deutschland insgesamt rückläufig. Die Ursachen reichen über die restriktiven Bestimmungen der EG-Abfallverbringungs-Verordnung hinaus. Sie sind maßgeblich auch begründet in ausreichenden geeigneten Entsorgungsanlagen im Inland (insbesondere für Sonderabfälle), Neudefinitionen der Andienungs- und Überlassungspflichten bezüglich der landeszentralen Stellen sowie Fortschritten in der Abfallvermeidung und Kreislaufwirtschaft. Wenngleich sich der Grundsatz der Beseitigungsautarkie in § 3 Abfallverbringungsgesetz ausdrücklich nur auf Abfälle zur Beseitigung bezieht, wird zunehmend beobachtbar, daß der Ausbau von Verwertungsanlagen im Inland mit Vehemenz vorangetrieben wird. Triebfeder dafür ist sicherlich, daß die Verwertung auch relativ unproblematischer Stoffe und Gegenstände, z. B. gebrauchter Verpackungen aus Kunststoff, politisch außerordentlich argwöhnisch betrachtet wird. Die Frage, die sich hier stellt, ist die, ob man gerade rohstoffarmen Ländern, die sich in ihrer Verwertungsindustrie auf die Zulieferung von solchen Stoffen aus der Bundesrepublik Deutschland eingestellt haben, nicht einen Bärendienst erweist. Möglicherweise schlägt das Pendel in der politischen Wertung um, wenn die Industrien dieser Länder wegen Aufbaus genügender inländischer Kapazitäten vom Zustrom abgeschnitten werden.

Das von vielen – auch Entsorgungsunternehmen – im Zuge des Inkrafttretens der EG-Abfallverbringungs-Verordnung befürchtete "Chaos" an den Grenzen ist ausgeblieben. Schwierigkeiten waren allerdings mitunter festzustellen bei der Verbringung von Abfällen zur Verwertung an den EU-Außengrenzen, so vor allem an den Grenzen zu den Ländern des ehemaligen Ostblocks.

2 Solidarfonds Abfallrückführung

Aus dem Gesetz über die Überwachung und Kontrolle der grenzüberschreitenden Verbringung von Abfällen (Abfallverbringungsgesetz) gehört § 8 zu den Kernvorschriften. Mit der Installation des "Solidarfonds Abfallrückführung" greift der bundesdeutsche Gesetzgeber über die Bestimmungen der EG-Abfallverbringungs-Verordnung hinaus. Nach der EG-Abfallverbringungs-Verordnung müßte dann, wenn ein Rückführpflichtiger nicht oder nicht rechtzeitig festgestellt wird, der Staat für die Rückführung eintreten. Gemäß § 6 Abs. 3 in Verbindung mit § 8 Abs. 1 Satz 5 Abfallverbringungsgesetz gilt folgende Regelung: Soweit ein Rückführpflichtiger nicht oder nicht rechtzeitig festgestellt wird, seiner Pflicht nicht nachkommt oder die zurückgeführten Abfälle nicht schadlos verwertet oder gemeinwohlverträglich beseitigt, veranlaßt zwar die zuständige Behörde die Rückführung und schadlose Verwertung oder gemeinwohlverträglich Beseitigung. Die Kosten dafür trägt jedoch bis zu einer Höhe von 75 Mio. DM für jeweils drei Jahre der Solidarfonds.

In § 8 Abs. 1 Satz 1 Abfallverbringungsgesetz ist grundsätzlich vorgesehen, daß der "Solidarfonds Abfallrückführung" als rechtsfähige Anstalt des öffentlichen Rechts errichtet wird. Gemäß Satz 2 gilt die Anstalt mit Inkrafttreten des Abfallverbringungsgesetzes "als entstanden".

Allerdings räumt § 8 Abs. 3 Abfallverbringungsgesetz dem Bundesministerium für Umwelt, Naturschutz und Reaktorsicherheit die Möglichkeit ein, im Einvernehmen mit dem Bundesministerium für Wirtschaft durch Rechtsverordnung Aufgaben und Befugnisse des Solidarfonds einer anderen juristischen Person zuzuweisen, wenn diese bereit ist, die Aufgaben zu übernehmen, und sie hinreichende Gewähr für die Erfüllung der Aufgaben bietet.

Zum gegenwärtigen Zeitpunkt liegen keinerlei Entwürfe für Verordnungen aus den angesprochenen Bundesministerien vor. Allerdings hat der Bundesverband der Deutschen Entsorgungswirtschaft schon vor Monaten gegenüber Bundesumweltminister Töpfer erklärt, er sei bereit, die "Wirtschaftslösung" im Sinne des § 8 Abs. 3 Abfallverbringungsgesetz zu initiieren. Die Arbeiten an einer Satzung für die "andere juristische Person" sind im vollen Gange. Die wesentlichen Merkmale des Satzungsentwurfs können wie folgt skizziert werden:

- Wenn auch der BDE die juristische Person initiiert, so handelt es sich gleichwohl nicht um eine "Exklusivveranstaltung" des Verbandes. Neben der juristischen Person, vorrangig wird an eine GmbH gedacht, soll kein Raum verbleiben für anderweitig organisierte Solifarfonds. Dies bedingt, daß die juristische Person auf die Akzeptanz durch die abfallverbringenden Wirtschaftskreise angewiesen ist.
- Die Beiträge zum Solidarfonds orientieren sich an den individuellen Sicherheitsleistungen, die gemäß § 7 Abfallverbringsgesetz erbracht werden müssen. Damit ergibt sich eine gewisse "Automatik": Für Abfälle zur Beseitigung sowie für gelb und rot gelistete Abfälle zur Verwertung müssen Beiträge in den Solidarfonds Abfallrückführung geleistet werden. Die Beitragserhebung erfolgt nach einer entsprechenden Beleihung der juristischen Person durch das Bundesumweltministerium in öffentlich-rechtlicher Form.

  Schwierigkeiten ergeben sich dort, wo die individuellen Sicherheitsleistungen nicht in Geld geleistet werden bzw. nicht wenigstens mit einem Geldwert beziffert sind. Dies ist namentlich dann der Fall, wenn die individuelle Sicherheit durch eine Bürgschaft oder Patronatserklärung nachgewiesen ist. Für diese Fälle ist es erforderlich, daß die potentiellen Rückführungskosten gesondert festgelegt werden.

  Fraglich ist, ob es gelingt, spezifische Abfallarten bei der Beitragsleistung stärker zu schonen als andere. Dies wird von einigen Wirtschaftskreisen reklamiert, wobei darauf verwiesen wird, daß hohe Beiträge den Export des betreffenden Abfall insgesamt unmöglich machen. Wer entsprechende Forderungen erhebt, muß sich allerdings darüber im klaren sein, daß andere Abfallarten um so höher belastet werden. Nach Angaben des Umweltbundesamtes hat es im Jahr 1992 3,4 Mio. exportierten Abfall gegeben, der nach jetzigen Kriterien gelb gelistet ist.

- Solange der gesetzlich vorgegebene Fondsumfang von 75 Mio. DM für jeweils 3 Jahre noch nicht erreicht ist und anerkannte Rückführungsfälle höher zu Buche schlagen, trifft die Länder eine Vorfinanzierungspflicht.
- Die juristische Person als Träger des Solidarfonds hat ein eigenes Prüfungsrecht, ob ein Rückführungsfall im Sinne der EG-Verbringungs-Verordnung bzw. des Abfallverbringungsgesetzes gegeben ist. Weicht die Rückführungsentscheidung der zuständigen Behörde von dem Ergebnis der Prüfung des Trägers des Solidarfonds ab, hat ein Schiedsgericht unter Leitung eines neutralen Vorsitzenden die endgültige Zahlungsentscheidung zu treffen.

  Derzeit krankt die Diskussion über mögliche Rückführungsfälle daran, daß niemand in der Lage ist, Beispielsfälle aus der Vergangenheit zu benennen, in denen, wäre der Solidarfonds bereits eingerichtet, dieser hätte zahlen müssen. Sowohl der bekannte "Rumänien-Fall" wie auch der "Albanien-Fall" sind nach Auskunft des Bundesumweltministeriums keine gewesen, für die der Solidarfonds hätte eintreten müssen. Gerade wegen der nicht vorliegenden Beispielsfälle drängt sich die Befürchtung auf, daß in Zukunft die Tendenz besteht, Rückführungen auch aus außenpolitischen Rücksichtnahmen zu veranlassen.
- Bei anerkannten oder rechtskräftig festgestellten Rückführungsfällen ist vom Träger des Solidarfonds ein Finanzierungs- und Durchführungsplan zu erstellen. Bei diesem Plan ist auf größtmöglichen Konsens bei den beteiligten Wirtschaftskreisen hinzuwirken. Damit soll verhindert werden, daß im nachhinein eine Diskussion entsteht, die Rückholung hätte doch preisgünstiger und effizienter durchgeführt werden können.
- Beiträge, die nach jeweils drei Jahren nicht in Anspruch genommen worden sind, werden an die jeweiligen Beitragszahler anteilmäßig zurückerstattet.
- Auf mittlere Sicht wird der Träger des Solidarfonds auch Leistungen anbieten, mit denen die notifizierenden Personen ihre Verpflichtung erfüllen, eine Sicherheit zu leisten oder eine entsprechende Versicherung nachzuweisen. Eine entsprechende Möglichkeit wird durch § 8 Abs. 1 Satz 8 Abfallverbringungsgesetz ausdrücklich eröffnet.

Die Vorteile der "Wirtschaftslösung" im Vergleich zur öffentlich-rechtlichen Anstaltslösung liegen für die notifizierenden Personen auf der Hand:

- Das eigenständige Prüfungsrecht einer behördenunabhängigen Person, ob ein Rückführungsfall nach EG-Abfallverbringungs-Verordnung bzw. Abfallverbringungsgesetz gegeben ist, wirkt der Tendenz entgegen, daß der Fonds auch für Rückführung aus Gründen politischer Opportunität aufkommen muß. Handelt es sich auch beim Solidarfonds um einen Träger, der ausschließlich von Amtspersonen geleitet wird, womöglich von solchen, die aus derselben Behörde stam-men, die auch für die Rückführungsentscheidung verantwortlich ist, dürfte die Neutralität nicht unbedingt über sämtliche Zweifel erhaben sein.

- Wegen der Identifikation der einschlägigen Wirtschaftskreise an dem privatrechtlichen Modell des Solidarfonds wird es möglich sein, die Rückführungen mit optimierter Effektivität und Wirtschaftlichkeit durchzuführen.
- Zumindest auf mittelfristige Sicht werden die Verwaltungskosten niedriger liegen.

Bei allem kann nicht daran vorbeigesehen werden, daß der Solidarfonds Abfallrückführung zwei Hauptschwierigkeiten meistern muß:

- Das Abfallverbringungsgesetz verlangt, daß innerhalb von drei Jahren 75 Mio. DM zuzüglich Verwaltungskosten auf die Beitragsschuldner übergewälzt werden. Eine gerechte und gleichzeitig wirtschaftlich erträgliche Anlastung der Beiträge ist bei tendenziell rückläufigen Abfallverbringungen ein großes Problem. Man wird nicht umhin kommen, die Beitragshöhen in relativ kurzen Zeitabschnitten immer wieder zu überprüfen. Damit einhergehen wird aller Voraussicht nach das Phänomen, daß die tatsächlich verbrachten Abfälle mit immer höheren Beiträgen zum Solidarfonds herangezogen werden.
- Die Akzeptanz des Solidarfonds Abfallrückführung könnte bei den beteiligten Wirtschaftskreisen gesteigert werden, wenn anstelle der Beitragserhebung anläßlich jeder notifizierungsbedürftigen Verbringung lediglich eine Verpflichtung eingegangen würde, bei einem festgestellten Rückführungsfall anteilsmäßig in Höhe der Rückführungskosten leisten zu müssen (Umlageverfahren). Es ist hier jedoch zu bedenken, daß unter Umständen das Geld sehr rasch zur Verfügung stehen muß. Ein Umlageverfahren wäre deshalb nur dann praktikabel, wenn es eine Instutition gibt, die bei festgestelltem Rückführungsfall in die Vorfinanzierung geht. Außerdem muß die Problematik gelöst werden, die Verwaltungskosten, die für den Solidarfonds aufgebracht werden müssen, beitragsmäßig umzulegen.

Der Bundesverband der Deutschen Entsorgungswirtschaft, der, wie vorstehend gezeigt, ein nicht unerhebliches Stück Vorarbeit geleitstet hat, wirkt darauf hin, daß die beteiligten Wirtschaftskreise aus eigenem Interesse die privatrechtliche Lösung unterstützen.

Ein bloßes Abwarten, daß staatlicherseits die Anstalt des öffentlichen Rechts eingerichtet wird, wirft kein besonders gutes Licht auf die abfallexportierende Wirtschaft. Es kann kaum angehen, einerseits die ständig anwachsenden Belastungen durch öffentlich-rechtliche Abgaben zu beklagen, anderseits jedoch die Möglichkeit, aktiv gestaltend eine preisgünstige Lösung zu schaffen, nicht zu ergreifen.

Vor der Illusion, auch "später noch" die "Wirtschaftslösung" realisieren zu können, sollte eindringlich gewarnt werden: Ist die Anstalt des öffentlichen Rechts erst einmal gegründet, dürfte ihr ein so langes Leben beschieden sein, wie aus der Bundesrepublik Deutschland notifizierungsbedürftige Abfallexporte erfolgen.

Der Vollzug der Verordnung Nr. 259/93/EWG des Rates vom 01.02.1993 zur Überwachung und Kontrolle der Verbringung von Abfällen in der, in die und aus der Europäischen Gemeinschaft – EG-AbfVerbrV

Ernst Rainer Werneburg

1 Einführung

Seit dem 06.05.1994 ist die Verordnung 259/93/EWG zur Verbringung von Abfällen – EG-AbfVerbrV – vom 01.02.1993 in der Bundesrepublik Deutschland geltendes Recht und wird von den zuständigen Vollzugsbehörden der Bundesländer bei der Bearbeitung von Abfallverbringungsvorgängen mit Auslandsbezug unmittelbar angewendet.

Die Vorschrift weicht von ihrem Aufbau und ihrer Regelungstechnik her stark von deutschen Vorschriften ab; die ohnehin schon komplizierte Materie wird daher für den deutschen Leser noch schwerer verständlich, und selbst nach mehrmaligem sorgfältigem Studium der Verordnung bleibt eine gewisse Ratlosigkeit zurück. Wenn schon dem juristisch vorgebildeten Leser der Zugang zu der Verordnung nicht leicht fällt, wie schwer muß es für die Vertreter der Wirtschaft sein, sich als unmittelbar durch die Verordnung Betroffene durch das Labyrinth der Vorschriften hindurchzufinden.

Anläßlich der 5. Sitzung der Bund-Länder-Arbeitsgruppe zur Erarbeitung einer Musterverwaltungsvorschrift für diesen Bereich in Hannover haben sich zahlreiche Wirtschaftsvertreter des VCI, der Wirtschaftsvereinigung Metalle, des Verbandes der Metallindustrie, des BDE, BPS, DIHT und des Bundesverbandes für Sekundärstoffe und Entsorgung sehr kritisch zur EG-AbfverbrV und zu dem vorliegenden Arbeitsentwurf einer Musterverwaltungsvorschrift vom 27.04.1994 zu § 13 AbfG, zur Abfallverbringungs-Verordnung und zur EG-AbfVerbrV geäußert. Sie beklagen die langen Entscheidungsfristen und befürchten, daß durch die Festlegung von hohen Sicherheitsleistungen und Verwaltungsgebühren ihre Konkurrenzfähigkeit am Weltmarkt beeinträchtigt werden könnte. Außerdem würden Geschäftspartner außerhalb Europas, die z. B. NE-metallhaltige Abfälle zu deutschen Verwertungsanlagen verbringen wollen, durch die Verpflichtung zur Durchführung eines förmlichen Notifizierungsverfahrens mit Sicherheitsleistung und Verwaltungskosten abgeschreckt.

Es sei daher zu befürchten, daß durch die Regelungen der EG-AbfVerbrV langjährige Geschäftsbeziehungen in Mitleidenschaft gezogen und zahlreiche Firmen Verwertungsmöglichkeiten in Nicht-EU-Ländern suchen würden. In der Besprechung zeigte sich vor allem, daß den Wirtschaftsvertretern die Einsicht schwer fällt, mit ihren bisher dem freien Handelsverkehr unterliegenden Reststoffen nunmehr einer abfallrechtlichen Kontrolle unterworfen zu werden. Nach ihrer Ansicht werden ihre Handelsgeschäfte durch die Ausdehnung des Abfallbegriffs auf die Verwertung von Reststoffen wesentlich erschwert, und sie äußern die Besorgnis, daß sie mit illegalen Abfalltransporteuren und Betreibern von Autowrackplätzen und Altreifenlagern auf eine Stufe gestellt werden könnten. Von den Vollzugsbehörden fordern sie daher eine pragmatische Auslegung der Vorschriften der EG-AbfVerbrV zugunsten der Wirtschaft, um den Wirtschaftsstandort Deutschland nicht zu gefährden.

Ob die von den Vertretern der Wirtschaft vorgetragenen schwerwiegenden Bedenken in dieser Form zutreffend oder nicht doch etwas überzogen sind, wird in der nachfolgenden Darstellung zu beantworten versucht. Zum besseren Verständis der Regelungen der EG-AbfVerbrV, ihres Sinnes und Zweckes, ist es erforderlich, in einem kurzen Rückblick die Entwicklung dieser Verordnung aufzuzeigen.

2 Entwicklung der EG-AbfVerbrV

Abfalltransporte machen nicht an Staatsgrenzen halt, sondern sind Teil des internationalen Handelsverkehrs. Spätestens nach den Vorgängen um die Dioxinabfälle von Seveso ist deutlich geworden, daß nationalstaatliche Regelungen nicht ausreichend sind, um grenzüberschreitende Abfallverbringungen effektiv zu kontrollieren.

1. Daher hat die Europäische Gemeinschaft mit der Richtlinie des Rates vom 06.12.1984 über die Überwachung und Kontrolle der grenzüberschreitenden Verbringung gefährlicher Abfälle ein einheitliches Überwachungsverfahren für die grenzüberschreitende Verbringung gefährlicher Abfälle geschaffen. Mit der Richtlinie wurde ein sogenanntes Notifizierungsverfahren eingeführt, wonach derjenige, der gefährliche Abfälle in einen anderen Mitgliedstaat der Gemeinschaft verbringen will, die zuständigen Behörden der von der Verbringung betroffenen Länder benachrichtigen muß. Diese Richtlinie ist in der Bundesrepublik Deutschland durch die Änderung des § 13 AbfG, die Einführung der §§ 13a-13c und den Erlaß der Abfallverbringungs-Verordnung in innerstaatliches Recht umgesetzt worden.

   Schon bald zeigte sich jedoch die Unzulänglichkeit dieser Regelungen, die unkontrollierte und zum Teil illegale Verbringungen von Abfällen in Länder der Dritten Welt nicht wirksam unterbinden konnten.

2. Am 22.03.1989 ist die sog. Baseler Konvention zur Kontrolle der grenzüberschreitenden Verbringung von gefährlichen Abfällen und deren Entsorgung verabschiedet worden, die mittlerweile von mehr als 60 Staaten ratifiziert worden ist. Die Zustimmung zum Baseler Übereinkommen seitens der Europäischen Gemeinschaft ist am 07.02.1994 erfolgt, und das Übereinkommen ist am 06.05.1994 in Kraft getreten. Dieses weltweite Übereinkommen hat im wesentlichen folgenden Inhalt:

   - Der Begriff der "gefährlichen Abfälle" wird anhand der Y-Liste und der H-Liste der OECD definiert (Unterscheidung nach Abfallart, Abfälle, die bestimmte Bestandteile enthalten, Abfälle, die bestimmte gefährliche Eigenschaften aufweisen). Als "andere Abfälle" werden Haushaltsabfälle und Rückstände aus der Verbrennung von Haushaltsabfällen bezeichnet.
   - Import, Export und Durchfuhr dieser Abfälle sind nur zulässig, wenn zuvor alle beteiligten Staaten in der Form eines Notifizierungsverfahrens informiert sind und der Verbringung zugestimmt haben.
   - Ein Export gefährlicher und anderer Abfälle soll aufgrund geeigneter Maßnahmen der Vertragsparteien nur zugelassen werden, wenn der Exportstaat nicht über die technische Kapazität und die erforderlichen Anlagen verfügt, um solche Abfälle umweltverträglich zu entsorgen oder dieseAbfälle als Rohstoffe für Verwertungs- und Aufbereitungsindustrien im Importstaat benötigt werden.
   - Die Verbringung von Abfällen in Nichtvertragsstaaten ist grundsätzlich unzulässig, es sei denn, es bestehen bi- und multilaterale Regelungen, die inhaltlich den Regelungen der Konvention entsprechen.
   - Die Ausfuhr gefährlicher Abfälle oder anderer Abfälle zur Entsorgung innerhalb des Gebietes südlich von 60 Grad südlicher Breite ist verboten.
   - Sofern eine grenzüberschreitende Verbringung gefährlicher Abfälle oder anderer Abfälle nicht entsprechend den Anforderungen für eine umweltverträgliche Abfallentsorgung zu Ende geführt werden kann, hat der Exportstaat für eine Rücknahme der Abfälle durch den Exporteur zu sorgen, wobei in diesem Fall die grundsätzlich bei jeder Verbringung zu erbringende Versicherung, Bürgschaft oder Garantieleistung von Bedeutung ist.

3. Zu nennen sind ferner die Abkommen zwischen der Europäischen Gemeinschaft und den Entwicklungsländern in Afrika, der Karibik und im Pazifik (sog. AKP-Staaten). Das AKP-EWG-Abkommen vom 15.12.1989, das auch als Viertes Abkommen von Lomé bezeichnet wird, regelt u. a. ein Verbot des Verbringens von gefährlichem und radioaktivem Abfall in diese Länder.

4. Der OECD-Rat hat am 30.03.1992 einen Beschluß über die Überwachung der grenzüberschreitenden Verbringung von Abfällen zur Verwertung gefaßt, mit dem ein "review mechanism" zur Überprüfung von Festlegungen in der Grünen, Gelben und Roten Liste eingeführt wird. Für die in den Listen enthaltenen Ab-

fallstoffe sind je nach Einstufung unterschiedlich intensive Kontrollinstrumente vorgesehen. Der Organisation für wirtschaftliche Zusammenarbeit und Entwicklung gehören als Mitgliedsländer alle EU- und EFTA-Staaten, die Türkei, Australien, Japan, Kanada, Neuseeland und die USA an. Die Ratsentscheidung vom 30.03.1992 gilt allerdings nicht für Japan, da sich dieser Staat bei der Beschlußfassung der Stimme enthalten hat.

5. Schließlich ist noch die Schaffung des Binnenmarktes mit Wirkung vom 01.01.1993 innerhalb des Gebietes der Europäischen Gemeinschaft zu erwähnen, die das Erfordernis von unterschiedlichen Regelungen für Verbringungen von Abfällen innerhalb der Gemeinschaft und im Verhältnis zu Drittstaaten deutlich gemacht hat.

   Aufgrund der vorstehenden internationalen Übereinkommen und des Bestehens des EG-Binnenmarktes hat es der Rat der EG nicht für ausreichend erachtet, lediglich eine Überarbeitung seiner Richtlinie 84/631/EWG vorzunehmen, sondern er hat eine Rechtsverordnung verabschiedet, um eine unmittelbare und gleichzeitige Anwendbarkeit der Regelungen über die Verbringung von Abfällen zu erreichen.

3 Übersicht über die EG-AbfVerbrV, den Arbeitsentwurf einer Musterverwaltungsvorschrift und das Ausführungsgesetz zu dem Baseler Übereinkommen

Die EG-AbfVerbrV vom 01.02.1993 ist am 06.02.1993 im Amtsblatt der EG veröffentlicht worden und drei Tage später gemäß Art. 44 der VO in Kraft getreten. Allerdings hat der Verordnungsgeber bestimmt, daß sie erst 15 Monate nach ihrer Veröffentlichung zur Anwendung gelangt, also ab dem 06.05.1994. Diese lange Übergangsfrist zwischen Inkrafttreten und Anwendbarkeit sollte von den einzelnen Mitgliedstaaten genutzt werden, um die von der Verordnung vorgesehenen ergänzenden Regelungen für den Aufbau eines effektiven Vollzuges der Verordnung zu gewährleisten. Erst im Dezember 1993 hat sich eine Bund-Länder-Arbeitsgruppe konstituiert, die mit dem Stand 27.04.1994 den ersten Arbeitsentwurf einer Musterverwaltungsvorschrift zu § 13 AbfG, zur Abfallverbringungsverordnung und zur EG-AbfVerbrV vorgelegt hat, um den Vollzugsbehörden bei den 16 Bundesländern rechtzeitig zum 06.05.1994 eine Arbeits- und Auslegungshilfe zur Verfügung zu stellen. Mit der EG-AbfVerbrV wird das Baseler Übereinkommen vom 22.03.1989 sowie die OECD-Ratsentscheidung vom 30.03.1992 durch die Europäische Gemeinschaft umgesetzt. Die Verordnung setzt unmittelbar geltendes Recht, das keiner nationalen Umsetzung bedarf, wie es bei einer EG-Richtlinie notwendig ist. Sie steht im Rang über den nationalen Rechtsvorschriften des AbfG und der Abfallverbringungs-Verordnung. Daraus folgt, daß diese Regelungen ab dem 06.05.1994 nur noch Gültigkeit haben, soweit sie den Regelungen der EG-AbfVerbrV nicht entgegenstehen. Insbesondere die deutsche Abfallverbringungsverordnung ist daher weitgehend gegenstandslos geworden.

Der Abfallbegriff der EG-AbfVerbrV verweist auf die Begriffsbestimmung der EG-Abfallrahmenrichtlinie 75/442/EWG in der Fassung vom 18.03.1991-91/156/EWG. Der Europäische Gerichtshof hat bereits im Jahre 1990 festgestellt, daß der Begriff "Abfälle" auch Stoffe und Gegenstände erfaßt, die zur wirtschaftlichen Wiederverwendung geeignet sind. Daher umfaßt der gemeinschaftsrechtliche Abfallbegriff grundsätzlich auch sog. Wirtschaftsgüter und Reststoffe nach § 5 Abs. 1 Nr. 3 BImSchG bzw. § 2 Abs. 3 AbfG. Abfall im Sinne der EG-Richtlinie sind demnach alle Stoffe oder Gegenstände, die unter die in Anhang I aufgeführten Abfallgruppen fallen und deren sich ihr Besitzer entledigt, entledigen will oder entledigen muß, wobei eine Entledigung im Falle der Beseitigung und Verwertung von Abfällen vorliegt, die sich nach den in Anhang II A und II B aufgeführten Verfahren richten. Die EG-Kommission hat am 20.12.1993 den Europäischen Abfallkatalog (EWC) verabschiedet, in dem im einzelnen die unter die Abfallgruppen in Anhang I der EG-Richtlinie fallenden Abfälle aufgelistet sind.

Zur Umsetzung des EG-Abfallbegriffs, zur Umsetzung des Baseler Übereinkommens und zur Ausführung der EG-AbfVerbrV hat die Bundesregierung am 28.04.1993 die Gesetzentwürfe zu einem Zustimmungsgesetz und einem Ausführungsgesetz vorgelegt. Nach Ablehnung durch den Bundesrat und Befassung des Vermittlungsausschusses hat der Bundesrat in seiner Sitzung vom 08.07.1994 den Entwurf des Ausführungsgesetzes zum Baseler Übereinkommen gebilligt. Kernpunkt des Ausführungsgesetzes ist das Gesetz über die Überwachung und Kontrolle der grenzüberschreitenden Verbringung von Abfällen – AbfVerbrG – Neben Einzelregelungen zur Ausführung der EG-AbfVerbrV enthält das Gesetz die folgenden wichtigen Bestimmungen:

- Übernahme des EG-Abfallbegriffs der EG-Abfallrahmenrichtlinie unter ausdrücklicher Aufführung deren Anhänge I, II A und II B (Abfallgruppen, Beseitigungs- und Verwertungsverfahren),
- Einrichtung eines Solidarfonds Abfallrückführung,
- Benennung des Umweltbundesamtes als Anlaufstelle und Clearingstelle für grenzüberschreitende Abfallverbringungen,
- Bußgeldvorschriften.

Das Basel-Ausführungsgesetz führt außerdem durch die Einführung des § 12a AbfG eine Genehmigungspflicht für Vermittlungsgeschäfte und durch die Änderung der §§ 326, 330, 330c StGB eine Strafbarkeit für illegale Abfallverbringungen ein. Die §§ 13 – 13c AbfG und die Abfallverbringungsverordnung bis auf § 17 werden aufgehoben. Inkrafttreten wird das Basel-Ausführungsgesetz im Herbst diesen Jahres. Die EG-AbfVerbrV stellt den Schutz der menschlichen Gesundheit und die Notwendigkeit, die Umwelt zu erhalten, zu schützen und ihre Qualität zu verbessern, in den Vordergrund. Der internationale Handelsverkehr muß insoweit Einschränkungen hinnehmen als es der Schutz der Umwelt und der menschlichen Gesundheit erfordern. Die Art und der Umfang der Beschränkungen können abhängig sein von der Gefährlichkeit der Abfälle, ob es sich um eine Verwertung oder Beseitigung handelt und ob Staaten außerhalb der Europäischen Gemeinschaft von einer Verbringung betroffen sind. Dementsprechend enthält die EG-AbfVerbrV ein nach dem Zweck der Verbringung zur Verwertung oder zur Beseitigung von Abfällen differenziertes System von Regelungen sowohl für die Verbringung zwischen Mitgliedstaaten der Gemeinschaft als auch für die Ausfuhr aus der Gemeinschaft, die Einfuhr in die Gemeinschaft sowie die Durchfuhr durch die Gemeinschaft.

Die Verordnung übernimmt mit den in den Anhängen II, III und IV aufgeführten Grünen, Gelben und Roten Listen die Einstufung von Abfällen entsprechend der OECD-Ratsentscheidung vom 30.03.1992. Während die Abfälle zur Beseitigung bei einer Verbringung einem einheitlichen Überwachungsverfahren unterworfen werden, findet bei den Abfällen zur Verwertung je nach Einstufung in die Ampellisten ein differenziertes Verfahren statt.

Rote bzw. nicht eingestufte Abfälle unterliegen im Überwachungsverfahren ähnlichen Anforderungen wie Abfälle zur Beseitigung. Dagegen sind Grüne Abfälle zur Verwertung gemäß Art. 1 Abs. 3a der Verordnung weitgehend aus dem Geltungsbereich der Verordnung herausgenommen. Das bedeutet für die Grünen Abfälle:

- keine Erfordernis eines Notifizierungsverfahrens,
- keine Einwandsmöglichkeiten wie bei den anderen Abfällen zur Verwertung,
- kein generelles Anzeigeverfahren,
- keine Sicherheitsleistung,
- grundsätzlich keine Rückführung nach Art. 25, 26 der VO,
- lediglich Mitführung eines besonderen Frachtpapiers nach Art. 11,
- bei der Ausfuhr: Beachtung der Vorschrift des Art. 17 AbfVerbrV.

Allerdings muß bei den Grünen Abfällen zur Verwertung sichergestellt sein, daß eine Verbringung nur zu Anlagen erfolgt, die nach den Art. 10 und 11 der EG-Abfall-Rahmenrichtlinie ordnungsgemäß genehmigt sind. Außerdem hat die Kommission die Möglichkeit, in einem Verfahren nach Art. 18 der Rahmenrichtlinie bestimmte Grüne Abfälle zur Verwertung einem Überwachungsverfahren zu unterwerfen, wie es für Gelbe oder Rote Abfälle vorgesehen ist. Davon hat die EG-Kommission allerdings bisher keinen Gebrauch gemacht. Darüber hinaus können auch die einzelnen Mitgliedstaaten bestimmte Grüne Abfälle zur Verwertung aus Gründen des Umweltschutzes und der menschlichen Gesundheit wie Gelbe und Rote Abfälle überwachen. § 12 Nr. 1 AbfVerbrG enthält insoweit eine Ermächtigung der Bundesregierung zum Erlaß einer Rechtsverordnung, in der diese Abfälle im einzelnen aufgeführt werden.

Schließlich kann aufgrund der Regelung des Art. 1 Abs. 3e AbfVerbrV die zuständige Behörde bei einer gescheiterten Verbringung von Grünen Abfällen zur Verwertung eine Ordnungsverfügung an den Exporteur zur Rückholung erlassen. Eine Verpflichtung dazu besteht für die zuständige Behörde nicht, selbst wenn das

Importland ein entsprechendes Rückholersuchen stellt. Bevor in diesem Fall eine Rückholung veranlaßt wird, sollte dies mit der obersten Landesbehörde entsprechend abgestimmt werden.

4 Das Notifizierungsverfahren

Grundlage für die Verbringung von Abfällen ist grundsätzlich die Durchführung eines sog. Notifizierungsverfahren, mit dem sichergestellt werden soll, daß eine Verbringung erst nach Beteiligung der zuständigen Behörden aller betroffenen Staaten erfolgt, um so eine den Schutzzielen der Verordnung entsprechende Verbringung zu unterbinden. Grundsätzlich ist das Notifizierungsverfahren von der sog. notifizierenden Person (Abfallerzeuger, Händler, Makler, Abfallbesitzer) vorzunehmen. Die Vorschriften der Verordnung räumen aber der zuständigen Behörde am Versandort die Befugnis ein, nach Maßgabe der einzelstaatlichen Vorschriften zu beschließen, anstelle der notifizierenden Person die Notifizierung selbst gegenüber der zuständigen Behörde am Bestimmungsort vorzunehmen. § 4 Abs. 2 AbfVerbrG hat für Verbringungen von Abfällen aus der Bundesrepublik verpflichtend die Behördennotifikation eingeführt, so daß der Exporteur in jedem Fall die Notifizierungsunterlagen zunächst bei der deutschen Versandbehörde einreichen muß.

Diese Regelung hat den Vorteil, daß die deutsche Behörde zum frühestmöglichen Zeitpunkt über geplante Verbringungen informiert wird. Im Interesse des Exporteurs hat sie die Möglichkeit, vor Einleitung des Notifizierungsverfahrens auf die Vervollständigung unzureichender Antragsunterlagen hinzuwirken oder etwaige Einwandsgründe bereits in diesem frühen Verfahrensstadium dem Exporteur mitzuteilen. An dieser Stelle ist eine reibungslose Zusammenarbeit zwischen Exporteur und Versandbehörde von besonderer Bedeutung, da hier, vor Einleitung des eigentlichen Notifizierungsverfahrens, die entscheidenden Weichen gestellt werden können, um das Notifizierungsverfahren innerhalb der vorgesehenen Fristen abzuschließen. Eine umfassende Beratung des Exporteurs und eine zeitnahe Vorlage aller notwendigen Unterlagen durch den Exporteur können etwaige spätere Einwände im Verfahren verhindern.

4.1 Verbringung von Abfällen innerhalb der EU

a) Abfälle zur Beseitigung, Art 3-5 EG-AbfVerbrV

- Der Exporteur reicht bei der zuständigen Behörde am Versandort die Antragsunterlagen ein. Dazu gehört zunächst einmal ein vollständig ausgefüllter Begleitschein gemäß Art. 42 AbfVerbrV.

  Da die EG-Kommission bisher den einheitlichen Begleitschein noch nicht erstellt hat, findet das bestehende Formblatt für den Begleitschein, wie es in der Richtlinie 85/469/EWG vorgegeben wurde, Anwendung.

Da dieses Formular durch die deutsche Abfallverbringungs-Verordnung übernommen worden ist, ist daher das Begleitscheinmuster im Anhang der AbfVerbrV weiter anzuwenden, obwohl die VO durch das AbfVerbrG ersetzt worden ist. Näheres zum Inhalt der Angaben auf dem Begleitschein ist in Art. 3 Abs. 5 EG-AbfVerbrV geregelt. Weitere notwendige Unterlagen sind der Nachweis einer Sicherheitsleistung nach Art. 27 der Verordnung i.V.m. § 7 AbfVerbrG und der Nachweis einer Beteiligung des Exporteurs an dem Solidarfonds Abfallrückführung gemäß § 8 AbfVerbrG, der Vertrag zwischen dem Exporteur und dem Inhaber der Beseitigungsanlage über eine ordnungsgemäße Entsorgung der Abfälle sowie eine Deklarationsanalyse über die Zusammensetzung der Abfälle. Weitere Nachweise über die Umweltverträglichkeit der Entsorgungsanlage sind bei einer Entsorgung innerhalb der EU regelmäßig nicht erforderlich. Alle Unterlagen müssen in einer annehmbaren Sprache vorgelegt werden, also in Deutsch und in einer Sprache, die vom Importland bzw. von einem Durchfuhrstaat als annehmbar akzeptiert wird.

- Die zuständige deutsche Behörde am Versandort bestätigt den Eingang des Antrages und prüft den Begleitschein, wobei regelmäßig eine Frist von 10 Arbeitstagen einzuhalten ist. Sind die Unterlagen unvollständig, so gibt die Behörde dem Exporteur Gelegenheit, innerhalb einer kurzen Frist die Antragsunterlagen zu komplettieren. Kommt der Exporteur dieser Aufforderung nicht nach oder handelt es sich um einen nichtbehebbaren Mangel der Unterlagen, so lehnt die Behörde gegenüber dem Exporteur die Einleitung eines Notifizierungsverfahrens ab. Das gleiche gilt, wenn von seiten der Versandbehörde ein Einwandsgrund nach Art. 4 Abs. 3b, c EG-AbfVerbrV besteht. Die ablehnende Entscheidung ist als Verwaltungsakt mit Widerspruch und Anfechtungs- bzw. Verpflichtungsklage angreifbar. Gemäß § 4 Abs. 6 AbfVerbrG wird die Bundesregierung ermächtigt, durch Rechtsverordnungen Vorschriften über die Notifizierungsunterlagen, die Form der Notifizierung und der Entscheidung zu erlassen.

- Sind die Antragsunterlagen vollständig und wird kein Einwandsgrund geltend gemacht, leitet die Versandbehörde das eigentliche Notifizierungsverfahren ein, indem sie die Unterlagen an die zuständige Behörde am Bestimmungsort und in Kopie ggf. an die Behörde in einem Durchfuhrstaat übersendet.

- Zuständige Genehmigungsbehörde bei der Verbringung von Abfällen zur Beseitigung innerhalb der EU ist die Behörde des Importstaates, die innerhalb von drei Arbeitstagen nach Erhalt der Notifizierung der notifizierenden Person und allen anderen betroffenen Behörden eine Empfangsbestätigung übermittelt.

  Innerhalb einer Frist von 30 Tagen nach Absendung muß die Importbehörde spätestens über die Verbringung abschließend entscheiden. Die Versandbehörde und die für die Durchfuhr zuständige Behörde können innerhalb von 20 Tagen nach Absendung der Empfangsbestätigung Einwände erheben oder

Auflagen für eine Verbringung festsetzen. Diese sind dem Exporteur und den anderen zuständigen Behörden mitzuteilen. Der Exporteur kann gegen Einwände oder Auflagen der deutschen Behörde Widerspruch und Klage erheben.

- Die Genehmigungsbehörde des Importstaates ist an die von anderen Behörden erhobenen Einwände bzw. festgelegten Auflagen gebunden. Sobald alle Behörden ihr Einverständnis erteilt haben, genehmigt die Importbehörde die Verbringung durch einen entsprechenden Stempel auf dem Begleitschein. Erhebt nur eine der beteiligten Behörden Einwände, so muß die Verbringung abgelehnt werden.

- Erst nach Erteilung der Genehmigung kann mit der Verbringung begonnen werden. Der Exporteur trägt das Datum der Verbringung sowie die sonstigen Angaben in den Begleitschein ein und übermittelt den betroffenen zuständigen Behörden drei Arbeitstage vor Beginn der Verbringung eine Kopie.

- Innerhalb von drei Arbeitstagen nach Erhalt der zur Beseitigung bestimmten Abfälle übermittelt der Empfänger dem Exporteur und den zuständigen betroffenen Behörden eine Kopie des ausgefüllten Begleitscheines.

- Sobald wie möglich und nicht später als 180 Tage nach Erhalt der Abfälle übermittelt der Empfänger dem Exporteur und den übrigen Behörden eine Bescheinigung über die Beseitigung der Abfälle unter seiner Verantwortung. Erst nach Zugang dieser Bescheinigung ist die Verbringung abgeschlossen mit der Folge, daß eine Rückführung nach Art. 25, 26 EG-AbfVerbrV nicht mehr in Betracht kommt und die Sicherheitsleistung damit freigegeben wer den kann.

Welche Einwände können gegen eine Verbringung erhoben werden? Die EG-AbfVerbrV unterscheidet zwischen allgemeinen Verboten der Mitgliedstaaten und zwischen Einwänden, die von den zuständigen Behörden geltend zu machen sind. Die Mitgliedstaaten können die Verbringung von zur Beseitigung bestimmten Abfällen nach Art. 4 Abs. 3a) i) EG-AbfVerbrV aus folgenden Gründen allgemein oder teilweise verbieten:

- Verstoß gegen das Prinzip der Nähe,
- Verstoß gegen den Vorrang für die Verwertung von Abfällen,
- Verstoß gegen den Grundsatz der Entsorgungsautarkie auf gemeinschaftlicher und einzelstaatlicher Ebene.

§ 3 AbfVerbrG greift den Grundsatz der Beseitigungsautarkie auf und bestimmt den Vorrang einer Inlandsbeseitigung von Abfällen vor der Beseitigung im Ausland. Weiterhin wird der Beseitigung von Abfällen in einem Mitgliedstaat der EG Vorrang vor einer Beseitigung in einem Drittstaat eingeräumt.

Dagegen können die betroffenen zuständigen Behörden gegen die Verbringung gemäß Art. 4 Abs. 3b) und c) EG-AbfVerbrV Einwände erheben, wenn die Verbringung nicht gemäß Art. 5 und 7 der EG-Abfall-Rahmenrichtlinie erfolgt (Maß nahmen der Mitgliedstaaten zur Errichtung eines integrierten Netzes von Beseitigungsanlagen und zur Erstellung von Abfallbewirtschaftungsplänen). In diesem Zusammenhang können sich die Einwände auf folgende Punkte stützen:

- Anwendung des Grundsatzes der Entsorgungsautarkie auf gemeinschaftlicher und einzelstaatlicher Ebene.
- Die Entsorgungsanlage wird zur Beseitigung von Abfällen benötigt, die an einem näher gelegenen Ort angefallen sind, wenn die zuständige Behörde solchen Abfällen Vorrang einräumt.
- Gewährleistung, daß die Verbringung im Einklang mit den Abfallbewirtschaftungsplänen steht. Von Bedeutung sind hierbei Abfallentsorgungspläne nach § 6 AbfG sowie landesrechtliche Andienungspflichten an einen Träger der Sonderabfallentsorgung.
- Verstoß der geplanten Verbringung gegen einzelstaatliche Rechts- und Verwaltungsvorschriften zum Schutz der Umwelt, zur Wahrung der öffentlichen Sicherheit und Ordnung oder zum Schutz der Gesundheit. Dazu zählen auch Verstöße gegen die Vorgaben des Abfallverbringungsgesetzes.
- Exporteur oder Empfänger haben sich in der Vergangenheit illegale Transporte zuschulden kommen lassen.
- Verstoß der Verbringung gegen Verpflichtungen aus internationalen Übereinkommen, z. B. Baseler Übereinkommen, EG-AbfVerbrV

b) Abfälle zur Verwertung, Art. 6 – 11 EG-AbfVerbrV

aa) Grüne Abfälle

Generell sind bei der Verbringung von zur Verwertung bestimmten Abfällen die Anhänge II, III und IV der EG-AbfVerbrV zu beachten. Hinsichtlich der in Anhang II aufgeführten "Grünen Abfälle" findet kein Notifizierungsverfahren statt. Auch eine Anzeige der Verbringung gegenüber den zuständigen Behörden ist nicht vorgeschrieben, wie es von den Bundesländern bei der Erörterung des Basel-Ausführungsgesetzes gefordert wurde. Der Transporteur muß lediglich bei der Verbringung ein Papier mitführen, aus dem sich gemäß Art. 11 EG-AbfVerbrV Name und Anschrift des Besitzers und des Empfängers, die handelsübliche Bezeichnung und die Menge der Abfälle sowie die Art des Verwertungsverfahrens ergeben müssen.

bb) Gelbe und Rote Abfälle

Hinsichtlich der Verbringung von Gelben Abfällen zur Verwertung ist ein Notifizierungsverfahren durchzuführen, das folgende maßgebliche Unterschiede zum Verfahren für die Abfälle zur Beseitigung aufweist.

- Unterlagen: zusätzlich zu den Angaben bei der Beseitigung sind folgende weitere Angaben erforderlich
  - das vorgesehene Entsorgungsverfahren für den Restabfall nach stattgefundener Verwertung sowie die Bezeichnung der Anlage,
  - Menge des verwerteten Materials im Verhältnis zur Restabfallmenge,

- Schätzwert des verwerteten Materials. Gemeint ist hierbei der Wert der Produkte oder sekundären Rohstoffe, die durch die Behandlung des Abfalls erzeugt werden.

Die zusätzlichen Anforderungen dienen dazu, den Behörden die Beurteilung zu erleichtern, ob ein Stoff einer sinnvollen Verwertung zugeführt wird oder ob die beabsichtigte Verwertung nur Vorstufe zur eigentlich im Vordergrund stehenden Abfallbeseitigung ist.

- Behördennotifizierung ist für das Verfahren ebenfalls vorgesehen, allerdings mit dem Unterschied, daß die Versandbehörde bei unvollständigen Unterlagen oder bei Bestehen von Einwänden nicht die Einleitung eines Notifizierungsverfahrens gegenüber dem Exporteur ablehnen kann. Die Aufgabe der Versandbehörde beschränkt sich in diesem Verfahrensstadium auf die Vornahme der Notifizierung. Allerdings wird es im Normalfall im Interesse des Exporteurs liegen, daß eine Verbringung nicht im Nachhinein wegen unvollständiger Unterlagen oder Einwänden von der Versandbehörde blockiert wird. Daher sollte Einvernehmen zwischen Exporteur und Versandbehörde erreicht werden, daß erst bei Vorliegen vollständiger Unterlagen die Notifizierung vorgenommen wird, um so das Verfahren reibungslos und ohne unnötige Zeitverluste beenden zu können.

- Einwände: Die Einwandsfrist der zuständigen Behörden nach Absendung der Empfangsbestätigung durch die Importbehörde beträgt 30 Tage. Einwände können aus folgenden Gründen erhoben werden:

  - Verstoß der Verbringung gegen einzelstaatliche Rechts- und Verwaltungsvorschriften zum Schutz der Umwelt, zur Wahrung der öffentlichen Sicherheit und Ordnung oder zum Schutz der Gesundheit;
  - illegale Transporte in der Vergangenheit durch Exporteur oder Empfänger;
  - Verstoß der Verbringung gegen Verpflichtungen aus internationalen Übereinkommen.

  Diese Einwände entsprechen den Einwänden bei Abfällen zur Beseitigung.

  - Verstoß gegen Art. 7 der Richtlinie 75/442/EWG, weil die Verbringung nicht mit bestehenden Abfallwirtschaftsplänen in Einklang steht;
  - wenn der Anteil an verwertbarem und nicht verwertbarem Abfall, der geschätzte Wert der letztlich verwertbaren Stoffe oder die Kosten der Verwertung und die Kosten der Beseitigung des nicht verwertbaren Anteils eine Verwertung unter wirtschaftlichen und ökologischen Gesichtspunkten nicht rechtfertigen.

    Werden Einwände rechtzeitig innerhalb der 30- Tages-Frist erhoben, so kann die Verbringung nicht durchgeführt werden.

- Genehmigung: Die Verbringung bedarf keiner Genehmigung durch die Importbehörde. Werden keine Einwände innerhalb von 30 Tagen erhoben, so gilt die Zustimmung der betroffenen Behörden als stillschweigend erteilt, so daß der Exporteur mit der Verbringung beginnen kann. Die stillschweigende Zustimmung gilt nur für ein Jahr. Bereits vor Ablauf der Frist können die Behörden schriftlich der Verbringung zustimmen. Sobald die letzte erforderliche Zustimmung beim Exporteur eingegangen ist, kann die Verbringung erfolgen. Um die Zulässigkeit einer Verbringung, bei der ein abgestempelter Begleitschein nicht vorhanden ist, überprüfen zu können, muß die Behörde einen Vergleich des Begleitscheins mit der Empfangsbestätigung und dem tatsächlichen Zeitraum der Verbringung anstellen. Die Verbringung darf erst 30 Tage nach Absendung des Empfangsbekenntnisses und muß innerhalb eines Jahres und 30 Tagen nach Absendung des Empfangsbekenntnisses vorgenommen werden.

– Auflagen: Die Zustimmung der zuständigen Behörden kann an Auflagen gebunden werden, die innerhalb einer Frist von 20 Tagen nach Absendung der Empfangsbestätigung gegenüber dem Exporteur festgelegt werden müssen.

Bei Roten Abfällen findet ebenfalls ein Notifizierungsverfahren statt, wobei allerdings gemäß Art. 10 EG-AbfVerbrV die betroffenen zuständigen Behörden ihre Zustimmung schriftlich vor dem Beginn der Verbringung gegenüber dem Exporteur zu erteilen haben. Eine stillschweigende Zustimmung nach Ablauf von 30 Tagen ist nicht möglich.

Schließlich ist bei der Verbringung von Abfällen innerhalb der EU zu beachten, wenn eine Durchfuhr durch ein Drittland, z. B. Schweiz, erforderlich ist, daß das Drittland ausdrücklich der Verbringung zustimmen muß. Soweit das Drittland Mitglied des Baseler Übereinkommens ist, ergibt sich daraus eine Frist zur Zustimmung von 60 Tagen, Art. 12 EG-AbfVerbrV. Bei den übrigen Ländern müssen sich die zuständigen Behörden auf eine gemeinsame Frist einigen. Ohne Zustimmung des Drittstaates ist eine Verbringung nicht möglich.

Zusammenfassend ist bei der Verbringung von Abfällen innerhalb der EU festzustellen, daß die z. T. sehr kurzen Verfahrensfristen die Vollzugsbehörden in den ersten Monaten vor erhebliche Probleme stellen werden. Um diese Probleme zu überwinden, sind m. E. folgende Punkte von Wichtigkeit:

– Intensive Beratung des Exporteurs durch die Versandbehörde; vor Einleitung eines Notifizierungsverfahrens sollte zwischen dem Exporteur und der Versandbehörde Einigkeit erzielt werden, daß erst nach Vervollständigung aller Unterlagen die Notifizierung erfolgt. Der Exporteur wird dann nicht plötzlich von Einwänden der Versandbehörde im Verfahren überrascht.
– Die zuständige Behörde muß über ausreichend Personal und über die notwendigen technischen Einrichtungen (z. B. Telefax) verfügen, um ihre Aufgaben zeitnah erfüllen zu können. In diesem Zusammenhang muß auch über die Einrichtung von Kommunikationssystemen nachgedacht werden, die einen schnellen Informationsaustausch zwischen den Behörden innerhalb der EU gewährleisten.

- Die Bundesregierung sollte alsbald die Rechtsverordnung erlassen, in der die Notifizierungsunterlagen, die Form der Notifizierung und der Entscheidung festgelegt werden, um eine einheitliche Verfahrenspraxis bei den Vollzugsbehörden zu erreichen.

4.2 Der Export von Abfällen in Drittstaaten

a) Abfälle zur Beseitigung, Art. 14, 15 EG AbfVerbrV

Art. 14 EG-AbfVerbrV spricht ein grundsätzliches Exportverbot für Abfälle zur Beseitigung in Drittstaaten aus. Von dem Exportverbot ausgenommen sind lediglich Ausfuhren in EFTA-Länder, die auch Vertragsparteien des Baseler Übereinkommens sind. Damit ist eine Ausfuhr grundsätzlich nur erlaubt nach Finnland, Norwegen, Österreich, Schweden und die Schweiz sowie Liechtenstein, während eine Verbringung nach Island nicht möglich ist, da dieses Land nicht Vertragspartei des Baseler Übereinkommens ist. Sobald die Länder Finnland, Norwegen, Österreich und Schweden der Europäischen Union beigetreten sind, kommt die Ausfuhr von Abfällen zur Beseitigung in Staaten außerhalb der EU nur noch in die Länder Schweiz und Liechtenstein in Betracht.

In diesem Zusammenhang ist aber auch die 2. Vertragsstaatenkonferenz zum Baseler Übereinkommen vom 21.03.-25.03.1994 in Genf zu berücksichtigen. Dort ist eine Resolution hinsichtlich eines Abfallexportverbotes in Nicht-OECD-Staaten verabschiedet worden, die mit sofortiger Wirkung alle grenzüberschreitenden Verbringungen gefährlicher Rückstände zur Beseitigung aus OECD- in Nicht-OECD-Staaten verbietet. Von diesem Ausfuhrverbot ist Liechtenstein als Nicht-OECD-Staat betroffen.

Selbst bei einer grundsätzlichen Zulässigkeit der Ausfuhr ist diese dann verboten,

- wenn das EFTA-Land die Einfuhr solcher Abfälle generell verbietet oder nicht schriftlich seine Zustimmung zu der jeweiligen Einfuhr dieser Abfälle erteilt hat oder
- die zuständige Behörde am Versandort in der Gemeinschaft Grund zu der Annahme hat, daß die Abfälle in dem betreffenden EFTA-Land nicht nach umweltverträglichen Verfahren gehandhabt werden.

Allerdings entspricht der Stand der Technik in EFTA-Staaten in der Regel mindestens dem Stand der Technik von EG-Staaten, so daß ein Verbot der Ausfuhr durch die Versandbehörde nur bei einem begründeten Verdacht ausgesprochen werden kann.

Gemäß Art. 15 Abs. 11 EG-AbfVerbrV i.V.m. Art. 4 Abs. 2 AbfVerbrG findet bei der Ausfuhr von Abfällen zur Beseitigung das Verfahren der Behördennotifikation Anwendung mit den Konsequenzen der Ablehnung der Einleitung eines Notifizierungsverfahrens bei Bestehen von Einwänden und nicht behebbaren Mängeln der Antragsunterlagen.

Zu den vom Exporteur vorzulegenden Notifizierungsunterlagen gehören im einzelnen:

- die schriftliche Zustimmung des EFTA-Bestimmungslandes zu der geplanten Verbringung;
- die Bestätigung des EFTA-Bestimmungslandes über das Bestehen eines Vertrages zwischen dem Exporteur und dem Empfänger, in dem eine umweltverträgliche Entsorgung der betreffenden Abfälle zugesichert wird. Der weitere Mindestinhalt des Vertrages ergibt sich aus Art. 15 Abs. 4b) EG-AbfVerbrV;
- die schriftliche Zustimmung eines anderen Durchfuhrstaates zu der geplanten Verbringung.

Innerhalb von 70 Tagen nach Absendung der Empfangsbestätigung muß die Versandbehörde über die Zulassung der Verbringung entscheiden. Die Einwandsfrist der zuständigen betroffenen Behörden der EU-Mitgliedstaaten beträgt 60 Tage, wobei die Einwände denjenigen bei der Verbringung von Abfällen zur Beseitigung innerhalb der EU nach Art. 4 Abs. 3 EG-AbfVerbrV entsprechen. Die gleiche Frist findet für die Festsetzung von Auflagen Anwendung.

Eine Genehmigung vor Ablauf der 70-Tages-Frist ist möglich, wenn die schriftlichen Zustimmungen der anderen betroffenen Behörden vorliegen. Die Genehmigung wird durch entsprechendes Abstempeln des Begleitscheines von der Versandbehörde erteilt.

b) Ausfuhr von zur Verwertung bestimmten Abfällen, Art. 16, 17 EG-AbfVerbrV

aa) Grüne Abfälle

Die Einschränkungen für eine Verbringung gemäß Art. 16 EG-AbfVerbrV haben für die Grünen Abfälle keinerlei Bedeutung, da gemäß Art. 1 Abs. 3a) EG-AbfVerbrV insoweit die Verordnung keine Anwendung findet. Das bedeutet, daß diese Abfälle ohne Anzeige oder Notifizierungsverfahren in ein Land, für das der OECD-Beschluß gilt, verbracht werden können. Hinsichtlich der Nicht-OECD Staaten ist in Art. 17 Abs. 1 EG-AbfVerbrV für die Grünen Abfälle eine Sonderregelung getroffen worden. Da die Einstufung der Abfallarten in die Anhänge II bis IV nur im OECD-Geltungsbereich völkerrechtlich verbindlich ist, bedarf es zur Erstreckung ihrer Wirksamkeit auf andere Staaten jeweils gesondeter Erklärungen der betroffenen Staaten. Die EG-Kommission hat daher gemäß Art. 17 Abs. 1 EG-AbfVerbrV vor dem 06.05.1994 allen Nicht-OECD-Staaten die Liste der Grünen Abfälle mitgeteilt und um schriftliche Bestätigung ersucht, daß diese Abfälle im Empfängerland keinen Kontrolle unterliegen und daß solche Abfälle ohne Notifizierungsverfahren befördert werden können. Zahlreiche Länder haben mittlerweile auf das Schreiben der EG-Kommission geantwortet, wobei die Stellungnahmen sehr unterschiedlich ausgefallen sind. Neben der Aussage, daß die Grünen Abfälle keinen Kontrollen unterliegen sollen, gibt es auch Äußerungen, daß Abfälle des Anhangs II, z. T. beschränkt auf bestimmte Abfallstoffe, wie Gelbe oder Rote Abfälle behandelt werden sollen. Die Stellungnahmen der Nicht-OECD-Staaten nach Art. 17 Abs. 1 EG-AbfVerbrV werden für die Mitgliedstaaten der EU erst nach einer entsprechenden Erklärung durch die EG-Kommission verbindlich. Schließlich hat eine Reihe von Staaten bisher nicht auf das Schreiben der EG-Kommission reagiert. In diesem Falle ist die Verbringung von Grünen Abfällen in Nicht-OECD-Staaten nur dann zulässig, wenn das Bestimmungsland auf höchster Ebene sich mit der Einfuhr bestimmter Abfallarten einverstanden erklärt und bestätigt, daß die Abfälle in einer Anlage verwertet werden sollen, die gemäß dem geltenden innerstaatlichen Recht im Einfuhrland im Betrieb ist oder dafür eine Genehmigung besitzt. Das in Art. 17 Abs. 2 EG-AbfVerbrV angesprochene Überwachungssystem für die Fälle, in denen eine vorherige automatische Ausfuhrlizenzerteilung vorliegt, ist bisher von der EG-Kommission noch nicht eingerichtet worden.

§ 12 AbfVerbrG sieht eine Ermächtigung der Bundesregierung vor, durch Rechtsverordnung ein Anzeigeverfahren für die Verbringung von bestimmten Abfällen nach Anhang II der EG-AbfVerbrV in bestimmte Staaten, die nicht Mitgliedstaat der OECD sind, zu erlassen.

bb) Gelbe und Rote Abfälle

Art. 16 EG-AbfVerbrV spricht für die Ausfuhr dieser Abfälle zur Verwertung grundsätzlich ein Ausfuhrverbot aus. Von diesem Ausfuhrverbot ausgenommen ist die Verbringung in OECD-Länder und in Vertragsstaaten des Baseler Übereinkommens. Darüber hinaus sind Ausfuhren zulässig bei Bestehen von bilateralen oder multilateralen Vereinbarungen zwischen der Gemeinschaft und einem Drittstaat bzw. der Gemeinschaft mit ihren Mitgliedstaaten und einem Drittstaat. Solche Vereinbarungen sind bisher meines Wissens nicht abgeschlossen worden. Eine Verbringung ist schließlich auch dann grundsätzlich möglich, wenn ein einzelner Mitgliedstaat der EU vor dem 06.05.1994 eine bilaterale Übereinkunft mit einem Drittstaat abgeschlossen hat, soweit sie mit dem Baseler Übereinkommen in Einklang steht. Nachdem bis Mitte 1993 die Bundesrepublik Deutschland mit Finnland, Schweiz und Österreich entsprechende Vereinbarungen getroffen hat, ist vom Bundesministerium für Wirtschaft insgesamt 39 Staaten ein Angebot für bilaterale Vereinbarungen über den Export von Abfällen zur Verwertung in diese Staaten angeboten worden. Bis zur Anwendbarkeit der EG-AbfVerbrV am 06.05.1994 ist eine Vereinbarung mit Südafrika abgeschlossen worden, nach der Grüne Abfälle als solche behandelt werden und Gelbe und Rote Abfälle dem Kontrollverfahren für Rote Abfälle unterworfen werden sollen. Weitere Vereinbarungen sind dem Grunde nach mit Kasachstan, Litauen und Weißrußland getroffen worden, wobei die Stofflisten von diesen Staaten noch nicht vorliegen. Der Abschluß weiterer bilateraler Übereinkommen nach dem 06.05.1994 ist nicht möglich.

Für die Verbringung von Gelben und Roten Abfällen in OECD-Staaten ist ein Notifizierungsverfahren gemäß Art. 17 Abs. 4i.V.m. Art. 6ff (Gelbe Abfälle) bzw. Art. 17 Abs. 6i.V.m. Art. 10 EG-AbfVerbrV (Rote bzw. nicht eingestufte Abfälle) durchzuführen.

Bei einer Verbringung in Nicht-OECD-Staaten ist ein Notifizierungsverfahren für Gelbe und Rote Abfälle nach Art. 17 Abs. 8i.V.m. Art. 15 (ohne AbSatz 3) EG-AbfVerbrV erforderlich.

Neben den Einwänden gemäß Art. 7 Abs. 4 kann nach § 4 Abs. 3 AbfVerbrG die zuständige Behörde am Versandort gegen einen geplanten Export in Staaten, mit denen eine Vereinbarung besteht, einen Einwand auch erheben, wenn die zur Verwertung befugten Anlagen aufgrund der Vereinbarung nicht abschließend festgelegt sind und begründete Zweifel bestehen, daß die Verwertung in einer genehmigten Anlage durchgeführt wird, die den Anforderungen hinsichtlich einer schadlosen Verwertung im Empfängerland genügen. Der Exporteur muß daher neben der Zustimmung des Empfängerlandes zu der geplanten Verbringung auf Anforderung der Versandbehörde auch einen Nachweis über eine umweltgerechte Verwertung im Empfängerland beibringen, Art. 16 Abs. 3 b) EG-AbfVerbrV.

Auf ihrer Konferenz vom 21.03. bis 25.03.1994 in Genf haben die Vertragsstaaten des Baseler Übereinkommens in einer Resolution gefordert, daß bis zum 31.12.1997 alle grenzüberschreitenden Verbringungen gefährlicher Sekundärrohstoffe aus OECD-Staaten in Nicht-OECD-Staaten einzustellen und von diesem Termin an zu verbieten sind. Es bleibt abzuwarten, ob eine entsprechende Änderung der EG-AbfVerbrV vorgenommen wird. Durch diese Entscheidung würden insbesondere die Handelsbeziehungen mit Drittstaaten bei verwertbaren Stoffen im NE-Metallbereich gefährdet. Ein allgemeines Exportverbot für verwertbare Abfälle der Anhänge III und IV der EG-AbfVerbrV würde nicht nur Entwicklungsländer betreffen, sondern darüber hinaus auch Staaten in Mittel- und Osteuropa und eine Reihe von "Schwellenländern", die an der Aufrechterhaltung von Wirtschaftsbeziehungen mit dem Ziel der Verwertung gefährlicher Abfälle interessiert sind.

Verboten ist nach Art. 18 EG-AbfVerbrV die Ausfuhr von Abfällen zur Beseitigung und zur Verwertung in die sog. AKP-Staaten, d. h. die Staaten, die dem 4. Abkommen von Lomé angehören. Insgesamt handelt es sich dabei um 70 Staaten. Nach dem Wortlaut der Verordnung in Art. 1 Abs. 3a EG-AbfVerbrV ist hinsichtlich der Grünen Abfälle zur Verwertung die Anwendbarkeit des Art. 18 nicht angeordnet worden, so daß die Verbringung von solchen Abfällen in diese Staaten zulässig wäre. Da auch bei diesen Abfällen grundsätzlich eine umweltverträgliche Verwertung im Empfängerland zu fordern ist, stehe ich der Zulässigkeit von solchen Exporten mit einem gewissen Mißtrauen gegenüber. Ggf. kann durch eine von einer Rechtsverordnung vorzusehende Anzeigepflicht eine gewisse Steuerungswirkung ausgehen.

4.3 Die Einfuhr von Abfällen in die Gemeinschaft

a) Die Einfuhr von zur Beseitigung bestimmten Abfällen, Art. 19, 20 EG-AbfVerbrV

Die Einfuhr in die Gemeinschaft von Abfällen zur Beseitigung ist grundsätzlich verboten. Ausnahmen:

- Einfuhr aus EFTA-Ländern, die Vertragsparteien des Baseler Übereinkommens sind,
- Einfuhr aus anderen Basel-Vertragsstaaten,
- Einfuhr aus Ländern, mit denen bilaterale bzw. multilaterale Vereinbarungen der Gemeinschaft/Mitgliedstaaten bestehen,
- Einfuhr aus Ländern, mit denen ein EU-Mitgliedstaat vor dem 06.05.1994 eine Vereinbarung abgeschlossen hat,
- Einfuhr aus Ländern, mit denen ein EU-Mitgliedstaat nach dem 06.05.1994 eine Vereinbarung abgeschlossen hat. Dies ist in Ausnahmefällen zulässig, wenn die Entsorgung dieser Abfälle im Versandland nicht in umweltverträglicher Weise erfolgen würde.

Solche Vereinbarungen liegen meines Wissens bisher nicht vor. Hinsichtlich dieser Abfälle ist ein Notifizierungsverfahren durchzuführen, wobei die Einfuhr von der Behörde am Bestimmungsort genehmigt werden muß. Einwände nach Art. 4 Abs. 3 EG-AbfVerbrV können innerhalb einer Frist von 60 Tagen erhoben werden.

b) Die Einfuhr von zur Verwertung bestimmten Abfällen, Art. 21, 22 EG-AbfVerbrV

aa) Grüne Abfälle

Für Grüne Abfälle finden die Vorschriften über die Einfuhr zur Verwertung bestimmter Abfälle keine Anwendungen mit der Folge, daß kein Notifizierungsverfahren durchgeführt werden muß.

bb) Gelbe und Rote Abfälle

Die Einfuhr von Abfällen zur Verwertung in die Gemeinschaft ist grundsätzlich verboten. Von diesem Verbot bestehen folgende Ausnahmen:

- Einfuhr aus Ländern, für die der OECD-Beschluß gilt,
- Einfuhr aus anderen Ländern, die Vertragsparteien des Baseler Übereinkommens sind,
- Einfuhr aus anderen Ländern, mit denen bilaterale bzw. multilaterale Übereinkommen der Gemeinschaft/Mitgliedstaaten bestehen,
- Einfuhr aus anderen Ländern, mit denen einzelne Mitgliedstaaten vor dem 06.05.1994 bilaterale Vereinbarungen abgeschlossen haben,
- Einfuhr aus anderen Ländern, mit denen einzelne Mitgliedstaaten nach dem 06.05.1994 Vereinbarungen treffen. Dies ist in Ausnahmefällen zum Zwecke der Verwertung besonderer Abfälle zulässig, falls ein Mitgliedstaat solche Übereinkünfte für erforderlich hält, um Unterbrechungen bei der Abfallentsorgung zu vermeiden, bevor die Gemeinschaft diese Vereinbarungen abgeschlossen hat.

> Das Bundesministerium für Wirtschaft hat im Mai 1993 ca. 80 Staaten Angebote für bilaterale Vereinbarungen über den Import von Abfällen zur Verwertung, insbesondere NE-metallhaltigen Rückständen, unterbreitet. Mittlerweile sind rechtswirksame Vereinbarungen für den Import nach Deutschland mit Kasachstan, Litauen, Namibia, Südafrika, Kroatien und Weißrußland abgeschlossen worden. Mit Aserbaidschan, Bulgarien und Simbabwe steht der Abschluß solcher Vereinbarungen unmittelbar bevor.
>
> Weitere Vereinbarungen werden folgen, um eine Weiterführung des Handelsverkehrs im NE-Metallbereich sicherzustellen. In den Vereinbarungen werden die Anhänge II bis IV des Anhangs der EG-AbfVerbrV als verbindlich festgelegt.

Hinsichtlich der Gelben und Roten Abfälle zur Verwertung ist die Durchführung eines Notifizierungsverfahrens für einen beabsichtigten Import erforderlich. Die Notifizierungsverfahren unterscheiden sich danach, aus welchen Ländern die Abfälle stammen. Bei der Einfuhr von Gelben Abfällen aus OECD-Ländern verweist Art. 22 auf die Art. 6, 7, 8 und 9 EG- AbfVerbrV, wonach auch eine stillschweigende Zustimmung möglich ist, während bei der Einfuhr von Roten Abfällen Art. 10 EG-AbfVerbrV zur Anwendung kommt. Dagegen ist eine ausdrückliche Einfuhrgenehmigung nach Art. 20 EG- AbfVerbrV für die Einfuhr von Gelben und Roten Abfällen aus anderen Staaten notwendig.

5 Einzelprobleme

5.1 Beschlußverfahren nach Art. 9 EG-AbfVerbrV

Art. 9 EG-AbfVerbrV ermöglicht bei Verbringungen von Abfällen zur Verwertung aus Mitgliedstaaten der Europäischen Gemeinschaft und aus Drittstaaten in die Bundesrepublik Deutschland ein vereinfachtes Verfahren, indem die zuständige deutsche Behörde am Bestimmungsort Verwertungsanlagen für bestimmte Abfallarten generell zuläßt. Dies geschieht im Wege eines Beschlusses, wonach sie in derartigen Verbringungsfällen keine Einwände nach Art. 7 Abs. 4 EG-AbfVerbrV erheben wird. Ein derartiger Beschluß ist nur für bestimmte Abfallarten und bestimmte Verwertungsanlagen möglich. Er kann von der Behörde befristet und jederzeit widerrufen werden. Durch ein solches Beschlußverfahren soll eine Beschleunigung der einzelnen Notifizierungsverfahren erreicht werden, da die Behörde am Bestimmungsort keine Einwände mehr erheben kann. Ob ein Beschleunigungseffekt in der Praxis wirklich zu erwarten ist, halte ich für fraglich, da bei den einzelnen Notifizierungen die von dem Beschluß erfaßt werden, die zuständigen Behörden am Versandort und im Durchfuhrland weiterhin die in Art. 7 Abs. 4 EG-AbfVerbrV geregelten Einwände innerhalb der vorgesehenen Fristen von 30 Tagen erheben können. Lediglich bei einer vorgezogenen ausdrücklichen Zustimmung aller betroffenen Behörden könnten die Verbringungen zügiger durchgeführt werden.

Dieser Zustand wird von seiten der Wirtschaft für unzumutbar angesehen. Nach ihrer Auffassung brauche die Behörde am Bestimmungsort die 30-Tages-Frist nicht zu beachten. Da die Beschlußfassung dieser Behörde nach Art. 9 EG-AbfVerbrV der EG-Kommission mitgeteilt werde, die ihrerseits die anderen zuständigen Behörden in den anderen Ländern informiert, könne sich die Behörde am Versandort nicht auf die 30-Tages-Frist berufen, sondern müsse Einwände sofort geltend machen. Anderenfalls werde der durch die Vorschrift beabsichtigte Beschleunigungs- und Vereinfachungseffekt zunichte gemacht. Dieser Auffassung wird von seiten der Länder widersprochen. Mit dem Beschluß nach Art. 9 EG-AbfVerbrV hat der Importstaat zwar auf Einwände nach Art. 7 Abs. 4 EG-AbfVerbrV verzichtet. Dies kann aber nicht dazu führen, daß ein Drittstaat auf die ihm zustehenden Fristen hinsichtlich der Erhebung von Einwänden verzichten muß.

Umstritten ist das Verhältnis des Art. 9 zu Art. 7 Abs. 4 EG-AbfVerbrV, was den Umfang des Ausschlusses von Einwänden betrifft. Der BMU legt die Formulierung in Art. 9, daß gegen die Verbringung bestimmter Abfallarten zu einer bestimmten Verwertungsanlage keine Einwände von der Behörde am Bestimmungsort erhoben werden, so aus, daß sich die Behörde damit aller Einwandsmöglichkeiten nach Art. 7 Abs. 4 EG-AbfVerbrV begeben hat.

Im Rahmen der Genehmigungserteilung kann sie lediglich Auflagen festlegen, um mögliche Einwandsgründe auszuräumen. Dagegen vertreten z. T. die Bundesländer die Auffassung, daß der Einwandsausschluß sich nur auf die Einwandsgründe beziehen könne, die auf die Verbringung zur Verwertungsanlage abheben. Die Einwände gemäß Art. 7 Abs. 4a), 3. und 4. Tiret EG-AbfVerbrV (illegale Transporte in der Vergangenheit, Verstoß der Verbringung gegen Verpflichtungen aus internationalen Übereinkommen) sollen daher nicht ausgeschlossen sein. Verwaltungskosten für die Beschlußfassung nach Art. 9 EG-AbfVerbrV können von dem Verwerterbetrieb nicht erhoben werden, selbst wenn der Betreiber der Verwertungsanlage bei der zuständigen Behörden die Fassung eines solchen Beschlusses angeregt hat.

5.2 Sicherheitsleistung und Solidarfonds Abfallrückführung

Gemäß § 7 Abs. 1 AbfVerbrG darf in Ausführung von Art. 27 EG-AbfVerbrV eine notifizierungsbedürftige Verbringung von Abfällen nur erfolgen, wenn die notifizierende Person zuvor Sicherheit geleistet oder eine entsprechende Versicherung nachgewiesen hat und ihrer Pflicht zur Beteiligung an dem Solidarfonds nachgekommen ist. Zuständig für die Festlegung und die Freigabe der Sicherheit ist die zuständige Behörde des Versandortes. Wird im Falle eines Importes von Abfällen von der Versandbehörde keine Sicherheit festgelegt oder ist sie in ihrer Höhe unzureichend, so legt die deutsche Importbehörde durch eine entsprechende Nebenbestimmung die erforderliche Sicherheit gemäß § 7 Abs. 2 AbfVerbrG fest. In diesem Fall muß die Sicherheitsleistung grundsätzlich von dem ausländischen Exporteur erbracht werden. Von einem deutschen Importeur kann sie nur auf freiwilliger Basis erwartet werden.

Der Arbeitsentwurf der Musterverwaltungsvorschrift sieht die Erbringung der Sicherheit durch Hinterlegung, Bürgschaft oder Nachweis einer Versicherung vor. Sie muß die Kosten für den Rücktransport vom Bestimmungsort und die ordnungsgemäße Verwertung oder Beseitigung der Abfälle im Erzeugerland abdecken. Denkbar wäre auch, als Sicherheitsleistung anzuerkennen z. B. Patronatserklärungen der Empfängerfirmen oder das Angebot von Drittfirmen, im Falle eines Fehlschlages der Verbringung die Aufarbeitung der Abfälle zu übernehmen.

Bei der Notifizierung muß die Sicherheitsleistung von ihrer Höhe her den Zeitraum bis zur Übersendung der Entsorgungs-/Verwertungsbestätigung, also maximal 180 Tage, abdecken. Das kann besonders bei einer Sammelnotifizierung mit zahlreichen Einzelverbringungen eine erhebliche finanzielle Belastung des Exporteurs bedeuten. Kann der Exporteur sicherstellen, daß die Bestätigung z. B. bereits 10 Tage nach Beginn der Verbringung übersandt wird, so muß die Sicherheitsleistung nur für den entsprechend kürzeren Zeitraum nachgewiesen werden.

Die Belastung des Exporteurs kann auch dadurch in vertretbaren Grenzen gehalten werden, daß in einer Nebenbestimmung zur Notifzierung die Erbringung der Leistung der Sicherheit erst 3 Tage vor Beginn der Verbringung gefordert wird.

Nach § 8 Abs. 1 AbfVerbrG wird ein "Solidarfonds Abfallrückführung" als rechtsfähige Anstalt des öffentlichen Rechts errichtet. Da die Anstalt mit Inkrafttreten des Gesetzes als entstanden gilt, sind die deutschen Vollzugsbehörden nach § 7 Abs. 1 AbfVerbrG verpflichtet, bei einer notifizierungsbedürftigen Verbringung eine Sicherheitsleistung und den Nachweis einer Beteiligung an dem Solidarfonds zu fordern. Tatsächlich ist die Anstalt noch nicht errichtet, und das Nähere über die Anstalt, insbesondere die Beitragspflicht und die Beitragspflichtigen, die Bemessung der Beiträge, das Verfahren zur Festsetzung und Erhebung der Beiträge sowie die Inanspruchnahme des Solidarfonds, soll in einer Rechtsverordnung geregelt werden. Es ist nicht damit zu rechnen, daß die Rechtsverordnung vor dem Herbst 1995 erlassen wird. In der Zwischenzeit soll daher in Abfallverbringungsgenehmigungen bestimmt werden, daß auf den Nachweis einer Beteiligung an dem Solidarfonds für die Dauer eines Jahres bis Herbst 1995 verzichtet wird. Sobald die Nachweiserbringung möglich ist, muß eine entsprechende Unterlage vorgelegt werden.

Der Solidarfonds greift ein, wenn bei einer gescheiterten Verbringung ein Rückführpflichtiger nicht oder nicht rechtzeitig festgestellt wird, er seiner Pflicht nicht nachkommt oder die zurückgeführten Abfälle nicht schadlos verwertet oder gemeinwohlverträglich beseitigt werden und die zuständige Behörde die Rückführung und Entsorgung veranlassen muß. Der Solidarfonds trägt die entstehenden Kosten bis zu einer Höhe von 75 Mio. DM für jeweils 3 Jahre, wobei der Fonds aus den Mitgliedsbeiträgen der notifizierenden Personen gespeist wird. Nicht verwendete Mitgliedsbeiträge werden nach jeweils 3 Jahren anteilig zurückerstattet.

Nach § 8 Abs. 1 AbfVerbrG kann der Solidarfonds Leistungen anbieten, mit denen die notifizierenden Personen ihre Verpflichtung erfüllen, eine Sicherheit zu leisten oder eine entsprechende Versicherung nachzuweisen. Es bleibt daher abzuwarten, wie die Ausgestaltung des Solidarfonds im einzelnen durch die Rechtsverordnung geregelt wird und unter welchen Voraussetzungen die Fondsmitgliedschaft die Verpflichtung zur Sicherheitsleistung ersetzen kann.

5.3 Wiedereinfuhr nach Art. 25. 26 EG-AbfVerbrV bei gescheiterten Verbringungen

Die Rechtsverordnung der EG unterscheidet zwischen der Rückführung von legal verbrachten Abfällen nach Art. 25 und der Rückführung von illegal verbrachten Abfällen nach Art. 26 EG-AbfVerbrV. Legal sind solche Transporte, denen die zuständigen Behörden zugestimmt haben, wobei unter dem Begriff der Zustimmung nicht nur die ausdrücklichen Behördenerklärungen, sondern auch die Fälle zu subsumieren sind, in denen keine Einwendungen erhoben (stillschweigende Zustimmung) oder aufgrund der Darlegung der notifizierenden Person zurückgenommen werden. Auf Grüne Abfälle zur Verwertung finden diese Vorschriften grundsätzlich keine Anwendung, mit Ausnahme der Anordnungsbefugnis gemäß Art. 1 Abs. 3e EG-AbfVerbrV.

Die Verordnung geht davon aus, daß die notifizierende Person selbst auf Anforderung die Rückabwicklung durchführt. Ist sie dazu nicht willens oder in der Lage, so muß die zuständige Behörde am Versandort sicherstellen, daß die notifizierende Person die Rückführung veranlaßt. Als Regelfall sieht die Verordnung die Rückführung der Abfälle in den Versandstaat vor, wobei eine erneute Notifizierung – allerdings ohne erneute Sicherheitsleistung – notwendig ist. Sofern die zuständige Behörde am Bestimmungsort einen ordnungsgemäßen begründeten Antrag mit Erläuterung des Grundes für die Rücksendung stellt, sind Einwände des Versandstaates und der Durchfuhrmitgliedstaaten ausgeschlossen. Dadurch soll verhindert werden, daß der Versandstaat seine Pflicht zur Rücknahme durch die Erhebung von Einwänden unterläuft. Der Antrag auf Rückführung der Behörde am Bestimmungsort muß in seiner Begründung erkennen lassen, daß der vorgesehenen Verwertung oder Beseitigung der Abfälle objektive, in absehbarer Zeit nicht behebbare Hindernisse, wie z. B. ein Ausfall der Anlage, entgegenstehen.

Vom Regelfall der Rückführung der Abfälle in den Versandstaat kann abgewichen werden, wenn die Entsorgung auf andere umweltverträgliche Weise im Bestimmungsland oder in einem Drittstaat erfolgen kann. In beiden Fällen ist die Durchführung eines Notifizierungsverfahrens erforderlich, ohne daß dabei ein Einwandsausschluß bestehen würde. Im Rahmen der dort möglichen Einwände entscheidet die zuständige Behörde am Versandort, ob die von der notifizierenden Person vorgeschlagene Entsorgung der Abfälle im Bestimmungsland oder in einem Drittstaat als umweltverträglich anzusehen ist.

Als Ende der Rücknahmeverpflichtung bestimmt Art. 25 Abs. 3 EG-AbfVerbrV die Ausstellung der Beseitigungs- bzw. Verwertungsbescheinigung gemäß Art. 5 Abs. 6 und 8, die spätestens 180 Tage nach Eingang der Abfälle beim Empfänger zu erfolgen hat.

Die illegale Verbringung von Abfällen ist abschließend in Art. 26 Abs. 1 EG-AbfVerbrV definiert. Danach liegt eine illegale Verbringung vor bei

- einer Verbringung ohne Notifizierung an alle betroffenen Behörden,
- einer Verbringung ohne Zustimmung der zuständigen Behörden,
- einer erschlichenen Zustimmung durch Fälschung, Betrug, falsche Angaben,
- einer Verbringung, die dem Begleitschein sachlich nicht entspricht,
- einer Verbringung, die eine Beseitigung oder Verwertung unter Verletzung gemeinschaftlicher oder internationaler Bestimmungen bewirkt,
- einer Verbringung, die gegen die Ausfuhr- und Einfuhrverbote der Verordnung verstößt.

Bei Vorliegen einer illegalen Verbringung haben notifizierende Person oder Empfänger diese nur dann rückabzuwickeln, wenn sie dafür verantwortlich sind. Nach § 6 Abs. 1 AbfVerbrG trifft die Wiedereinfuhrpflicht denjenigen, der die Verbringung notifiziert oder eine illegale Verbringung veranlaßt, vermittelt oder durchgeführt hat oder daran in sonstiger Weise beteiligt war sowie den Erzeuger der verbrachten Abfälle, es sei denn, er kann nachweisen, daß er bei der Abgabe der Abfälle ordnungsgemäß gehandelt hat. In Übereinstimmung mit Art. 25 Abs. 1 EG-AbfVerbrV hat primär die verantwortliche Person die Rückführung vorzunehmen, und die zuständige Behörde ihres Staates muß dies sicherstellen. Dagegen obliegt in Abweichung zur Regelung bei der Rücknahme von legal verbrachten Abfällen hier der zuständigen Behörde der verantwortlichen Person eine eigenständige Rücknahmeverpflichtung. Die Rückführung oder die anderweitige umweltverträgliche Entsorgung der Abfälle hat innerhalb von 30 Tagen zu geschehen, wobei allerdings die zuständigen Behörden des Versand- und Empfängerstaates eine abweichende Fristenregelung vereinbaren können. Regelfall ist auch die Rückführung und die Entsorgung der Abfälle im Versandstaat. Wie bei der Rücknahme legal verbrachter Abfälle muß ein Notifizierungsverfahren durchgeführt werden mit dem entsprechenden Einwandsausschluß für die Versand- und Transitbehörde bei der Rückführung in den Versandstaat. Nur wenn eine Rückführung in den Versandstaat nicht möglich ist, muß die Entsorgung der Abfälle auf andere umweltverträgliche Weise im Bestimmungsland sichergestellt werden.

Gemäß § 6 Abs. 2 AbfVerbrG ordnet die zuständige Behörde die zur Erfüllung der Rückführungspflicht notwendigen Maßnahmen gegenüber der verantwortlichen Person an, die sämtliche Kosten zu tragen hat (vgl. auch Art. 33 Abs. 2 EG-AbfVerbrV).

Die voraussichtlichen Kosten kann die Behörde vorab durch Bescheid geltend machen. Bei nicht fristgerechter Zahlung können die Kosten im Verwaltungsvollstrekkungsverfahren ohne besondere Androhung oder Fristsetzung beigetrieben werden. Die aufschiebende Wirkung von Widerspruch und Anfechtungsklage ist für diesen Fall ausdrücklich gesetzlich ausgeschlossen. Vorstehende Ausführungen über den Kostenersatz gelten auch für legale gescheiterte Verbringungen.

Hat der Empfänger der Abfälle die illegale Verbringung zu verantworten, so muß er bzw. die Behörde am Bestimmungsort für eine umweltverträgliche Entsorgung der Abfälle im Bestimmungsland innerhalb von 30 Tagen oder einer abweichend mit der Versandbehörde vereinbarten Frist Sorge tragen. Eine Zusammenarbeit zwischen den beteiligten Behörden ist dabei anzustreben.

Sofern bei einer illegalen Verbringung ein Verantwortlicher nicht zu ermitteln oder nicht mehr existent ist, so haben nach Art. 26 Abs. 4 EG-AbfVerbrV die zuständigen Behörden des Versand- und Empfängerstaates in gemeinschaftlicher Zusammenarbeit die umweltverträgliche Entsorgung der Abfälle sicherzustellen. Eine generelle Rückholpflicht des Versandstaates besteht in diesem Fall nicht. Leitlinien für eine derartige Zusammenarbeit sollen von der EG-Kommission entwickelt werden.

Im Gegensatz zur Regelung in Art. 25 Abs. 3 EG-AbfVerbrV endet die Verpflichtung zur Rücknahme nicht mit der Ausstellung einer Verwertungs- oder Beseitigungsbescheinigung innerhalb von 180 Tagen, sondern erst dann, wenn eine Rückführung unter Beachtung des Grundsatzes der Verhältnismäßigkeit objektiv nicht mehr möglich ist, z.B. bei durchgeführter Verwertung oder Behandlung.

5.4 Verwaltungskosten

Vertreter der Wirtschaft beklagen die Doppelbelastung eines Abfallexporteurs mit Kostenbescheiden von zwei Staaten. So könne z. B. ein Exporteur bei einer Verbringung von Belgien nach Deutschland von der Versand- und der Importbehörde einen Kostenbescheid erhalten. Grundsätzlich erläßt die Importbehörde als Genehmigungsbehörde bei einer Verbringung innerhalb der EU für ihre Entscheidung einen Kostenbescheid. Daneben können auch die Versand- bzw. Durchfuhrbehörde Kosten erheben, wenn Sie Einwände geltend machen oder Auflagen festsetzen, da sie diese unmittelbar der notifizierenden Person mitteilen.

Das Abfallverbringungsgesetz enthält in § 4 Abs. 6 Nr. 3 die Ermächtigung für die Bundesregierung zum Erlaß einer Rechtsverordnung über die Bestimmung der gebührenpflichtigen Tatbestände im einzelnen, die Gebührensätze sowie die Auslagenerstattung; die Gebühr beträgt mindestens 100.– DM und darf im Einzelfall 10.000.– DM nicht übersteigen. Bis zum Erlaß dieser Rechtsverordnung, mit der nicht vor Herbst 1995 zu rechnen ist, müssen daher die Bundesländer die Gebührensätze festlegen. Anhaltspunkte dafür lassen sich dem § 17 AbfVerbrV entnehmen, der nicht durch das Basel-Ausführungsgesetz aufgehoben worden ist. Es ist m. E. dringend geboten, daß sich die Bundesländer kurzfristig auf bestimmte Gebührensätze einigen, damit für die Betriebe und Firmen in Deutschland eine einheitliche und vertretbare Kostenbelastung erreicht wird.

6 Ausblick

Vorstehende Ausführungen mußten sich aufgrund der begrenzten Zeit für den Vortrag auf eine teilweise oberflächliche Betrachtung der EG-AbfVerbrV beschränken. Je intensiver man sich mit dieser Verordnung auseinandersetzt und mit Einzelfragen aufgrund von konkreten Vorgängen konfrontiert wird, um so mehr Probleme werden offenbar, die nicht immer einer eindeutigen Lösung zugeführt werden können.

Auf solche Fragen muß die Musterverwaltungsvorschrift eine Antwort geben. Hauptaufgabe in den nächsten Monaten wird daher eine grundlegende Überarbeitung des Arbeitsentwurfes und seine Anpassung an die Regelungen des Abfallverbringungsgesetzes sein, um den Vollzugsbehörden und der Wirtschaft im nächsten Jahr eine Hilfestellung geben zu können.

Auswirkungen des EU-Abfallwirtschaftsrechts auf die chemische Industrie

Eberhard Bredereck

1 Einleitung

In den vergangenen Jahren stellte die EG-Gesetzgebung gegenüber der nationalen auf dem Gebiet des Umweltschutzes Minimalanforderungen dar. Dies hing im wesentlichen damit zusammen, daß bei EG-Beschlüssen das Prinzip der Einstimmigkeit zu gelten hatte und deshalb in der Regel nach dem Prinzip des kleinsten gemeinsamen Nenners nur Mindeststandards festgelegt wurden. Nachdem 1987 in den EG-Vertrag ein eigenes Umweltkapitel eingeführt wurde und Beschlüsse mit qualifizierter Mehrheit durchgesetzt werden können, hat sich diese Situation geändert. Die Anforderungen aus Brüssel sind höher geworden. Ein Beispiel dafür ist der der deutschen 17. BImSchV nachempfundene Vorschlag einer Verbrennungsrichtlinie für gefährliche Abfälle. Mit ihr sollen Grenzwerte eingeführt werden, die schärfer sind als die deutschen Regelungswerte.

Diese Trendwende bei der EG – hier nur mit einem Beispiel belegt – hat auch Auswirkungen auf die Industrie in Deutschland. Durch diesen Trend verlagert sich zumindest ein Teil der Umweltpolitik von Bonn nach Brüssel. Darauf hat sich auch die Industrie einzustellen.

Im Rahmen dieses Buches interessieren weniger die Vorschriften einer Verbrennungs-RL als die Regelungen für den grenzüberschreitenden Abfallverkehr. Gerade hierfür haben sich die Gewichte auf die EU und weiter auf die internationale Ebene verlagert.

Auch in der Medienöffentlichkeit findet der Abfallverkehr über die Grenze großes Interesse, weil jedes Verbringen von Abfällen außerhalb des Landes gleichsam als "Säuberung" des eigenen "Nestes" und "Beschmutzung" eines anderen "Nestes" gilt. Oder, mit anderen Worten, die im eigenen Land mit Abfällen verbundene Umweltgefährdung wird in ein anderes Land "transportiert", quasi dorthin verlagert.

Dies ist wohl auch der Leitgedanke dafür gewesen, daß im Rahmen des Umweltprogramms der Vereinten Nationen (UNEP) das Baseler Übereinkommen über die Kontrolle der grenzüberschreitenden Verbringung gefährlicher Abfälle und ihrer Entsorgung im März 89 beschlossen wurde.

Das Übereinkommen enthält Grundsätze einer weltweiten "Abfallwirtschaftskonvention" wie

- den Grundsatz der Beseitigung von Abfällen am Entstehungsort,
- den Vorrang von Maßnahmen zur Reduzierung von Abfallmengen gegenüber ihrer Beseitigung sowie den
- allgemeinen Grundsatz für eine umweltverträgliche Abfallentsorgung.

Diese Forderungen sind nicht neu. Sie sind und waren im bestehenden Abfallrecht und in der bis zum Mai dieses Jahres noch gültigen Abfallverbringungs-Verordnung – einer Umsetzung von EG-Recht – auch zu finden.

Neu hingegen ist,

- daß die Regelungen auch für als Wirtschaftsgüter verbrachte Reststoffe gelten,
- daß ein Exportverbot in Ländern besteht, die ein Abfallimportverbot verfügt haben, und
- daß eine Wiedereinfuhrpflicht für abgelehnte oder illegale Transporte besteht.

Das Baseler Abkommen wird in nationales Recht durch ein bisher nicht veröffentlichtes Ausführungsgesetz umgesetzt. Auf europäischer Ebene unterliegt der grenzüberschreitende Verkehr der EG-Abfallverbringungsverordnung, die eine Anpassung an die novellierte EG-Abfallrahmenrichtlinie darstellt, sowie die Umsetzung des OECD-Abkommens und des Baseler Abkommens.

2 Auswirkungen des neuen EG-Abfallrechtes

Die EG-Abfallverbringungs-Verordnung über Vorschriften zur Überwachung und Kontrolle von Abfallverbringungen in der, in die und aus der Europäischen Gemeinschaft trat am 9.2.93 in Kraft und ist seit dem 6. Mai 1994 unmittelbar auch in der Bundesrepublik Deutschland wirksam. Eine nationale Umsetzung – wie für Richtlinien üblich – gilt für EG-Vorschriften mit Verordnungscharakter nicht.

Welche Auswirkungen hat nun diese unmittelbar wirksame Regelung auf die chemische Industrie? Zu nennen sind die Bereiche: Begriff, Abfalllkatalog, Export und Import, Überwachung sowie, mittelbar damit zusammenhängend, der Solidarfonds.

2.1 Begriff

Der EG-rechtliche Abfallbegriff ist umfassender als der nationale Begriff. Er umschließt auch "Abfälle zur Verwertung". Bisher galt dieser Teil im deutschen Recht als "Wirtschaftsgut" oder "Reststoff". Mit dem Wirksamwerden der EG-AbfallverbringungsV Anfang Mai diesen Jahres entstand deshalb ein Geltungsproblem. Je nachdem, ob es sich um einen inländischen Transport oder um einen grenzüberschreitenden Transport von Reststoffen handelt, ist anderes Recht zu beachten.

In der Verordnung läßt sich dazu finden, daß zwischen dem nationalen Zuständigkeitsbereich und der gemeinschaftlichen Regelung eine "erforderliche Kohärenz" bestehen soll. Kohärenz bedeutet nicht Übereinstimmung. Eine volle Übenahme des EG-Rechts ist also für den innerstaatlichen Transport nicht notwendig.

Im Rahmen der Entstehung des Kreislaufwirtschaftsgesetzes hat die Bundesregierung versucht, das Begriffsproblem zunächst mit dem Vorschlag in den Griff zu bekommen, die Reststoffe unter den "Sekundärrohstoffen" zu fassen. Sowohl der Bundesrat als auch die Industrie haben dagegen gefordert, die volle Anpassung an den EG-rechtlichen Begriff vorzunehmen, um Verwirrung und Doppelgeltungen zu vermeiden. Mit dem Wirksamwerden des Kreislaufwirtschaftsgesetzes im September 1996 (?), in dem diese Vorschläge inzwischen eingearbeitet sind, wird es nun auch in der Bundesrepublik den einheitlichen EG-Abfallbegriff geben. Bis dahin wird es aber bei der Doppelregelung bleiben. Zwar haben einige Bundesländer sich hier schon vorauseilend angepaßt, doch ändert das nichts an der Rechtslage.

Im Falle der grenzüberschreitenden Abfallverbringung bedeutet der erweiterte Abfallbegriff für die chemische Industrie wie für alle anderen auch, daß bisher über die Grenze als "Wirtschaftsgüter" transportierte "Reststoffe" künftig nur noch als "Abfälle zur Verwertung" verbracht werden können. Dies wirft neben transportrechtlichen Fragen auch abfallrechtliche Überwachungsfragen auf, worauf weiter unten näher eingegangen wird.

Mit der Erweiterung des abfallrechtlichen Begriffes ist ein Abgrenzungsproblem zum Begriff des "Produktes" verbunden. Wenn vorher nach Produkten, Reststoffen (Wirtschaftsgütern) und Abfällen eingeteilt wurde, so gibt es nach der Erweiterung des abfallrechtlichen Begriffes nur noch Produkte einerseits und Abfälle andererseits. In der Praxis dürfte es gerade an dieser Schnittstelle zu Abgrenzungsproblemen kommen.

Einen Abgrenzungshinweis liefert der EG-Abfallbegriff allerdings selbst. Wenn es heißt, "daß Abfall alle Stoffe oder Gegenstände sind, die unter die im Anhang I (der EG-Richtlinie) aufgeführten Gruppen fallen und deren sich ihr Besitzer entledigt, entledigen will oder entledigen muß", so wird hier auf "Entledigung" abgestellt. Unabhängig von der Frage, was "Entledigen" alles sein kann, soll hier nur darauf eingegangen werden, was darunter nicht gefaßt werden sollte, folglich, was die Industrie zu den Produkten zählt, wovon sie sich also nicht entledigen möchte. Dafür werden folgende Kriterien vorgeschlagen:

Eine "Entledigung" liegt dann nicht vor, wenn Stoffe oder Gegenstände

- gezielt produziert und für eine besondere Nutzung speziell hergestellt werden,
- wenn allgemeine oder gewerbliche Produktnormen bzw. Spezifikationen erfüllt werden,
- wenn Stoffe oder Gegenstände zumindest im Regelfalle – unter Umständen nach Behandlung – einen positiven Marktwert haben,
- wenn Stoffe oder Gegenstände mit Handelsvertrag erworben oder zur Überarbeitung übernommen wurden.

Beispielhaft für die chemische Industrie werden diese Kriterien erfüllt durch Vor-, Neben-, Co-, Kuppel- und Zwischenprodukte.

Ein weiteres Abgrenzungsproblem liefert der Begriff des "Abfalles zur Verwertung" selbst. Heranzuziehen dafür ist die Definition der Verwertung wie in Art. l, Buchstabe f in Verbindung mit Anhang II B (Verwertungsverfahren) und mit Art. 3 Abs. I Buchstabe b Unterbuchstabe i der EG-Abfallrahmenrichtlinie beschrieben. Danach setzt eine Verwertung voraus, daß Stoffe oder Gegenstände bestimmte Verfahren durchlaufen müssen, bevor sie weiterverarbeitet, genutzt oder verbraucht werden können. Stoffe oder Gegenstände, die man dagegen unmittelbar zum Ge- und Verbrauch oder als Rohstoff zur weiteren Verarbeitung einsetzen kann, ohne daß man sie dafür gezielt hergestellt hätte, würden dann wie Produkte oder Erzeugnisse nicht unter den EG-rechtlichen Abfallbegriff fallen. Zu denken ist dabei an Stoffe oder Gegenstände, die unter Aufgabe des oder der ursprünglichen Zwecke ohne weiteres für andere Zwecke einsetzbar wären.

Die Interpretation, daß eine Verwertung voraussetzt, daß Stoffe oder Gegenstände bestimmte Verfahren durchlaufen müssen, bevor sie weiterverarbeitet, genutzt oder verbraucht werden können, ist allerdings nicht zwingend. Denn in Art. 3, Abs. 1, Buchstabe b, Unterbuchstabe i der Rahmenrichtlinie wird ja auch von Verwertung gesprochen, wenn es sich um "Wiederverwendung" und "Wiedereinsatz" handelt.

Der Interpretationsunterschied ergibt sich aus dem Problem, daß die Begriffe "Wiederverwendung" und Wiedereinsatz zwar unter Art. 3 wie oben angegeben zitiert werden, in der Auflistung der Verwertungsverfahren nach II B aber fehlen. Ein weiteres Abgrenzungsproblem wird es zwischen den "Abfällen zur Verwertung" und den "Abfällen zur Beseitigung" geben.

Die Zuordnung zum Abfall erfolgt, wie ausgeführt, über den Entledigungswillen und über Anhang I mit den Abfallgruppen. Die Frage, ob es sich dabei um einen "Abfall zur Verwertung" oder um einen Abfall zur "Beseitigung" handelt, wird anhand der beiden Listen – den Anhängen II A und II B – entschieden. Die dort aufgeführten Verfahren gelten als Beseitigungsverfahren, wenn sie im Anhang II A aufgelistet sind, und als Verwertungsverfahren, wenn sie im Anhang II B zu finden sind. Die Praxis wird zeigen, ob nach diesem Schema eine saubere Trennung vorge nommen werden kann.

2.2 Verhältnis der OECD-Listen zum EWC

Wie ausgeführt, liegt eine Verwertung dann vor, wenn Abfälle einem Verwertungsverfahren nach Anhang II b der EG-Rahmenrichtlinie zugeführt werden. Entscheidend für die Zuordnung und schließlich die Benennung von Abfällen, für die Verwertungsverfahren bestehen, ist aber nicht der Europäische Abfallartenkatalog, sondem es sind die drei Anhänge II-IV der Verbringungsverordnung. Sie stellen die Umsetzung der für alle OECD-Staaten verbindlichen Listen dar und sind aufgeteilt in eine Grüne Liste (Anhang II), in eine Gelbe Liste (Anhang III) und in eine Rote Liste (Anhang IV).

Ohne Bedeutung sind in diesem Falle der EWC, der LAGA-Katalog oder LAGA-Umsteigekatalog. Sie können allenfalls als Orientierung dienen. Grund dafür sind die unterschiedliche Nomenklatur und Codierung in den o.g. Listen. Ob die Dreiteilung in OECD-Listen, EWC und LAGA-Katalog beim grenzüberschreitenden Verkehr zu Praxisproblemen führt, wird sich erst noch zeigen.

An einem Beispiel sei das verdeutlicht. Verbrauchte Aktivkohle (EWC- Codes 061302, 060702) wird, sofern aus der chemischen Industrie stammend, im Umsteigekatalog in die Gelbe Liste eingestuft, während die VerbringungsV eine Zuordnung in die Grüne Liste vorsieht. Gleiches gilt für Pilzmycel (LAGA-Code 53505, EWC-Code 070599). Im Umsteigekatalog wird eine Einstufung in die Gelbe Liste vorgeschlagen; nach VerbringungsV ist der Stoff aber in der Grünen Liste zu finden.

2.3 Abfalltransporte in und aus Staaten, die nicht zu EU oder EFTA gehören

Um das Baseler Übereinkommen und die Verbringungsverordnung umsetzen zu können, hat die Europäische Kommission alle Staaten, die nicht der EU angehören, angeschrieben, um sie zur Haltung gegenüber dem Abkommen zu befragen. Das Ergebnis ist in der Anlage 1 zusammengefaßt:

Die Ausfuhr von Abfällen zur Beseitigung ist nur noch in die EFTA-Staaten Finnland, Liechtenstein, Norwegen, Österreich, Schweden und Schweiz (vgl. Spalte 2) möglich. In Spalte 3 ist dargestellt, welche Länder daran interessiert sind, zu beseitigende Abfälle in die EU einzuführen. In der Spalte 4 wird wiedergegeben, welche Länder bereit sind, Abfälle zur Verwertung der Gelben und Roten Liste aufzunehmen. Spalte 5 gibt die Bestätigung der EU für die Einfuhr der gleichen Abfälle gegenüber den exportwilligen Ländern wieder. Die Spalten 6-8 zeigen unterschiedliche Importbedingungen für Abfälle der Grünen Liste. Wesentlich ist nun, daß etwa 100 Staaten bisher nicht geantwortet haben. Ein Export aus diesen Staaten oder ein Import in diese Staaten ist daher nicht mög lich. Praktisch wird das bedeuten, daß mancher Verwertungsstrom auf diese Weise unterbrochen wird. Auch hier sind die mittel- oder längerfristigen Auswirkungen noch nicht einschätzbar.

Der Liste ist weiter zu entnehmen, daß etwas mehr als 30 Staaten Abfälle zur Verwertung der Grünen Liste von einer Einfuhr ausgeschlossen haben. Auch hier ist die praktische Auswirkung für den heimischen Verwertungsmarkt in diesen Ländern noch nicht absehbar.

2.4 Abfallrechtliche Überwachung

Die Ausdehnung des Abfallbegriffes auf "Reststoffe" hat weiter zur Folge, daß die Reststoffe der Reststoffbestimmungs-Verordnung als "Abfälle zur Verwertung" unter die abfallrechtliche Kontrolle bei grenzüberschreitendem Verkehr fallen. Obwohl nicht miteinander vergleichbar, sind die meisten Reststoffe als gelb gelistete Abfälle einzustufen. Sie unterliegen damit dem in der Verordnung vorgeschriebenen Notifizierungsverfahren, das mit dem nationalen Nachweisverfahren vergleichbar ist. Dies bedeutet einen wesentlich größeren organisatorischen und zeitlichen Aufwand als bisher. Nur in den Fällen des angeordneten Nachweises für Reststoffe war dieser Aufwand in Form des Verwertungsnachweises durchzuführen. Da mit dem Kreislaufwirtschaftsgesetz auch eine Regelnachweispflicht für besonders überwachungsbedürftige Abfälle zur Verwertung eingeführt wird, müssen wir uns als Industrie auf diesen Mehraufwand einstellen.

2.5 Solidarfonds "Abfallrückführung"

Im Ausführungsgesetz zum Baseler Abkommen ist die Bildung eines Fonds beschlossen worden, durch den die Kosten für sogenannte herrenlose, vom Empfängerland zurückgewiesene Abfalltransporte übernommen werden sollen. Die Inanspruchnahme ist auch gedacht für Fälle, in denen die Rückführungskosten vom Exporteur nicht getragen werden können. Für alle notifizierungspflichtigen Transporte ist in diesen Fonds einzuzahlen. Die Gebührenhöhe wird sich nach den voraussichtlichen Transport- und Beseitigungs- oder Verwertungskosten richten. Vorgesehen ist eine öffentlich-rechtliche Anstalt. Die gleiche Aufgabe kann aber auch von einer privaten Organisation übernommen werden. Innerhalb dieser Organisation wären dann Branchenlösungen nicht auszuschließen. Von der Einzahlung in diesen Fonds ist die Sicherheitsleistung zu unterscheiden, die für jeden notifzierungspflichtigen Transport nachzuweisen ist.

Die Industrie hat erhebliche Bedenken gegen diese Fondslösung erhoben, denn auf diese Weise wird eine Haftung des Staates privatisiert. Diejenigen, die ordnungsgemäß in den Fonds einzahlen, sollen für "schwarze Schafe" oder "kriminelles Handeln" anderer in Anspruch genommen werden. Wegen der offenen Grenzen innerhalb der EU kann es ganz leicht passieren, daß jemand Abfälle über die Grenze verbringt und dort nicht ordnungsgemäß und rechtswidrig ablagert. Wieso sollten in diesen Fällen die ordnungsgemäß Handelnden einspringen müssen?

Da der Fonds inzwischen beschlossen wurde, kommt es nun wesentlich darauf an, ihn so auszugestalten, daß der Verwaltungsaufwand möglichst gering bleibt. Darüber hinaus dürfen die Gebühren nicht so hoch festgesetzt werden, daß Exporte sich wegen zu geringer Gewinnspannen nicht mehr lohnen. Des weiteren sollte eine wirtschaftsnahe Lösung angestrebt werden. Ziel sollte es sein; so wenig wie möglich Kapital zu binden, um der Wirtschaft nicht unnötig Geldmittel zu entziehen.

Abfallverzeichnisse

Martin Engler

Im abfallrechtlichen und abfallwirtschaftlichen Vollzug der Bundesrepublik Deutschland existieren folgende Abfallverzeichnisse:

- die Anlage zur Abfallbestimmungs-Verordnung (AbfBestV) [1],
- die Anlage zur Reststoffbestimmungs-Verordnung (RestBestV) [2],
- der Anhang C zur TA Abfall, Teil 1, der Katalog der besonders überwachungsbedürftigen Abfälle [3],
- Informationsschrift Abfallarten der Länderarbeitsgemeinschaft Abfall (LAGA) – der Abfallartenkatalog – [4].

Die Grundsystematik dieser Abfallartenlisten ist in gleicher Weise aufgebaut und soll im folgenden am Beispiel des Abfallartenkataloges beschrieben werden. Dieser ist in seiner Systematik als eine Kombination der Kriterien

- Herkunft,
- Zusammensetzung,
- Aggregatzustand

zu verstehen. Die Arbeit mit dem Katalog ist somit eine vergleichende Betrachtung eines Abfalls in bezug auf die obigen Kriterien, um ihn dann einer der im Katalog aufgeführten Abfallarten zuordnen zu können.

Die in den vier Listen enthaltenen Abfallarten sind mit einer numerischen Kennung versehen, die sich wiederum an den drei beschriebenen Kriterien orientiert.

Der Europäische Abfallkatalog – European Waste Catalog – (EWC) [5] ist ebenfalls ein Abfallverzeichnis nach einer wie oben dargestellten Systematik. Nach Artikel 1 der Richtlinie **75/442/EWG** über Abfälle [6], zuletzt geändert durch die Richtlinie **91/156/EWG** [7], hatte die Kommission den Auftrag, nach Vorgaben des Artikels 18 ein Verzeichnis von Abfallarten zu erstellen, die den dort beschriebenen Abfallgruppen Q 1 bis Q 16 zugeordnet werden können (Anlage 1).

Die Abfallgruppen stellen das Gerüst des EWC dar, jedoch ist dieser nicht streng nach der Systematik Q 1 bis Q 16 aufgebaut. Dies wird bei einem Vergleich der Kapitelübersicht des EWC (Anlage 2) mit der Q-Liste ersichtlich. Es zeigt sich, daß die Kommission die Abfallgruppen der Q-Liste präzisiert hat.

Geordnet sind die EWC-Codes nach einem numerischen Zählsystem, welches nach einer ähnlichen Systematik wie im LAGA-Katalog aufgebaut ist. In diesem System wird zwischen

Kapitel	(10 00 00)
Untergruppierungen	(10 01 00)
Codes	(10 01 01)

unterschieden (in Klammern Beispiele für die dazugehörenden Kennzahlen). Im Vergleich zum LAGA-Abfallartenkatalog ist in dieser Systematik eine Untergliederung weniger enthalten, wie im folgenden Vergleich der Untergliederungen der beiden Katalogsysteme angegeben:

LAGA		**EWC**
Obergruppe		Kapitel
Gruppe		Untergruppierung
Untergruppe		
Abfallart		Code
	Abfall	

Die im EWC aufgeführten Abfallcodes dürfen nicht unabhängig von ihrer jeweiligen Kapitelüberschrift betrachtet werden. Hierin ist der wesentliche systematische Unterschied zum LAGA-Abfallartenkatalog zu sehen (s. unten).

Die Kapitalüberschriften sind als Herkunftsquellen für die darauf folgenden Untergruppierungen und Codes zu verstehen. Es existieren 20 Kapitel, die fortlaufend durch die Zahlen 01 (00 00) bis 20 (00 00) gekennzeichnet sind. Die Kapitel werden in Untergruppierungen bezüglich der Herkunft präzisiert.

Bei der numerischen Kennung der Untergruppierungen wird die zweite Zahlengruppe aufgefüllt, z. B. 10 01 00, 10 02 00 und weiterfolgend (siehe Anlage 3).

Die Codes stellen dann ein Kollektiv von Abfällen dar, in denen die herkunftsbezogenen Bezeichnungen mit stofflichen Details genauer beschrieben werden. Den Abfallcodes, die mit den LAGA-Abfallarten vergleichbar sind, werden die zu entsorgenden Abfälle zugeordnet ([8], Kap. 3.1). Die letzten beiden Stellen der Kennzahlen sind als Zählstellen für die Abfallcodes zu verstehen.

Mit der Endzahl 99 werden im allgemeinen Auffangcodes bezeichnet unter denen Abfälle eingeordnet werden können, für die keine herkunftsspezifischeren Codes vorhanden sind. Die Bezeichnungen dieser Codes werden im EWC um die Abkürzung **ang** ergänzt, was "**a**nderswo **n**icht **g**enannt" bedeutet.

Die Abfallcodes im EWC sind im Gegensatz zu den Abfallarten im LAGA-Abfallartenkatalog nicht nach den Kriterien der Herkunft, der Zusammensetzung und des Aggregatzustandes aufgebaut. Die Beschreibung der Abfallcodes erfolgt weitgehend dem Herkunftsprinzip.

So ist es natürlich unvermeidbar, daß einzelne Abfallcodes in verschiedenen Kapiteln bzw. Untergruppierungen wiederholt enthalten sind. Zum Beispiel die Fluorchlorkohlenwasserstoffe (FCKW), die im LAGA-Abfallartenkatalog unter einem Abfallschlüssel (552 05) nach dem Kriterium Zusammensetzung aufgeführt sind. Im EWC werden die FCKW in verschiedenen Kapiteln und sogar in verschiedenen Untergruppierungen eines Kapitels aufgeführt (Anlage 3). Dies bedeutet gegenüber der LAGA-Darstellung eine Präzisierung der Abfallbeschreibung in Richtung der herkunftsbezogenen Zusammensetzung des Abfalls. Im Abfallartenkatalog der LAGA kommen Mehrfachnennungen von Abfallarten durch die unterschiedlich aufgebaute Beschreibung nicht vor.

Das Prinzip der herkunftsbezogenen Beschreibung im EWC wird allerdings in den Kapiteln 13, 14, 15, 16, 17 und 20 unterbrochen. Die Beschreibungen in diesen Kapiteln sind mehr nach der Zusammensetzung orientiert.

Im EWC werden für die aufgelisteten Abfallcodes keine Aussagen über die Gefährlichkeit der Abfälle getroffen. Dies bleibt einem Verzeichnis der gefährlichen Abfälle gemäß Artikel 1 Abs. 4 der **Richtlinie 91/689/EWG** [9] vorbehalten. Dieses Verzeichnis wird derzeit auf der Grundlage des EWC erarbeitet.

Abfälle, die in den EWC aufgenommen werden, müssen folgender Definition genügen: "Alle Stoffe oder Gegenstände, die unter die in Anhang I der Richtlinie [8] aufgeführten Gruppen fallen, und deren sich der Besitzer entledigt, entledigen will oder entledigen muß".

Der EWC gilt für alle Abfälle, ungeachtet dessen, ob sie zur Beseitigung oder zur Verwertung bestimmt sind.

Der Katalog ist als ein harmonisiertes, nicht erschöpfendes Verzeichnis von Abfällen zu verstehen. Dieses Verzeichnis muß regelmäßig überprüft und geändert werden, um der Dynamik des Standes der Technik in der Abfallwirtschaft, als auch dem wissenschaftlichen und technologischen Fortschritt Rechnung zu tragen.

Der EWC soll eine Bezugsnomenklatur darstellen, mit der eine gemeinsame Terminologie für die Mitgliedstaaten der Gemeinschaft festgelegt wird. Er trägt somit dazu bei, daß Abfälle nach einer einheitlichen Systematik angesprochen werden und die Zuordnung nach einheitlichen Kriterien vorgenommen wird. Letzlich ist der EWC für die europaweite Abfallstatistik die grundlegende Bezugsquelle.

EWC/LAGA-Umsteigekatalog

Um einen harmonischen Übergang von dem bisherigen nationalen LAGA-Abfallartenkatalog auf den EWC zu gewährleisten, muß ein übertragendes Verzeichnis geschaffen werden, in welchem die LAGA-Abfallarten den einzelnen neuen EWC-Codes zugeordnet werden. Dieses Verzeichnis ist nach aufsteigenden, numerischen Kapiteln des EWC erstellt. Es ist vor allem für den abfallwirtschaftlichen/-rechtlichen Vollzug von größter Bedeutung.

Dabei wird es unvermeidbar sein, daß einem EWC-Code mehrere LAGA-Abfallarten, teilweise bis zu über 10, zugeordnet werden (siehe Anlage 4). Dies liegt an der herkunftsbezogenen Systematik des EWC. Eine stofflich eindeutig beschriebene LAGA-Abfallart kann verschiedenen Ursprungs sein. Um eine eindeutige Zuordnung zu erhalten, muß beim Vorliegen einer Mehrfachnennung anhand einer Abfalldeklaration die spezifische Abfallart für den EWC-Code ermittelt werden.

Ebenso muß für den Vollzug eine **"Umsteigerliste LAGA auf EWC nach aufsteigenden Abfallschlüsseln"** erarbeitet werden. Eine erste Fassung ist im Vollzug bereits vorhanden, wird aber in einer LAGA-Arbeitsgruppe noch überarbeitet.

Die "Ampelliste"

In der **Verordnung des Rates zur Überwachung und Kontrolle der Verbringung von Abfällen** in die, durch die und aus der Europäischen Gemeinschaft [10] werden Abfälle in Anhängen aufgelistet. Diese Abfälle haben mit den im EWC aufgeführten Abfallcodes nichts gemeinsam, was nicht unbedingt zur Klarheit bei der Anwendung im Vollzug beiträgt.

Diese Anhänge werden auch nach Farben in

Anhang II	Grüne Liste
Anhang III	Gelbe Liste
Anhang IV	Rote Liste

eingeteilt.

Die in den Listen enthaltenen Abfälle werden entsprechend ihrer Umweltrelevanz zugeordnet, wobei der Gesichtpunkt des Transportes maßgeblich beteiligt wurde. Den Abfällen der Grünen Liste (Anhang II) wird eine relative Ungefährlichkeit zugeschrieben, während die Gefährlichkeit über Gelb (Anhang III) nach Rot (Anhang IV) ansteigt. In der Roten Liste sind im wesentlichen Abfälle, die die Stoffe PCB, PCDD, PDDF, Asbest, Teer u. a. enthalten, aufgeführt.

Es wird Aufgabe der Kommission sein, eine Zuordnung der "drei Ampelfarben Grün, Gelb und Rot" zu den EWC-Codes zu erstellen. Da nicht abzusehen ist, bis zu welchem Zeitpunkt diese notwendige Liste erscheint, wird von der LAGA eine vorläufige "EWC/Ampel"-Zuordnung erstellt. Die Arbeiten dazu werden in Kürze abgeschlossen sein.

Eine Zuordnung der "Ampelliste" darf nur zu den EWC-Codes erfolgen, nicht aber zu den LAGA-Abfallarten. Dies würde wegen des unterschiedlichen Aufbaues der EWC- und der LAGA-Liste insofern zu Diskrepanzen führen, daß beim Umstieg von LAGA nach EWC ein Code verschiedene Ampelfarben aufweist. Daher können die Anhänge der EU-Abfallverbringungs-Verordnung per Konvention nur den EWC-Code zugeordnet werden.

Literatur

[1] Verordnung zur Bestimmung von Abfällen nach § 2 Abs. 2 des Abfallgesetzes (Abfallbestimmungs-Verordnung – AbfBestV-) vom 3.4.1990, BGBl. I S. 614

[2] Verordnung zur Bestimmung von Reststoffen nach § 2 Abs. 3 des Abfallgesetzes (Reststoffbestimmungs-Verordnung – RestBestV-) vom 3.4.1990, BGBl. I S. 631, ber. S. 862

[3] Zweite allgemeine Verwaltungsvorschrift zum Abfallgesetz (TA Abfall), Teil 1, vom 12.3.1991, GMBl. S. 139, 469

[4] LAGA-Informationsschrift Abfallarten, 4. durchgesehene Auflage 1992 Erich Schmidt Verlag, Berlin

[5] Entscheidung der Kommission 94/3/EG vom 20.12.1993 über ein Abfallverzeichnis gem. Artikel 1 Buchstabe a der Richtlinie des Rates 75/442 EWG über Abfälle, ABL. Nr. L 5 vom 7.1.1994

[6] Richtlinie 75/442/EWC, ABl. Nr. L 194 vom 27.7.1975, S. 47

[7] Richtlinie 91/156/EWG, ABl. Nr. L 78 vom 26.3.1991, S. 32

[8] Engler, M., Suchomel, H. Entsorgungswegweiser, 1993, Forum Verlag Herkert GmbH, Kissing

[9] Richtlinie 91/689/EWG, ABl. Nr. L 377 vom 31.12.1991, S. 20

[10] Verordnung (EWG) Nr. 259/93 des Rates vom 1.2.1993, ABl. Nr. L 30, S. 1

Anlage 1

Richtlinie des Rates vom 18. März 1991 zur Änderung der Richtlinie 75/442/EWG über Abfälle – 91/156/EWG – (ABl. Nr. L 78 vom 26.3.1991, Seite 32)

ABFALLGRUPPEN

Q 1 Nachstehend nicht näher beschriebene Produktions- oder Verbrauchsrückstände

Q 2 Nicht den Normen entsprechende Produkte

Q 3 Produkte, bei denen das Verfallsdatum überschritten ist

Q 4 Unabsichtlich ausgebrachte oder verlorene oder von einem sonstigen Zwischenfall betroffene Produkte einschließlich sämtlicher Stoffe, Anlagenteile usw., die bei einem solchem Zwischenfall kontaminiert worden sind

Q 5 Infolge absichtlicher Tätigkeiten kontaminierte oder verschmutzte Stoffe, z. B. Reinigungsrückstände, Verpackungsmaterial, Behälter usw.

Q 6 Nichtverwendbare Elemente (z. B. verbrauchte Batterien, Katalysatoren)

Q 7 Unverwendbar gewordene Stoffe (z. B. kontaminierte Säuren, Lösungsmittel, Härtesalze usw.)

Q 8 Rückstände aus industriellen Verfahren (z. B. Schlacken, Destillationsrückstände usw.)

Q 9 Rückstände von Verfahren zur Bekämpfung der Verunreinigung (z. B. Gaswaschschlamm, Luftfilterrückstand, verbrauchte Filter usw.)

Q 10 Bei maschineller und spanender Formgebung anfallende Rückstände (z. B. Dreh- und Fräsespäne usw.)

Q 11 Bei der Förderung und der Aufbereitung von Rohstoffen anfallende Rückstände (z. B. im Bergbau, der Erdölförderung usw.)

Q 12 Kontaminierte Stoffe (z. B. mit PCB verschmutztes Öl usw.)

Q 13 Stoffe oder Produkte aller Art, deren Verwendung gesetzlich verboten ist

Q 14 Produkte, die vom Besitzer nicht oder nicht mehr verwendet werden (z. B. in der Landwirtschaft, den Haushaltungen, Büros, Verkaufsstellen, Werkstätten usw.)

Q 15 Kontaminierte Stoffe oder Produkte, die bei der Sanierung von Böden anfallen

Q 16 Stoffe oder Produkte aller Art, die nicht einer der oben erwähnten Gruppen angehören.

Anlage 2

Verzeichnis der Kapitel des EWC

01 00 00	Abfälle aus der Exploration, der Gewinnung und der Nach- bzw.Weiterverarbeitung von Mineralien sowie Steinen und Erden
02 00 00	Abfälle aus der Landwirtschaft, Gartenbau, Jagd, Fischerei und Teichwirtschaft, Herstellung und Verarbeitung von Nahrungsmitteln
03 00 00	Abfälle aus der Holzverarbeitung und der Herstellung von Zellstoffen, Papier, Pappe, Platten und Möbeln
04 00 00	Abfälle aus der Leder- und Textilindustrie
05 00 00	Abfälle aus der Ölraffination, Erdgasreinigung und Kohlepyrolyse
06 00 00	Abfälle aus anorganischen chemischen Prozessen
07 00 00	Abfälle aus der organischen chemischen Industrie
08 00 00	Abfälle aus der Herstellung, Zubereitung, Vertrieb und Anwendung (HZVA) von Überzügen (Farben, Lacke, Email), Dichtungsmassen und Druckfarben
09 00 00	Abfälle aus der photographischen Industrie
10 00 00	Anorganische Abfälle aus thermischen Prozessen
11 00 00	Anorganische, metallhaltige Abfälle aus der Metallbearbeitung und -beschichtung, sowie aus der Nichteisen-Hydrometallurgie
12 00 00	Abfälle aus Prozessen der mechanischen Formgebung und Oberflächenbearbeitung von Metallen, Keramik, Glas und Kunststoffen
13 00 00	Ölabfälle (außer Speiseöle und 05 00 00 und 12 00 00)
14 00 00	Abfälle von als Lösemittel verwendeten organischen Stoffen (außer 07 00 00 und 08 00 00)
15 00 00	Verpackungen, Aufsaugmassen, Wischtücher, Filtermaterialien und Schutzkleidung (a.n.g.)
16 00 00	Abfälle, die nicht anderswo im Katalog aufgeführt sind
17 00 00	Bau- und Abbruchabfälle (einschl. Straßenaufbruch)
18 00 00	Abfälle aus der ärztlichen oder tierärztlichen Versorgung und Forschung (ohne Küchen- und Restaurantabfälle, die nicht aus der unmittelbaren Krankenpflege stammen)
19 00 00	Abfälle aus Abfallbehandlungsanlagen, öffentlichen Abwasserbehandlungsanlagen und der öffentlichen Wasserversorgung
20 00 00	Siedlungsabfälle und ähnliche gewerbliche und industrielle Abfälle sowie Abfälle aus Einrichtungen, einschl. getrennt gesammelte Fraktionen

Anlage 3

Inhaltsverzeichnis des Europäischen Abfallkataloges (EWC)

Das Inhaltsverzeichnis des Europäischen Abfallkataloges ist in Kapitel, wie z. B. 01 00 00 mit den dazugehörenden Untergruppierungen, z. B. 01 01 00 gegliedert. Die Kapitel werden in der folgenden Übersicht fett dargestellt. Die Abfälle, identisch mit den Abfallcodes, z. B. 01 01 01, werden in diesen Untergruppierungen aufgeführt.

01 00 00 **Abfälle aus der Exploration, der Gewinnung und der Nach- bzw. Weiterverarbeitung von Mineralien sowie Steinen und Erden**

01 01 00 Abfälle aus dem Abbau von Mineralien
01 02 00 Abfälle aus der Nachbearbeitung von Mineralien
01 03 00 Abfälle aus der physikalischen und chemischen Weiterverarbeitung von metallhaltigen Mineralen
01 04 00 Abfälle aus der physikalischen und chemischen Verarbeitung von nichtmetallhaltigen Mineralien
01 05 00 Bohrschlämme und andere Bohrabfälle

02 00 00 **Abfälle aus der Landwirtschaft, Gartenbau, Jagd, Fischerei und Teichwirtschaft, Herstellung und Verarbeitung von Nahrungsmitteln**

02 01 00 Abfälle aus der Herstellung von Grundstoffen
02 02 00 Abfälle aus der Zubereitung und Verarbeitung von Fleisch, Fisch und anderen Nahrungsmitteln tierischen Ursprungs
02 03 00 Abfälle aus der Zubereitung und Verarbeitung von Obst, Gemüse, Getreide, Speiseölen, Kakao, Kaffee und Tabak; Konservenherstellung
02 04 00 Abfälle aus der Zuckerherstellung
02 05 00 Abfälle aus der Milchverarbeitung
02 06 00 Abfälle aus der Herstellung von Back- und Süßwaren
02 07 00 Abfälle aus der Herstellung von alkoholischen und alkoholfreien Getränken (ohne Kaffee, Tee und Kakao)

03 00 00 **Abfälle aus der Holzverarbeitung und der Herstellung von Zellstoffen, Papier, Pappe, Platten und Möbeln**

03 01 00 Abfälle aus der Holzbearbeitung und der Herstellung von Platten und Möbeln
03 02 00 Abfälle aus der Holzkonservierung
03 03 00 Abfälle aus der Herstellung und Verarbeitung von Zellstoff, Papier und Pappe

04 00 00	**Abfälle aus der Leder- und Textilindustrie**
04 01 00	Abfälle aus der Lederindustrie
04 02 00	Abfälle aus der Textilindustrie
05 00 00	**Abfälle aus der Ölraffination, Erdgasreinigung und Kohlepyrolyse**
05 01 00	Ölschlämme und feste Abfälle
05 02 00	Nichtölige Schlämme und feste Abfälle
05 03 00	Verbrauchte Katalysatoren
05 04 00	Verbrauchte Filtertone
05 05 00	Abfälle aus der Ölentschwefelung
05 06 00	Abfälle aus der Kohlepyrolyse
05 07 00	Abfälle aus der Erdgasreinigung
05 08 00	Abfälle aus der Altölaufbereitung
06 00 00	**Abfälle aus anorganischen chemischen Prozessen**
06 01 00	Verbrauchte säurehaltige Lösungen (Säuren)
06 02 00	Verbrauchte basische Lösungen (Laugen)
06 03 00	Verbrauchte Salze und ihre Lösungen
06 04 00	Metallhaltige Abfälle
06 05 00	Schlämme aus der betriebseigenen Abwasserbehandlung
06 06 00	Abfälle aus Prozessen der Schwefelchemie (Herstellung und Umwandlung) und aus Entschwefelungsprozessen
06 07 00	Abfälle aus der Halogenchemie
06 08 00	Abfälle aus der Herstellung von Silizium und Siliziumverbindungen
06 09 00	Abfälle aus der Phosphorchemie
06 10 00	Abfälle aus der Stickstoffchemie und Herstellung von Düngemìtteln
06 11 00	Abfälle aus der Herstellung von anorganischen Pigmenten und Farbgebern
06 12 00	Abfälle aus der Herstellung, Anwendung und Regeneration von Katalysatoren
06 13 00	Abfälle aus anderen Prozessen der anorganischen Chemie
07 00 00	**Abfälle aus der organischen chemischen Industrie**
07 01 00	Abfälle aus der Herstellung, Zubereitung, Vertrieb und Anwendung (HZVA) organischer Grundchemikalien
07 02 00	Abfälle aus der HZVA von Kunststoffen, synthetischem Gummi und Kunstfasern
07 03 00	Abfälle aus HZVA von organischen Farbstoffen und Pigmenten (außer 06 11 00)
07 04 00	Abfälle aus der HZVA von organischen Pestiziden (außer 02 Ol 05)
07 05 00	Abfälle aus der HZVA von Pharmazeutika

07 06 00	Abfälle aus der HZVA von Fetten, Schmiermitteln, Seifen, Waschmitteln, Desinfektionsmitteln und Körperpflegemitteln
07 07 00	Abfälle aus der HZVA von Feinchemikalien und Chemikalien a.n.g.
08 00 00	**Abfälle aus der Herstellung, Zubereitung, Vertrieb und Anwendung (HZVA) von Überzügen (Farben, Lacke, Email), Dichtungsmassen und Druckfarben**
08 01 00	Abfälle aus der HZVA von Farben und Lacken
08 02 00	Abfälle aus der HZVA anderer Überzüge (einschl. keramische Werkstoffe)
08 03 00	Abfälle aus der HZVA von Druckfarben
08 04 00	Abfälle aus der HZVA von Klebstoffen und Dichtungsmassen (einschl. wasserabweisendem Material)
09 00 00	**Abfälle aus der photografischen Industrie**
09 01 00	Abfälle aus der photografischen Industrie
10 00 00	**Anorganische Abfälle aus thermischen Prozessen**
10 01 00	Abfälle aus Kraftwerken und anderen Verbrennungsanlagen (außer 19 00 00)
10 02 00	Abfälle aus der Eisen- und Stahlindustrie
10 03 00	Abfälle aus der thermischen Aluminium-Metallurgie
10 04 00	Abfälle aus der thermischen Blei-Metallurgie
10 05 00	Abfälle aus der thermischen Zink-Metallurgie
10 06 00	Abfälle aus der thermischen Kupfer-Metallurgie
10 07 00	Abfälle aus der thermischen Silber-, Gold- und Platinmetallurgie
10 08 00	Abfälle aus sonstiger thermischen Nichteisenmetallurgie
10 09 00	Abfälle vom Gießen von Eisen und Stahl
10 10 00	Abfälle vom Gießen von Nichteisenmetallen
10 11 00	Abfälle aus der Herstellung von Glas und Glaserzeugnissen
10 12 00	Abfälle aus der Herstellung von Keramikerzeugnissen, Ziegeln, Fließen und Baustoffen
10 13 00	Abfälle aus der Herstellung von Zement, Branntkalk, Gips und Erzeugnissen aus diesen
11 00 00	**Anorganische, metallhaltige Abfälle aus der Metallbearbeitung und -beschichtung, sowie aus der Nichteisen-Hydrometallurgie**
11 01 00	Flüssige Abfälle und Schlämme aus der Metallbearbeitung und -beschichtung (z. B. Galvanik, Verzinkung, Beizen, Ätzen, Phosphatieren und alkalisches Entfetten)
11 02 00	Abfälle und Schlämme aus Prozessen der Nichteisen-Hydrometallurgie

11 03 00	Schlämme und Feststoffe aus Härteprozessen
11 04 00	Andere anorganische Abfälle mit Metallen a.n.g.

12 00 00	**Abfälle aus Prozessen der mechanischen Formgebung und Oberflächenbearbeitung von Metallen, Keramik, Glas und Kunststoffen**
12 01 00	Abfälle aus Prozessen der mechanischen Formgebung (Schmieden, Schweißen, Pressen, Ziehen, Drehen, Bohren, Schneiden, Sägen, und Feilen)
12 02 00	Abfälle aus der mechanischen Oberflächenbehandlung (Sandstrahlen, Schleifen, Honen, Läppen, Polieren)
12 03 00	Abfälle aus der Wasser- und Dampfentfettung (außer 11 00 00)

13 00 00	**Ölabfälle (außer Speiseöle und 05 00 00 und 12 00 00)**
13 01 00	Verbrauchte Hydrauliköle und Bremsflüssigkeiten
13 02 00	Verbrauchte Maschinen-, Getriebe- und Schmieröle
13 03 00	Verbrauchte Isolier- und Wärmeübertragungsöle oder -flüssigkeiten
13 04 00	Bilgenöle
13 05 00	Inhalte von Öl-/ Wasserabscheidern
13 06 00	Ölabfälle a.n.g.

14 00 00	**Abfälle von als Lösemittel verwendeten organischen Stoffen (außer 07 00 00 und 08 00 00)**
14 01 00	Abfälle aus der Metallentfettung und Maschinenwartung
14 02 00	Abfälle aus der Textilreinigung und Entfettung von Naturstoffen
14 03 00	Abfälle aus der Elektronikindustrie
14 04 00	Abfälle von Kühlmitteln und Schaum- und Treibmitteln
14 05 00	Abfälle aus der Rückgewinnung von Löse- und Kühlmitteln (Destillationsrückstände)

15 00 00	**Verpackungen, Aufsaugmassen, Wischtücher, Filtermaterialien und Schutzkleidung (a.n.g.)**
15 01 00	Verpackungen
15 02 00	Aufsaug- und Filtermaterialien, Wischtücher und Schutzkleidung

16 00 00	**Abfälle, die nicht anderswo im Katalog aufgeführt sind**
16 01 00	Fahrzeugwracks
16 02 00	Gebrauchte Geräte und Shredderrückstände
16 03 00	Fehlchargen
16 04 00	Verbrauchte Sprengstoffe
16 05 00	Gase und Chemikalien in Behältern

16 06 00	Batterien und Akkumulatoren
16 07 00	Abfälle aus der Reinigung von Transport- und Lagertanks (außer 05 00 00 und 12 00 00)
17 00 00	**Bau- und Abbruchabfälle (einschl. Straßenaufbruch)**
17 01 00	Beton, Ziegel, Fliesen, Keramik und Materialien auf Gipsbasis
17 02 00	Holz, Glas und Kunststoff
17 03 00	Asphalt, Teer und teerhaltige Produkte
17 04 00	Metalle (einschl. ihrer Legierungen)
17 05 00	Erde und Hafenaushub
17 06 00	Isoliermaterial
17 07 00	Gemischte Bau- und Abbruchabfälle
18 00 00	**Abfälle aus der ärztlichen oder tierärztlichen Versorgung und Forschung (ohne Küchen- und Restaurantabfälle, die nicht aus der unmittelbaren Krankenpflege stammen)**
18 01 00	Abfälle aus Entbindungsstationen, Diagnose, Krankenbehandlung und Vorsorge beim Menschen
18 02 00	Abfälle aus der Forschung, Diagnose, Krankenbehandlung und Vorsorge bei Tieren
19 00 00	**Abfälle aus Abfallbehandlungsanlagen, öffentlichen Abwasserbehandlungsanlagen und der öffentlichen Wasserversorgung**
19 01 00	Abfälle aus der Verbrennung oder Pyrolyse von Siedlungs- und ähnlichen Abfällen aus Gewerbe, Industrie und Einrichtungen
19 02 00	Abfälle von spezifischen physikalisch-chemischen Behandlungen industrieller Abfälle (z. B. Dechromatisierung, Cyanidentfernung, Neutralisation)
19 03 00	Stabilisierte und verfestigte Abfälle
19 04 00	Verglaste Abfälle und Abfälle aus der Verglasung
19 05 00	Abfälle aus der aerobischen Behandlung von festen Abfällen
19 06 00	Abfälle aus der anaerobischen Behandlungen von Abfällen
19 07 00	Deponiesickerwasser
19 08 00	Abfälle aus Abwasserbehandlungsanlagen a.n.g.
19 09 00	Abfälle aus der Zubereitung von Trinkwasser oder industriellen Brauchwasser
20 00 00	**Siedlungsabfälle und ähnliche gewerbliche und industrielle Abfälle sowie Abfälle aus Einrichtungen, einschl. getrennt gesammelte Fraktionen**
20 01 00	Getrennt gesammelte Fraktionen
20 02 00	Garten- und Parkabfälle (einschl. Friedhofsabfälle)
20 03 00	Andere Siedlungsabfälle

Anlage 4

Mehrfachnennungen im EWC für eine LAGA-Abfallart

Fluorchlorkohlenwasserstoffe im LAGA-Abfallartenkatalog

LAGA-Abfallart:	**Fluorchlorkohlenwasserstoffe, Kälte, Treib- und Lösemittel**
LAGA-Abfallschlüssel:	**552 05**

Fluorchlorkohlenwasserstoffe (FCKW) im EWC

Abfallcode	Untergruppierung
14 01 01 FCKW	**14 01 00** Abfälle aus der Metallentfettung und Maschinenwartung
14 03 01 FCKW	**14 03 00** Abfälle aus der Elektronikindustrie
14 04 01 FCKW	**14 04 00** Abfälle von Kühlmitteln und Schaum- und Treibmitteln
14 05 01 FCKW	**14 05 00** Abfälle aus der Rückgewinnung von Löse- und Kühlmitteln (Destillationsrückstände)
16 02 03 Geräte, die FCKW enthalten	**16 02 00** Gebrauchte Geräte und Shredderrückstände
20 01 23 Geräte, die FCKW enthalten	**20 01 00** Getrennt gesammelte Fraktionen (von Siedlungsabfällen und ähnlichen Abfällen)

Anhang

Richtlinie des Rates über Abfälle

Vom 15. Juli 1975 (75/442/EWG)
(ABl. Nr. L 194 vom 25.7.1975 S. 47),
geändert durch Richtlinie des Rates vom 18. März 1991 (91/156/EWG – ABl. Nr. L 78 vom 26. März 1991, S. 32), sowie durch Richtlinie des Rates vom 23. Dezember 1991 (91/692/EWG – ABl. Nr. L 377 vom 31. Dezember 1991, S. 48)

DER RAT DER EUROPÄISCHEN GEMEINSCHAFTEN –

gestützt auf den Vertrag zur Gründung der Europäischen Wirtschaftsgemeinschaft, insbesondere auf die Artikel 100 und 235,

auf Vorschlag der Kommission,

nach Stellungnahme des Europäischen Parlaments[1],

nach Stellungnahme des Wirtschafts- und Sozialausschusses[2],

in Erwägung nachstehender Gründe:

Unterschiede zwischen den Rechtsvorschriften über die Abfallbeseitigung, die in den verschiedenen Mitgliedstaaten bereits anwendbar oder in Vorbereitung sind, können zu ungleichen Wettbewerbsbedingungen führen und somit unmittelbare Auswirkungen auf das Funktionieren des Gemeinsamen Marktes haben. Deshalb ist für dieses Gebiet eine Angleichung der Rechtsvorschriften gemäß Artikel 100 des Vertrags vorzunehmen.

Es erscheint notwendig, die Rechtsangleichung durch ein Tätigwerden der Gemeinschaft zu ergänzen, um durch eine umfassendere Regelung eines der Ziele der Gemeinschaft im Bereich des Umweltschutzes und der Verbesserung der Lebensqualität zu verwirklichen. Deshalb sind dafür einige besondere Bestimmungen vorzusehen. Da die hierfür erforderlichen Befugnisse im Vertrag nicht vorgesehen sind, ist auf Artikel 235 des Vertrags zurückzugreifen.

Jede Regelung der Abfallbeseitigung muß als wesentliche Zielsetzung den Schutz der menschlichen Gesundheit sowie der Umwelt gegen nachteilige Auswirkungen der Sammlung, Beförderung, Behandlung, Lagerung und Ablagerung von Abfällen haben.

Die Aufbereitung von Abfällen sowie die Verwendung wiedergewonnener Materialien ist im Interesse der Erhaltung der natürlichen Rohstoffquellen zu fördern.

In dem Aktionsprogramm der Europäischen Gemeinschaften für den Umweltschutz[3], wird die Notwendigkeit gemeinschaftlicher Aktionen einschließlich der Rechtsangleichung hervorgehoben.

Ein wirksames und zusammenhängendes System der Abfallbeseitigung, welches den innergemeinschaftlichen Warenverkehr nicht hemmt und die Wettbewerbsbedingungen nicht beeinträchtigt, muß auf alle beweglichen Sachen Anwendung finden, deren sich der Besitzer entledigt oder gemäß den geltenden einzelstaatlichen Vorschriften zu entledigen

1) ABl. Nr. C 32 vom 11. 2. 1975, S. 36.
2) ABl. Nr. C 16 vom 23. 1. 1975, S. 12.
3) ABl. Nr. C 112 vom 20. 12. 1973, S. 3.

11.2 Richtlinie des Rates über Abfälle (75/442/EWG)

hat, ausgenommen radioaktive Abfälle, Abfälle aus dem Bergbau und landwirtschaftliche Abfälle, Tierkörper, Abwässer, gasförmige Ableitungen sowie Abfälle, die einer besonderen Gemeinschaftsregelung unterliegen.

Zur Gewährleistung des Umweltschutzes muß ein Genehmigungsverfahren für diejenigen Unternehmen vorgesehen werden, die Abfälle für andere aufbereiten, lagern oder ablagern, ferner eine Überwachung der Firmen, die ihre Abfälle selbst beseitigen oder die fremde Abfälle sammeln sowie schließlich ein Plan für die wesentlichen Daten, die in den verschiedenen Phasen der Abfallbeseitigung zu berücksichtigen sind.

Der Teil der Kosten, der nicht durch die Verwertung der Abfälle gedeckt wird, muß entsprechend dem Verursacherprinzip getragen werden.

HAT FOLGENDE RICHTLINIE ERLASSEN:

Artikel 1

Im Sinne dieser Richtlinie bedeutet:

a) »Abfall«: alle Stoffe oder Gegenstände, die unter die in Anhang I aufgeführten Gruppen fallen und deren sich ihr Besitzer entledigt, entledigen will oder entledigen muß.

   Die Kommission erstellt nach dem Verfahren des Artikels 18 spätestens zum 1. April 1993 ein Verzeichnis der unter die Abfallgruppen in Anhang I fallenden Abfälle. Dieses Verzeichnis wird regelmäßig überprüft und erforderlichenfalls nach demselben Verfahren überarbeitet;

b) »Erzeuger«: jede Person, durch deren Tätigkeit Abfälle angefallen sind (»Ersterzeuger«), und/oder jede Person, die Vorbehandlungen, Mischungen oder sonstige Behandlungen vorgenommen hat, die eine Veränderung der Natur oder der Zusammensetzung dieser Abfälle bewirken:

c) »Besitzer«: der Erzeuger der Abfälle oder die natürliche oder juristische Person, in deren Besitz sich die Abfälle befinden:

d) »Bewirtschaftung«: das Einsammeln, die Beförderung, die Verwertung und die Beseitigung der Abfälle, einschließlich der Überwachung dieser Vorgänge sowie der Überwachung der Deponien nach deren Schließung;

e) »Beseitigung«: alle in Anhang II A aufgeführten Verfahren;

f) »Verwertung«: alle in Anhang II B aufgeführten Verfahren;

g) »Einsammeln«: das Einsammeln, Sortieren und/oder Zusammenstellen der Abfälle im Hinblick auf ihre Beförderung.

Artikel 2

(1) Diese Richtlinie gilt nicht für

a) gasförmige Ableitungen in die Atmosphäre:

b) folgende Abfälle, soweit für diese bereits andere Rechtsvorschriften gelten:

   i) radioaktive Abfälle:

2

ii) Abfälle, die beim Aufsuchen, Gewinnen, Aufbereiten und Lagern von Bodenschätzen sowie beim Betrieb von Steinbrüchen entstehen;

iii) Tierkörper und folgende Abfälle aus der Landwirtschaft: Fäkalien und sonstige natürliche, ungefährliche Stoffe, die innerhalb der Landwirtschaft verwendet werden;

iv) Abwässer mit Ausnahme flüssiger Abfälle;

v) ausgesonderte Sprengstoffe.

(2) Zur Regelung der Bewirtschaftung bestimmter Abfallgruppen können in Einzelrichtlinien besondere oder ergänzende Vorschriften erlassen werden.

Artikel 3

(1) Die Mitgliedstaaten treffen Maßnahmen, um folgendes zu fördern:

a) in erster Linie die Verhütung oder Verringerung der Erzeugung von Abfällen und ihrer Gefährlichkeit, insbesondere durch
   - die Entwicklung sauberer Technologien, die eine sparsamere Nutzung der natürlichen Ressourcen ermöglichen;
   - die technische Entwicklung und das Inverkehrbringen von Produkten, die so ausgelegt sind, daß sie aufgrund ihrer Herstellungseigenschaften, ihrer Verwendung oder Beseitigung nicht oder in möglichst geringem Ausmaß zu einer Vermehrung oder einem erhöhten Risikopotential der Abfälle und Umweltbelastungen beitragen;
   - die Entwicklung geeigneter Techniken zur Beseitigung gefährlicher Stoffe in Abfällen, die für die Verwertung bestimmt sind;

b) in zweiter Linie
   i) die Verwertung der Abfälle im Wege der Rückführung, der Wiederverwendung, des Wiedereinsatzes oder anderer Verwertungsvorgänge im Hinblick auf die Gewinnung von sekundären Rohstoffen oder
   ii) die Nutzung von Abfällen zur Gewinnung von Energie.

(2) Außer in den Fällen, in denen die Richtlinie 83/189/EWG des Rates vom 28. März 1983 über ein Informationsverfahren auf dem Gebiet der Normen und technischen Vorschriften*) Anwendung findet, unterrichten die Mitgliedstaaten die Kommission über die von ihnen zur Erreichung der Ziele des Absatzes 1 in Aussicht genommenen Maßnahmen. Die Kommission unterrichtet die anderen Mitgliedstaaten und den in Artikel 18 genannten Ausschuß über diese Maßnahmen.

Artikel 4

Die Mitgliedstaaten treffen die erforderlichen Maßnahmen, um sicherzustellen, daß die Abfälle verwertet oder beseitigt werden, ohne daß die menschliche Gesundheit gefährdet wird und ohne daß Verfahren oder Methoden verwendet werden, welche die Umwelt schädigen können, insbesondere ohne daß

*) ABl. Nr. L 109 vom 26. 4. 1983, S. 8.

- Wasser, Luft, Boden und die Tier- und Pflanzenwelt gefährdet werden;
- Geräusch- oder Geruchsbelästigungen verursacht werden;
- die Umgebung und das Landschaftsbild beeinträchtigt werden.

Die Mitgliedstaaten ergreifen ferner die erforderlichen Maßnahmen, um eine unkontrollierte Ablagerung oder Ableitung von Abfällen und deren unkontrollierte Beseitigung zu verbieten.

Artikel 5

(1) Die Mitgliedstaaten treffen – in Zusammenarbeit mit anderen Mitgliedstaaten, wenn sich dies als notwendig oder zweckmäßig erweist – Maßnahmen, um ein integriertes und angemessenes Netz von Beseitigungsanlagen zu errichten, die den derzeit modernsten, keine übermäßig hohen Kosten verursachenden Technologien Rechnung tragen. Dieses Netz muß es der Gemeinschaft insgesamt erlauben, die Entsorgungsautarkie zu erreichen, und es jedem einzelnen Mitgliedstaat ermöglichen, diese Autarkie anzustreben, wobei die geographischen Gegebenheiten oder der Bedarf an besonderen Anlagen für bestimmte Abfallarten berücksichtigt werden.

(2) Dieses Netz muß es darüber hinaus gestatten, daß die Abfälle in einer der am nächsten gelegenen geeigneten Entsorgungsanlagen unter Einsatz von Methoden und Technologien beseitigt werden, die am geeignetsten sind, um ein hohes Niveau des Gesundheits- und Umweltschutzes zu gewährleisten.

Artikel 6

Die Mitgliedstaaten schaffen oder benennen die zuständige(n) Behörde(n), deren Auftrag es ist, die Bestimmungen dieser Richtlinie durchzuführen.

Artikel 7

(1) Zur Verwirklichung der Ziele der Artikel 3, 4 und 5 erstellt (erstellen) die in Artikel 6 genannte(n) zuständige(n) Behörde(n) so bald wie möglich einen oder mehrere Abfallbewirtschaftungspläne. Diese Pläne umfassen insbesondere folgendes:

- Art, Menge und Ursprung der zu verwertenden oder zu beseitigenden Abfälle;
- allgemeine technische Vorschriften;
- besondere Vorkehrungen für bestimmte Abfälle;
- geeignete Flächen für Deponien und sonstige Beseitigungsanlagen.

In diesen Plänen können beispielsweise angegeben sein:

- die zur Abfallbewirtschaftung berechtigten natürlichen oder juristischen Personen;
- die geschätzten Kosten der Verwertung und der Beseitigung;
- Maßnahmen zur Förderung der Rationalisierung des Einsammelns, Sortierens und Behandelns von Abfällen.

(2) Die Mitgliedstaaten arbeiten bei der Erstellung dieser Pläne gegebenenfalls mit den anderen Mitgliedstaaten und der Kommission zusammen. Sie übermitteln diese Pläne der Kommission.

(3) Die Mitgliedstaaten können die erforderlichen Maßnahmen ergreifen, um das Verbringen von Abfällen, das ihren Abfallbewirtschaftungsplänen nicht entspricht, zu unterbinden. Sie teilen der Kommission und den Mitgliedstaaten derartige Maßnahmen mit.

Artikel 8

Die Mitgliedstaaten treffen die erforderlichen Vorkehrungen, damit jeder Besitzer von Abfällen

- diese einem privaten oder öffentlichen Sammelunternehmen oder einem Unternehmen übergibt, das die in Anhang II A oder II B genannten Maßnahmen durchführt, oder
- selbst die Verwertung oder Beseitigung unter Einhaltung der Bestimmungen dieser Richtlinie sicherstellt.

Artikel 9

(1) Für die Zwecke der Artikel 4, 5 und 7 bedürfen alle Anlagen oder Unternehmen, die die in Anhang II A genannten Maßnahmen durchführen, einer Genehmigung durch die in Artikel 6 genannte zuständige Behörde.

Diese Genehmigung erstreckt sich insbesondere auf

- Art und Menge der Abfälle,
- die technischen Vorschriften,
- die Sicherheitsvorkehrungen,
- den Ort der Beseitigung,
- die Beseitigungsmethode.

(2) Diese Genehmigungen können befristet, erneuert, mit Bedingungen und Auflagen verbunden oder, insbesondere wenn die vorgesehene Beseitigungsmethode aus Umweltgründen nicht akzeptiert werden kann, verweigert werden.

Artikel 10

Für die Zwecke des Artikels 4 bedürfen alle Anlagen oder Unternehmen, die die in Anhang II B genannten Maßnahmen durchführen, einer Genehmigung.

Artikel 11

(1) Unbeschadet der Richtlinie 78/319/EWG des Rates vom 20. März 1978 über giftige und gefährliche Abfälle[*)], zuletzt geändert durch die Akte über den Beitritt Spaniens und Portugals, können von der Genehmigungspflicht des Artikels 9 bzw. Artikels 10 befreit werden:

a) die Anlagen oder Unternehmen, die die Beseitigung ihrer eigenen Abfälle am Entstehungsort sicherstellen,

 und

*) ABl. Nr. L 84 vom 31. 3. 1978, S. 43.

b) die Anlagen oder Unternehmen, die Abfälle verwerten.

Diese Befreiung gilt nur,

- wenn die zuständigen Behörden für die verschiedenen Arten von Tätigkeiten jeweils allgemeine Vorschriften zur Festlegung der Abfallarten und -mengen sowie der Bedingungen erlassen haben, unter denen die Tätigkeit von der Genehmigungspflicht befreit werden kann,

  und

- wenn die Art oder Menge der Abfälle und die Verfahren zu ihrer Beseitigung oder Verwertung so beschaffen sind, daß die Bedingungen des Artikels 4 eingehalten werden.

(2) Die in Absatz 1 genannten Anlagen oder Unternehmen müssen bei den zuständigen Behörden gemeldet sein.

(3) Die Mitgliedstaaten unterrichten die Kommission über die gemäß Absatz 1 erlassenen allgemeinen Vorschriften.

Artikel 12

Die Mitgliedstaaten übermitteln der Kommission alle drei Jahre Angaben über die Durchführung dieser Richtlinie im Rahmen eines sektoralen Berichts, der auch die anderen einschlägigen Gemeinschaftsrichtlinien erfaßt. Der Bericht ist anhand eines von der Kommission nach dem Verfahren des Artikels 6 der Richtlinie 91/692/EWG[1] ausgearbeiteten Fragebogens oder Schemas zu erstellen. Der Fragebogen bzw. das Schema wird den Mitgliedstaaten sechs Monate vor Beginn des Berichtszeitraums übersandt. Der Bericht ist bei der Kommission innerhalb von neun Monaten nach Ablauf des von ihm erfaßten Dreijahreszeitraums einzureichen.

Der erste Bericht erfaßt den Zeitraum 1995 bis 1997.

Die Kommission veröffentlicht innerhalb von neun Monaten nach Erhalt der einzelstaatlichen Berichte einen Gemeinschaftsbericht über die Durchführung dieser Richtlinie.

Artikel 13

Die Anlagen oder Unternehmen, die die in den Artikeln 9 bis 12 genannten Maßnahmen durchführen, werden von den zuständigen Behörden regelmäßig angemessen überprüft.

Artikel 14

Die in den Artikeln 9 und 10 genannten Anlagen oder Unternehmen

- führen ein Register, in dem hinsichtlich der Abfälle nach Anhang I sowie der Vorgänge nach Anhang II A oder II B die Menge, die Art, der Ursprung und – gegebenenfalls – die Bestimmung, die Häufigkeit des Einsammelns und das Beförderungsmittel der Abfälle sowie die Art ihrer Behandlung verzeichnet werden;
- teilen diese Angaben den in Artikel 6 genannten zuständigen Behörden auf Anfrage mit.

---

1) ABl. Nr. L 377 vom 31. 12. 1991, S. 48.

Die Mitgliedstaaten können auch von den Erzeugern verlangen, den Bestimmungen dieses Artikels nachzukommen.

Artikel 15

Gemäß dem Verursacherprinzip sind die Kosten für die Beseitigung der Abfälle zu tragen von

- dem Abfallbesitzer, der seine Abfälle einem Sammelunternehmen oder einem Unternehmen im Sinne des Artikels 9 übergibt, und/oder
- den früheren Besitzern oder dem Hersteller des Erzeugnisses, von dem die Abfälle herrühren.

Artikel 16

(1) Alle drei Jahre und erstmals am 1. April 1995 übermitteln die Mitgliedstaaten der Kommission einen Bericht über die Maßnahmen zur Durchführung dieser Richtlinie. Dieser Bericht wird auf der Grundlage eines Fragebogens erstellt, der nach dem Verfahren des Artikels 18 ausgearbeitet wird und den die Kommission den Mitgliedstaaten sechs Monate vor dem obenerwähnten Datum übermittelt.

(2) Auf der Grundlage der in Absatz 1 genannten Berichte veröffentlicht die Kommission alle drei Jahre und erstmals am 1. April 1996 einen Gesamtbericht.

Artikel 17

Die zur Anpassung der Anhänge an den wissenschaftlichen und technischen Fortschritt notwendigen Änderungen werden nach dem Verfahren des Artikels 18 erlassen.

Artikel 18

Die Kommission wird von einem Ausschuß unterstützt, der sich aus Vertretern der Mitgliedstaaten zusammensetzt und in dem der Vertreter der Kommission den Vorsitz führt.

Der Vertreter der Kommission unterbreitet dem Ausschuß einen Entwurf der zu treffenden Maßnahmen. Der Ausschuß gibt seine Stellungnahme zu diesem Entwurf innerhalb einer Frist ab, die der Vorsitzende unter Berücksichtigung der Dringlichkeit der betreffenden Frage festsetzen kann. Die Stellungnahme wird mit der Mehrheit abgegeben, die in Artikel 148 Absatz 2 des Vertrages für die Annahme der vom Rat auf Vorschlag der Kommission zu fassenden Beschlüsse vorgesehen ist. Bei der Abstimmung im Ausschuß werden die Stimmen der Vertreter der Mitgliedstaaten gemäß dem vorgenannten Artikel gewogen. Der Vorsitzende nimmt an der Abstimmung nicht teil.
Die Kommission erläßt die beabsichtigten Maßnahmen, wenn sie mit der Stellungnahme des Ausschusses übereinstimmen.

Stimmen die beabsichtigten Maßnahmen mit der Stellungnahme des Ausschusses nicht überein oder liegt keine Stellungnahme vor, so unterbreitet die Kommission dem Rat unverzüglich einen Vorschlag für die zu treffenden Maßnahmen. Der Rat beschließt mit qualifizierter Mehrheit.

11.2 Richtlinie des Rates über Abfälle (75/442/EWG)

Hat der Rat nach Ablauf einer Frist von drei Monaten nach seiner Befassung keinen Beschluß gefaßt, so werden die vorgeschlagenen Maßnahmen von der Kommission erlassen.

Artikel 19

Die Mitgliedstaaten setzen die erforderlichen Maßnahmen in Kraft, um dieser Richtlinie binnen 24 Monaten nach ihrer Bekanntgabe nachzukommen, und setzen die Kommission unverzüglich davon in Kenntnis.

Artikel 20

Die Mitgliedstaaten teilen der Kommission den Wortlaut der wichtigsten innerstaatlichen Rechtsvorschriften mit, die sie auf dem unter diese Richtlinie fallenden Gebiet erlassen.

Artikel 21

Diese Richtlinie ist an die Mitgliedstaaten gerichtet.

ANHANG I

ABFALLGRUPPEN

Q1 Nachstehend nicht näher beschriebene Produktions- oder Verbrauchsrückstände

Q2 Nicht den Normen entsprechende Produkte

Q3 Produkte, bei denen das Verfalldatum überschritten ist

Q4 Unabsichtlich ausgebrachte oder verlorene oder von einem sonstigen Zwischenfall betroffene Produkte einschließlich sämtlicher Stoffe, Anlageteile usw., die bei einem solchen Zwischenfall kontaminiert worden sind

Q5 Infolge absichtlicher Tätigkeiten kontaminierte oder verschmutzte Stoffe (z. B. Reinigungsrückstände, Verpackungsmaterial, Behälter usw.)

Q6 Nichtverwendbare Elemente (z. B. verbrauchte Batterien, Katalysatoren usw.)

Q7 Unverwendbar gewordene Stoffe (z. B. kontaminierte Säuren, Lösungsmittel, Härtesalze usw.)

Q8 Rückstände aus industriellen Verfahren (z. B. Schlacken, Destillationsrückstände usw.)

Q9 Rückstände von Verfahren zur Bekämpfung der Verunreinigung (z. B. Gaswaschschlamm, Luftfilterrückstand, verbrauchte Filter usw.)

Q10 Bei maschineller und spanender Formgebung anfallende Rückstände (z. B. Dreh- und Fräsespäne usw.)

Q11 Bei der Förderung und der Aufbereitung von Rohstoffen anfallende Rückstände (z. B. im Bergbau, bei der Erdölförderung usw.)

Q12 Kontaminierte Stoffe (z. B. mit PCB verschmutztes Öl usw.)

Q13 Stoffe oder Produkte aller Art, deren Verwendung gesetzlich verboten ist

Q14 Produkte, die vom Besitzer nicht oder nicht mehr verwendet werden (z. B. in der Landwirtschaft, den Haushaltungen, Büros, Verkaufsstellen, Werkstätten usw.)

Q15 Kontaminierte Stoffe oder Produkte die bei der Sanierung von Böden anfallen

Q16 Stoffe oder Produkte aller Art, die nicht einer der oben erwähnten Gruppen angehören.

ANHANG II A

BESEITIGUNGSVERFAHREN

NB: Dieser Anhang führt Beseitigungsverfahren auf, die in der Praxis angewandt werden. Nach Artikel 4 müssen die Abfälle beseitigt werden, ohne daß die menschliche Gesundheit gefährdet wird und ohne daß Verfahren oder Methoden verwendet werden, welche die Umwelt schädigen können.

D1 Ablagerungen in oder auf dem Boden (d. h. Deponien usw.)

D2 Behandlung im Boden (z. B. biologischer Abbau von flüssigen oder schlammigen Abfällen im Erdreich usw.)

D3 Verpressung (z. B. Verpressung pumpfähiger Abfälle in Bohrlöcher, Salzdome oder natürliche Hohlräume usw.)

D4 Oberflächenaufbringung (z. B. Ableitung flüssiger oder schlammiger Abfälle in Gruben, Teiche oder Lagunen usw.)

D5 Speziell angelegte Deponien (z. B. Ablagerung in abgedichteten, getrennten Räumen, die verschlossen und gegeneinander und gegen die Umwelt isoliert werden, usw.)

D6 Einleitung in ein Gewässer mit Ausnahme von Meeren/Ozeanen

D7 Einleitung in Meere/Ozeane einschließlich Einbringung in den Meeresboden

D8 Biologische Behandlung, die nicht an anderer Stelle in diesem Anhang beschrieben ist und durch die Endverbindungen oder Gemische entstehen, die mit einem der in diesem Anhang aufgeführten Verfahren entsorgt werden

D9 Chemisch/physikalische Behandlung, die nicht an anderer Stelle in diesem Anhang beschrieben ist und durch die Endverbindungen oder -gemische entstehen, die mit einem der in diesem Anhang beschriebenen Verfahren entsorgt werden (z. B. Verdampfen, Trocknen, Kalzinieren, Neutralisieren, Ausfällen usw.)

D10 Verbrennung an Land

D11 Verbrennung auf See

D12 Dauerlagerung (z. B. Lagerung von Behältern in einem Bergwerk usw.)

D13 Vermengung oder Vermischung vor Anwendung eines der in diesem Anhang beschriebenen Verfahren

D14 Rekonditionierung vor Anwendung eines der in diesem Anhang beschriebenen Verfahren

11.2 Richtlinie des Rates über Abfälle (75/442/EWG)

D15 Lagerung bis zur Anwendung eines der in diesem Anhang beschriebenen Verfahren (Zwischenlagerung), ausgenommen zeitweilige Lagerung – bis zum Einsammeln – auf dem Gelände der Entstehung der Abfälle.

Anhang II B

VERWERTUNGSVERFAHREN

NB: Dieser Anhang führt Verwertungsverfahren auf, die in der Praxis angewandt werden. Nach Artikel 4 müssen die Abfälle verwertet werden, ohne daß die menschliche Gesundheit gefährdet und ohne daß Verfahren oder Methoden verwendet werden, welche die Umwelt schädigen können.

R1 Rückgewinnung/Regenerierung von Lösemitteln

R2 Verwertung/Rückgewinnung organischer Stoffe, die nicht als Lösemittel verwendet werden

R3 Verwertung/Rückgewinnung von Metallen und Metallverbindungen

R4 Verwertung/Rückgewinnung anderer anorganischer Stoffe

R5 Regenerierung von Säuren oder Basen

R6 Wiedergewinnung von Bestandteilen, die der Bekämpfung der Verunreinigung dienen

R7 Wiedergewinnung von Katalysatorenbestandteilen

R8 Altölraffination oder andere Wiederverwendungsmöglichkeiten von Altöl

R9 Verwendung als Brennstoff (außer bei Direktverbrennung) oder andere Mittel der Energieerzeugung

R10 Aufbringung auf den Boden zum Nutzen der Landwirtschaft oder der Ökologie einschließlich der Kompostierung und sonstiger biologischer Umwandlungsverfahren, mit Ausnahme der nach Artikel 2 Absatz 1 Buchstabe b) Ziffer iii) ausgeschlossenen Abfälle

R11 Verwendung von Rückständen, die bei einem der unter R1 bis R10 aufgezählten Verfahren gewonnen werden

R12 Austausch von Abfällen, um sie einem der unter R1 bis R11 aufgezählten Verfahren zu unterziehen

R13 Ansammlung von Stoffen, die für eines der in diesem Anhang beschriebenen Verfahren vorgesehen sind, ausgenommen zeitweilige Lagerung – bis zum Einsammeln – auf dem Gelände der Entstehung der Abfälle.

Änderungen

Paragraph	Art der Änderung	Geändert durch	Datum	Fundstelle ABl.EG
1–15	geändert	Richtlinie des Rates 91/156/EWG	18.3.1991	78 S.32
16, 17, 18	angefügt			
12	geändert	Richtlinie des Rates 91/692/EWG	23.12.1991	377 S. 54

II

(Nicht veröffentlichungsbedürftige Rechtsakte)

RAT

RICHTLINIE DES RATES

vom 18. März 1991

zur Änderung der Richtlinie 75/442/EWG über Abfälle

(91/156/EWG)

DER RAT DER EUROPÄISCHEN GEMEINSCHAFTEN —

gestützt auf den Vertrag zur Gründung der Europäischen Wirtschaftsgemeinschaft, insbesondere auf Artikel 130s,

auf Vorschlag der Kommission ([1]),

nach Stellungnahme des Europäischen Parlaments ([2]),

nach Stellungnahme des Wirtschafts- und Sozialausschusses ([3]),

in Erwägung nachstehender Gründe:

Mit der Richtlinie 75/442/EWG ([4]) wurde eine Gemeinschaftsregelung über Abfallbeseitigung festgelegt. Zur Berücksichtigung der Erfahrungen, die bei der Durchführung der Richtlinie in den Mitgliedstaaten gesammelt worden sind, sollte sie geändert werden. Bei diesen Änderungen ist von einem hohen Umweltschutzniveau auszugehen.

Der Rat hat sich in seiner Entschließung vom 7. Mai 1990 über die Abfallpolitik ([5]) verpflichtet, die Richtlinie 75/442/EWG zu ändern.

Für eine effizientere Abfallbewirtschaftung in der Gemeinschaft sind eine gemeinsame Terminologie und eine Definition der Abfälle erforderlich.

Zur Erreichung eines hohen Umweltschutzniveaus haben die Mitgliedstaaten nicht nur für eine verantwortungsvolle Beseitigung und Verwertung der Abfälle zu sorgen, sondern auch Maßnahmen zu treffen, um das Entstehen von Abfällen zu begrenzen, und zwar insbesondere durch die Förderung sauberer Technologien und wiederverwertbarer und wiederverwendbarer Erzeugnisse, wobei bestehende oder potentielle Absatzmöglichkeiten für verwertete Abfälle zu berücksichtigen sind.

Außerdem können unterschiedliche Rechtsvorschriften der einzelnen Mitgliedstaaten über Abfallbeseitigung und -verwertung die Umweltqualität und das reibungslose Funktionieren des Binnenmarktes beeinträchtigen.

Es ist wünschenswert, die Rückführung und Wiederverwendung von Abfällen als Rohstoffe zu fördern. Hier sind gegebenenfalls besondere Vorschriften über wiederverwendbare Abfälle zu erlassen.

Es ist für die Gemeinschaft in ihrer Gesamtheit wichtig, daß sie die Entsorgungsautarkie erreicht, und es ist wünschenswert, daß jeder einzelne Mitgliedstaat diese Autarkie anstrebt.

Damit die obengenannten Ziele erreicht werden, sollten die Mitgliedstaaten Abfallbewirtschaftungspläne erstellen.

Das Verbringen von Abfällen ist zu vermindern; zu diesem Zweck können die Mitgliedstaaten im Rahmen ihrer Bewirtschaftungspläne die erforderlichen Maßnahmen treffen.

([1]) ABl. Nr. C 295 vom 19. 11. 1988, S. 3, und ABl. Nr. C 326 vom 30. 12. 1989, S. 6.
([2]) ABl. Nr. C 158 vom 26. 6. 1989, S. 232, und Stellungnahme vom 22. Februar 1991 (noch nicht im Amtsblatt veröffentlicht).
([3]) ABl. Nr. C 56 vom 6. 3. 1989, S. 2.
([4]) ABl. Nr. L 194 vom 25. 7. 1975, S. 47.
([5]) ABl. Nr. C 122 vom 18. 5. 1990, S. 2.

Zur Gewährleistung eines hohen Schutzniveaus sowie einer wirksamen Kontrolle ist vorzuschreiben, daß Unternehmen, die Abfälle beseitigen und verwerten, der Genehmigung und der Kontrolle unterliegen.

Unternehmen, die ihre Abfälle selbst beseitigen oder Abfälle verwerten, können unter bestimmten Voraussetzungen von der Genehmigungspflicht befreit werden, sofern sie den Erfordernissen des Umweltschutzes Rechnung tragen. Diese Unternehmen sind der Meldepflicht zu unterwerfen.

Damit die Überwachung der Abfälle von ihrem Entstehen bis zu ihrer endgültigen Beseitigung sichergestellt werden kann, sind auch andere in der Abfallwirtschaft tätige Unternehmen wie Sammelunternehmen, Transportunternehmen und Makler einer Genehmigungs- oder Meldepflicht sowie einer angemessenen Kontrolle zu unterwerfen.

Es sollte ein Ausschuß eingesetzt werden, der die Kommission bei der Durchführung dieser Richtlinie und ihrer Anpassung an den wissenschaftlichen und technischen Fortschritt unterstützt —

HAT FOLGENDE RICHTLINIE ERLASSEN:

Artikel 1

Die Richtlinie 75/442/EWG wird wie folgt geändert:

1. Die Artikel 1 bis 12 erhalten folgende Fassung:

„*Artikel 1*

Im Sinne dieser Richtlinie bedeutet:

a) „Abfall": alle Stoffe oder Gegenstände, die unter die in Anhang I aufgeführten Gruppen fallen und deren sich ihr Besitzer entledigt, entledigen will oder entledigen muß.

Die Kommission erstellt nach dem Verfahren des Artikels 18 spätestens zum 1. April 1993 ein Verzeichnis der unter die Abfallgruppen in Anhang I fallenden Abfälle. Dieses Verzeichnis wird regelmäßig überprüft und erforderlichenfalls nach demselbem Verfahren überarbeitet;

b) „Erzeuger": jede Person, durch deren Tätigkeit Abfälle angefallen sind („Ersterzeuger"), und/oder jede Person, die Vorbehandlungen, Mischungen oder sonstige Behandlungen vorgenommen hat, die eine Veränderung der Natur oder der Zusammensetzung dieser Abfälle bewirken;

c) „Besitzer": der Erzeuger der Abfälle oder die natürliche oder juristische Person, in deren Besitz sich die Abfälle befinden;

d) „Bewirtschaftung": das Einsammeln, die Beförderung, die Verwertung und die Beseitigung der Abfälle, einschließlich der Überwachung dieser Vorgänge sowie der Überwachung der Deponien nach deren Schließung;

e) „Beseitigung": alle in Anhang II A aufgeführten Verfahren;

f) „Verwertung": alle in Anhang II B aufgeführten Verfahren;

g) „Einsammeln": das Einsammeln, Sortieren und/oder Zusammenstellen der Abfälle im Hinblick auf ihre Beförderung.

Artikel 2

(1) Diese Richtlinie gilt nicht für

a) gasförmige Ableitungen in die Atmosphäre;

b) folgende folgende Abfälle, soweit für diese bereits andere Rechtsvorschriften gelten:

i) radioaktive Abfälle;

ii) Abfälle, die beim Aufsuchen, Gewinnen, Aufbereiten und Lagern von Bodenschätzen sowie beim Betrieb von Steinbrüchen entstehen;

iii) Tierkörper und folgende Abfälle aus der Landwirtschaft: Fäkalien und sonstige natürliche, ungefährliche Stoffe, die innerhalb der Landwirtschaft verwendet werden;

iv) Abwässer mit Ausnahme flüssiger Abfälle;

v) ausgesonderte Sprengstoffe.

(2) Zur Regelung der Bewirtschaftung bestimmter Abfallgruppen können in Einzelrichtlinien besondere oder ergänzende Vorschriften erlassen werden.

Artikel 3

(1) Die Mitgliedstaaten treffen Maßnahmen, um folgendes zu fördern:

a) in erster Linie die Verhütung oder Verringerung der Erzeugung von Abfällen und ihrer Gefährlichkeit, insbesondere durch

— die Entwicklung sauberer Technologien, die eine sparsamere Nutzung der natürlichen Ressourcen ermöglichen;

— die technische Entwicklung und das Inverkehrbringen von Produkten, die so ausgelegt sind, daß sie aufgrund ihrer Herstellungseigenschaften, ihrer Verwendung oder Beseitigung nicht oder in möglichst geringem Ausmaß zu einer Vermehrung oder einem erhöhten Risikopotential der Abfälle und Umweltbelastungen beitragen;

— die Entwicklung geeigneter Techniken zur Beseitigung gefährlicher Stoffe in Abfällen, die für die Verwertung bestimmt sind;

b) in zweiter Linie

i) die Verwertung der Abfälle im Wege der Rückführung, der Wiederverwendung, des Wiedereinsatzes oder anderer Verwertungsvorgänge im Hinblick auf die Gewinnung von sekundären Rohstoffen oder

ii) die Nutzung von Abfällen zur Gewinnung von Energie.

(2) Außer in den Fällen, in denen die Richtlinie 83/189/EWG des Rates vom 28. März 1983 über ein Informationsverfahren auf dem Gebiet der Normen

und technischen Vorschriften (*) Anwendung findet, unterrichten die Mitgliedstaaten die Kommission über die von ihnen zur Erreichung der Ziele des Absatzes 1 in Aussicht genommenen Maßnahmen. Die Kommission unterrichtet die anderen Mitgliedstaaten und den in Artikel 18 genannten Ausschuß über diese Maßnahmen.

(*) ABl. Nr. L 109 vom 26. 4. 1983, S. 8.

Artikel 4

Die Mitgliedstaaten treffen die erforderlichen Maßnahmen, um sicherzustellen, daß die Abfälle verwertet oder beseitigt werden, ohne daß die menschliche Gesundheit gefährdet wird und ohne daß Verfahren oder Methoden verwendet werden, welche die Umwelt schädigen können, insbesondere ohne daß

— Wasser, Luft, Boden und die Tier- und Pflanzenwelt gefährdet werden;

— Geräusch- oder Geruchsbelästigungen verursacht werden;

— die Umgebung und das Landschaftsbild beeinträchtigt werden.

Die Mitgliedstaaten ergreifen ferner die erforderlichen Maßnahmen, um eine unkontrollierte Ablagerung oder Ableitung von Abfällen und deren unkontrollierte Beseitigung zu verbieten.

Artikel 5

(1) Die Mitgliedstaaten treffen — in Zusammenarbeit mit anderen Mitgliedstaaten, wenn sich dies als notwendig oder zweckmäßig erweist — Maßnahmen, um ein integriertes und angemessenes Netz von Beseitigungsanlagen zu errichten, die den derzeit modernsten, keine übermäßig hohen Kosten verursachenden Technologien Rechnung tragen. Dieses Netz muß es der Gemeinschaft insgesamt erlauben, die Entsorgungsautarkie zu erreichen, und es jedem einzelnen Mitgliedstaat ermöglichen, diese Autarkie anzustreben, wobei die geographischen Gegebenheiten oder der Bedarf an besonderen Anlagen für bestimmte Abfallarten berücksichtigt werden.

(2) Dieses Netz muß es darüber hinaus gestatten, daß die Abfälle in einer der am nächsten gelegenen geeigneten Entsorgungsanlagen unter Einsatz von Methoden und Technologien beseitigt werden, die am geeignetsten sind, um ein hohes Niveau des Gesundheits- und Umweltschutzes zu gewährleisten.

Artikel 6

Die Mitgliedstaaten schaffen oder benennen die zuständige(n) Behörde(n), deren Auftrag es ist, die Bestimmungen dieser Richtlinie durchzuführen.

Artikel 7

(1) Zur Verwirklichung der Ziele der Artikel 3, 4 und 5 erstellt (erstellen) die in Artikel 6 genannte(n) zuständige(n) Behörde(n) so bald wie möglich einen oder mehrere Abfallbewirtschaftungspläne. Diese Pläne umfassen insbesondere folgendes:

— Art, Menge und Ursprung der zu verwertenden oder zu beseitigenden Abfälle;

— allgemeine technische Vorschriften;

— besondere Vorkehrungen für bestimmte Abfälle;

— geeignete Flächen für Deponien und sonstige Beseitigungsanlagen.

In diesen Plänen können beispielsweise angegeben sein:

— die zur Abfallbewirtschaftung berechtigten natürlichen oder juristischen Personen;

— die geschätzten Kosten der Verwertung und der Beseitigung;

— Maßnahmen zur Förderung der Rationalisierung des Einsammelns, Sortierens und Behandelns von Abfällen.

(2) Die Mitgliedstaaten arbeiten bei der Erstellung dieser Pläne gegebenenfalls mit den anderen Mitgliedstaaten und der Kommission zusammen. Sie übermitteln diese Pläne der Kommission.

(3) Die Mitgliedstaaten können die erforderlichen Maßnahmen ergreifen, um das Verbringen von Abfällen, das ihren Abfallbewirtschaftungsplänen nicht entspricht, zu unterbinden. Sie teilen der Kommission und den Mitgliedstaaten derartige Maßnahmen mit.

Artikel 8

Die Mitgliedstaaten treffen die erforderlichen Vorkehrungen, damit jeder Besitzer von Abfällen

— diese einem privaten oder öffentlichen Sammelunternehmen oder einem Unternehmen übergibt, das die in Anhang II A oder II B genannten Maßnahmen durchführt, oder

— selbst die Verwertung oder Beseitigung unter Einhaltung der Bestimmungen dieser Richtlinie sicherstellt.

Artikel 9

(1) Für die Zwecke der Artikel 4, 5 und 7 bedürfen alle Anlagen oder Unternehmen, die die in Anhang II A genannten Maßnahmen durchführen, einer Genehmigung durch die in Artikel 6 genannte zuständige Behörde.

Diese Genehmigung erstreckt sich insbesondere auf

— Art und Menge der Abfälle,

— die technischen Vorschriften,

— die Sicherheitsvorkehrungen,

— den Ort der Beseitigung,

— die Beseitigungsmethode.

(2) Diese Genehmigungen können befristet, erneuert, mit Bedingungen und Auflagen verbunden oder, insbesondere wenn die vorgesehene Beseitigungsmethode aus Umweltgründen nicht akzeptiert werden kann, verweigert werden.

Artikel 10

Für die Zwecke des Artikels 4 bedürfen alle Anlagen oder Unternehmen, die die in Anhang II B genannten Maßnahmen durchführen, einer Genehmigung.

Artikel 11

(1) Unbeschadet der Richtlinie 78/319/EWG des Rates vom 20. März 1978 über giftige und gefährliche Abfälle (*), zuletzt geändert durch die Akte über den Beitritt Spaniens und Portugals, können von der Genehmigungspflicht des Artikels 9 bzw. Artikels 10 befreit werden:

a) die Anlagen oder Unternehmen, die die Beseitigung ihrer eigenen Abfälle am Entstehungsort sicherstellen,

und

b) die Anlagen oder Unternehmen, die Abfälle verwerten.

Diese Befreiung gilt nur,

— wenn die zuständigen Behörden für die verschiedenen Arten von Tätigkeiten jeweils allgemeine Vorschriften zur Festlegung der Abfallarten und -mengen sowie der Bedingungen erlassen haben, unter denen die Tätigkeit von der Genehmigungspflicht befreit werden kann,

und

— wenn die Art oder Menge der Abfälle und die Verfahren zu ihrer Beseitigung oder Verwertung so beschaffen sind, daß die Bedingungen des Artikels 4 eingehalten werden.

(2) Die in Absatz 1 genannten Anlagen oder Unternehmen müssen bei den zuständigen Behörden gemeldet sein.

(3) Die Mitgliedstaaten unterrichten die Kommission über die gemäß Absatz 1 erlassenen allgemeinen Vorschriften.

(*) ABl. Nr. L 84 vom 31. 3. 1978, S. 43.

Artikel 12

Die Anlagen oder Unternehmen, die gewerbsmäßig Abfälle einsammeln oder befördern oder die für die Beseitigung oder Verwertung von Abfällen für andere sorgen (Händler oder Makler), müssen bei den zuständigen Behörden gemeldet sein, sofern sie keine Genehmigung benötigen.

Artikel 13

Die Anlagen oder Unternehmen, die die in den Artikeln 9 bis 12 genannten Maßnahmen durchführen, werden von den zuständigen Behörden regelmäßig angemessen überprüft.

Artikel 14

Die in den Artikeln 9 und 10 genannten Anlagen oder Unternehmen

— führen ein Register, in dem hinsichtlich der Abfälle nach Anhang I sowie der Vorgänge nach Anhang II A oder II B die Menge, die Art, der Ursprung und — gegebenenfalls — die Bestimmung, die Häufigkeit des Einsammelns und das Beförderungsmittel der Abfälle sowie die Art ihrer Behandlung verzeichnet werden;

— teilen diese Angaben den in Artikel 6 genannten zuständigen Behörden auf Anfrage mit.

Die Mitgliedstaaten können auch von den Erzeugern verlangen, den Bestimmungen dieses Artikels nachzukommen.

Artikel 15

Gemäß dem Verursacherprinzip sind die Kosten für die Beseitigung der Abfälle zu tragen von

— dem Abfallbesitzer, der seine Abfälle einem Sammelunternehmen oder einem Unternehmen im Sinne des Artikels 9 übergibt, und/oder

— den früheren Besitzern oder dem Hersteller des Erzeugnisses, von dem die Abfälle herrühren.

Artikel 16

(1) Alle drei Jahre und erstmals am 1. April 1995 übermitteln die Mitgliedstaaten der Kommission einen Bericht über die Maßnahmen zur Durchführung dieser Richtlinie. Dieser Bericht wird auf der Grundlage eines Fragebogens erstellt, der nach dem Verfahren des Artikels 18 ausgearbeitet wird und den die Kommission den Mitgliedstaaten sechs Monate vor dem obenerwähnten Datum übermittelt.

(2) Auf der Grundlage der in Absatz 1 genannten Berichte veröffentlicht die Kommission alle drei Jahre und erstmals am 1. April 1996 einen Gesamtbericht.

Artikel 17

Die zur Anpassung der Anhänge an den wissenschaftlichen und technischen Fortschritt notwendigen Änderungen werden nach dem Verfahren des Artikels 18 erlassen.

Artikel 18

Die Kommission wird von einem Ausschuß unterstützt, der sich aus Vertretern der Mitgliedstaaten zusammensetzt und in dem der Vertreter der Kommission den Vorsitz führt.

Der Vertreter der Kommission unterbreitet dem Ausschuß einen Entwurf der zu treffenden Maßnahmen. Der Ausschuß gibt seine Stellungnahme zu diesem Entwurf innerhalb einer Frist ab, die der Vorsitzende unter Berücksichtigung der Dringlichkeit der betreffenden Frage festsetzen kann. Die Stellungnahme wird mit der Mehrheit abgegeben, die in Artikel 148 Absatz 2 des Vertrages für die Annahme der vom Rat auf Vorschlag der Kommission zu fassenden Beschlüsse vorgesehen ist. Bei der Abstimmung im Ausschuß werden die Stimmen der Vertreter der Mitgliedstaaten gemäß dem vorgenannten Artikel gewogen. Der Vorsitzende nimmt an der Abstimmung nicht teil.

Die Kommission erläßt die beabsichtigten Maßnahmen, wenn sie mit der Stellungnahme des Ausschusses übereinstimmen.

Stimmen die beabsichtigten Maßnahmen mit der Stellungnahme des Ausschusses nicht überein oder liegt keine Stellungnahme vor, so unterbreitet die Kommission dem Rat unverzüglich einen Vorschlag für die zu treffenden Maßnahmen. Der Rat beschließt mit qualifizierter Mehrheit.

Hat der Rat nach Ablauf einer Frist von drei Monaten nach seiner Befassung keinen Beschluß gefaßt, so werden die vorgeschlagenen Maßnahmen von der Kommission erlassen."

2. Die Artikel 13, 14 und 15 werden Artikel 19, 20 und 21.

3. Die folgenden Anhänge werden aufgenommen:

ANHANG I

ABFALLGRUPPEN

Q1 Nachstehend nicht näher beschriebene Produktions- oder Verbrauchsrückstände

Q2 Nicht den Normen entsprechende Produkte

Q3 Produkte, bei denen das Verfalldatum überschritten ist

Q4 Unabsichtlich ausgebrachte oder verlorene oder von einem sonstigen Zwischenfall betroffene Produkte einschließlich sämtlicher Stoffe, Anlageteile usw., die bei einem solchen Zwischenfall kontaminiert worden sind

Q5 Infolge absichtlicher Tätigkeiten kontaminierte oder verschmutzte Stoffe (z. B. Reinigungsrückstände, Verpackungsmaterial, Behälter usw.)

Q6 Nichtverwendbare Elemente (z. B. verbrauchte Batterien, Katalysatoren usw.)

Q7 Unverwendbar gewordene Stoffe (z. B. kontaminierte Säuren, Lösungsmittel, Härtesalze usw.)

Q8 Rückstände aus industriellen Verfahren (z. B. Schlacken, Destillationsrückstände usw.)

Q9 Rückstände von Verfahren zur Bekämpfung der Verunreinigung (z. B. Gaswaschschlamm, Luftfilterrückstand, verbrauchte Filter usw.)

Q10 Bei maschineller und spanender Formgebung anfallende Rückstände (z. B. Dreh- und Fräsespäne usw.)

Q11 Bei der Förderung und der Aufbereitung von Rohstoffen anfallende Rückstände (z. B. im Bergbau, bei der Erdölförderung usw.)

Q12 Kontaminierte Stoffe (z. B. mit PCB verschmutztes Öl usw.)

Q13 Stoffe oder Produkte aller Art, deren Verwendung gesetzlich verboten ist

Q14 Produkte, die vom Besitzer nicht oder nicht mehr verwendet werden (z. B. in der Landwirtschaft, den Haushaltungen, Büros, Verkaufsstellen, Werkstätten usw.)

Q15 Kontaminierte Stoffe oder Produkte, die bei der Sanierung von Böden anfallen

Q16 Stoffe oder Produkte aller Art, die nicht einer der obenerwähnten Gruppen angehören.

ANHANG II A

BESEITIGUNGSVERFAHREN

NB: Dieser Anhang führt Beseitigungsverfahren auf, die in der Praxis angewandt werden. Nach Artikel 4 müssen die Abfälle beseitigt werden, ohne daß die menschliche Gesundheit gefährdet wird und ohne daß Verfahren oder Methoden verwendet werden, welche die Umwelt schädigen können.

D1 Ablagerungen in oder auf dem Boden (d. h. Deponien usw.)

D2 Behandlung im Boden (z. B. biologischer Abbau von flüssigen oder schlammigen Abfällen im Erdreich usw.)

D3 Verpressung (z. B. Verpressung pumpfähiger Abfälle in Bohrlöcher, Salzdome oder natürliche Hohlräume usw.)

D4 Oberflächenaufbringung (z. B. Ableitung flüssiger oder schlammiger Abfälle in Gruben, Teiche oder Lagunen usw.)

D5 Speziell angelegte Deponien (z. B. Ablagerung in abgedichteten, getrennten Räumen, die verschlossen und gegeneinander und gegen die Umwelt isoliert werden, usw.)

D6 Einleitung in ein Gewässer mit Ausnahme von Meeren/Ozeanen

D7 Einleitung in Meere/Ozeane einschließlich Einbringung in den Meeresboden

D8 Biologische Behandlung, die nicht an anderer Stelle in diesem Anhang beschrieben ist und durch die Endverbindungen oder Gemische entstehen, die mit einem der in diesem Anhang aufgeführten Verfahren entsorgt werden

D9 Chemisch/physikalische Behandlung, die nicht an anderer Stelle in diesem Anhang beschrieben ist und durch die Endverbindungen oder -gemische entstehen, die mit einem der in diesem Anhang beschriebenen Verfahren entsorgt werden (z. B. Verdampfen, Trocknen, Kalzinieren, Neutralisieren, Ausfällen usw.)

D10 Verbrennung an Land

D11 Verbrennung auf See

D12 Dauerlagerung (z. B. Lagerung von Behältern in einem Bergwerk usw.)

D13 Vermengung oder Vermischung vor Anwendung eines der in diesem Anhang beschriebenen Verfahren

D14 Rekonditionierung vor Anwendung eines der in diesem Anhang beschriebenen Verfahren

D15 Lagerung bis zur Anwendung eines der in diesem Anhang beschriebenen Verfahren (Zwischenlagerung), ausgenommen zeitweilige Lagerung — bis zum Einsammeln — auf dem Gelände der Entstehung der Abfälle.

ANHANG II B

VERWERTUNGSVERFAHREN

NB: Dieser Anhang führt Verwertungsverfahren auf, die in der Praxis angewandt werden. Nach Artikel 4 müssen die Abfälle verwertet werden, ohne daß die menschliche Gesundheit gefährdet und ohne daß Verfahren oder Methoden verwendet werden, welche die Umwelt schädigen können.

R1 Rückgewinnung/Regenerierung von Lösemitteln

R2 Verwertung/Rückgewinnung organischer Stoffe, die nicht als Lösemittel verwendet werden

R3 Verwertung/Rückgewinnung von Metallen und Metallverbindungen

R4 Verwertung/Rückgewinnung anderer anorganischer Stoffe

R5 Regenerierung von Säuren oder Basen

R6 Wiedergewinnung von Bestandteilen, die der Bekämpfung der Verunreinigung dienen

R7 Wiedergewinnung von Katalysatorenbestandteilen

R8 Altölraffination oder andere Wiederverwendungsmöglichkeiten von Altöl

R9 Verwendung als Brennstoff (außer bei Direktverbrennung) oder andere Mittel der Energieerzeugung

R10 Aufbringung auf den Boden zum Nutzen der Landwirtschaft oder der Ökologie, einschließlich der Kompostierung und sonstiger biologischer Umwandlungsverfahren, mit Ausnahme der nach Artikel 2 Absatz 1 Buchstabe b) Ziffer iii) ausgeschlossenen Abfälle

R11 Verwendung von Rückständen, die bei einem der unter R1 bis R10 aufgezählten Verfahren gewonnen werden

R12 Austausch von Abfällen, um sie einem der unter R1 bis R11 aufgezählten Verfahren zu unterziehen

R13 Ansammlung von Stoffen, die für eines der in diesem Anhang beschriebenen Verfahren vorgesehen sind, ausgenommen zeitweilige Lagerung — bis zum Einsammeln — auf dem Gelände der Entstehung der Abfälle."

Artikel 2

(1) Die Mitgliedstaaten erlassen die erforderlichen Rechts- und Verwaltungsvorschriften, um dieser Richtlinie spätestens zum 1. April 1993 nachzukommen. Sie unterrichten hiervon unverzüglich die Kommission.

Wenn die Mitgliedstaaten Vorschriften nach Unterabsatz 1 erlassen, nehmen sie in den Vorschriften selbst oder durch einen Hinweis bei der amtlichen Veröffentlichung auf diese Richtlinie Bezug. Die Mitgliedstaaten regeln die Einzelheiten der Bezugnahme.

(2) Die Mitgliedstaaten teilen der Kommission den Wortlaut der innerstaatlichen Rechtsvorschriften mit, die sie auf dem unter diese Richtlinie fallenden Gebiet erlassen.

Artikel 3

Diese Richtlinie ist an die Mitgliedstaaten gerichtet.

Geschehen zu Brüssel am 18. März 1991.

Im Namen des Rates

Der Präsident

A. BODRY

II

(Nicht veröffentlichungsbedürftige Rechtsakte)

KOMMISSION

ENTSCHEIDUNG DER KOMMISSION

vom 20. Dezember 1993

über ein Abfallverzeichnis gemäß Artikel 1 Buchstabe a) der Richtlinie 75/442/EWG des Rates über Abfälle

(94/3/EG)

DIE KOMMISSION DER EUROPÄISCHEN GEMEINSCHAFTEN —

gestützt auf den Vertrag zur Gründung der Europäischen Gemeinschaft,

gestützt auf die Richtlinie 75/442/EWG des Rates vom 15. Juli 1975 über Abfälle [1], insbesondere auf Artikel 1 Buchstabe a),

in Erwägung nachstehender Gründe:

Nach der obengenannten Bestimmung ist die Kommission verpflichtet, ein Verzeichnis der unter die Abfallgruppen in Anhang I der gleichen Richtlinie fallenden Abfälle zu erstellen. Die Kommission wird hierbei von einem nach Artikel 18 der Richtlinie eingerichteten Ausschuß unterstützt, der sich aus Vertretern der Mitgliedstaaten zusammensetzt und in dem der Vertreter der Kommission den Vorsitz führt.

Die in der Entscheidung geplanten Maßnahmen stehen in Einklang der Stellungnahme des obengenannten Ausschusses —

HAT FOLGENDE ENTSCHEIDUNG ERLASSEN:

Artikel 1

Das Verzeichnis im Anhang zu dieser Entscheidung wird hiermit angenommen.

Artikel 2

Diese Entscheidung ist an alle Mitgliedstaaten gerichtet.

Brüssel, den 20. Dezember 1993

Für die Kommission

Yannis PALEOKRASSAS

Mitglied der Kommission

---

[1] ABl. Nr. L 194 vom 25. 7. 1975, S. 47. Richtlinie zuletzt geändert durch die Richtlinie 91/692/EWG (ABl. Nr. L 377 vom 31. 12. 1991, S. 48).

ANHANG

Abfallverzeichnis gemäß Artikel 1 Buchstabe a) der Richtlinie 75/442/EWG des Rates über Abfälle

(EUROPÄISCHER ABFALLKATALOG)

Einleitung

1. In Artikel 1 Buchstabe a) der Richtlinie 75/442/EWG über Abfälle wird der Begriff „Abfall" wie folgt definiert: „alle Stoffe oder Gegenstände, die unter die in Anhang I aufgeführten Gruppen fallen und deren sich ihr Besitzer entledigt, entledigen will oder entledigen muß".

2. Gemäß dem zweiten Unterabsatz von Artikel 1 Buchstabe a) ist die Kommission verpflichtet, nach dem Verfahren des Artikels 18 ein Verzeichnis der unter die Abfallgruppen in Anhang I fallenden Abfälle zu erstellen. Dieses Verzeichnis wird gemeinhin als Europäischer Abfallkatalog (EWC) bezeichnet und gilt für alle Abfälle, ungeachtet dessen, ob sie zur Beseitigung oder zur Verwertung bestimmt sind.

3. Der EWC ist ein harmonisiertes, nicht erschöpfendes Verzeichnis von Abfällen, d. h. ein Verzeichnis, das gemäß dem Ausschußverfahren regelmäßig überprüft und gegebenenfalls geändert wird.

   Die Aufnahme eines Stoffs in den EWC bedeutet jedoch nicht, daß es sich bei diesem Stoff unter allen Umständen um Abfall handelt. Der Eintrag ist nur dann von Belang, wenn die Definition von Abfall zutrifft.

4. Die im EWC aufgeführten Abfälle unterliegen der Richtlinie, sofern nicht Artikel 2 Absatz 1 Buchstabe b) dieser Richtlinie Anwendung findet.

5. Der Europäische Abfallkatalog soll eine Bezugsnomenklatur darstellen, mit der eine gemeinsame Terminologie für die ganze Gemeinschaft festgelegt und der Nutzeffekt der Abfallentsorgung erhöht werden sollen. In dieser Hinsicht soll der Europäische Abfallkatalog die grundlegende Bezugsquelle für das Gemeinschaftsprogramm zur Abfallstatistik darstellen, das gemäß der Entschließung des Rates vom 7. Mai 1990 über die Abfallpolitik [1] aufgenommen wurde.

6. Der EWC muß gemäß dem Verfahren des Artikels 18 der Richtlinie dem wissenschaftlichen und technischen Fortschritt angepaßt werden.

7. Die einzelnen Abfallcodes im EWC dürfen nicht unabhängig von ihrer jeweiligen Kapitelüberschrift betrachtet werden.

8. Durch den EWC wird nicht dem Verzeichnis der „gefährlichen Abfälle" vorgegriffen, das gemäß Artikel 1 Absatz 4 der Richtlinie 91/689/EWG des Rates vom 12. Dezember 1991 über gefährliche Abfälle [2] zu erstellen ist.

---

(1) ABl. Nr. C 122 vom 18. 5. 1990, S. 2.
(2) ABl. Nr. L 377 vom 31. 12. 1991, S. 20.

INDEX

01 00 00	Abfälle aus der Exploration, der Gewinnung und der Nach- bzw. Weiterbearbeitung von Mineralien sowie Steinen und Erden
02 00 00	Abfälle aus der Landwirtschaft, dem Gartenbau, der Jagd, Fischerei und Teichwirtschaft, Herstellung und Verarbeitung von Nahrungsmitteln
03 00 00	Abfälle aus der Holzverarbeitung und der Herstellung von Zellstoffen, Papier, Pappe, Platten und Möbeln
04 00 00	Abfälle aus der Leder- und Textilindustrie
05 00 00	Abfälle aus der Ölraffination, Erdgasreinigung und Kohlepyrolyse
06 00 00	Abfälle aus anorganischen chemischen Prozessen
07 00 00	Abfälle aus organischen chemischen Prozessen
08 00 00	Abfälle aus Herstellung, Zubereitung, Vertrieb und Anwendung (HZVA) von Überzügen (Farben, Lacken, Email), Dichtungsmassen und Druckfarben
09 00 00	Abfälle aus der photographischen Industrie
10 00 00	Anorganische Abfälle aus thermischen Prozessen
11 00 00	Anorganische metallhaltige Abfälle aus der Metallbearbeitung und -beschichtung sowie aus der Nichteisen-Hydrometallurgie
12 00 00	Abfälle aus Prozessen der mechanischen Formgebung und Oberflächenbearbeitung von Metallen, Keramik, Glas und Kunststoffen
13 00 00	Ölabfälle (außer Speiseöle und 05 00 00 und 12 00 00)
14 00 00	Abfälle von als Lösemittel verwendeten organischen Stoffen (außer 07 00 00 und 08 00 00)
15 00 00	Verpackungen, Aufsaugmassen, Wischtücher, Filtermaterialien und Schutzkleidung (a.n.g.)
16 00 00	Abfälle, die nicht anderswo im Katalog aufgeführt sind
17 00 00	Bau- und Abbruchabfälle (einschließlich Straßenaufbruch)
18 00 00	Abfälle aus der ärztlichen oder tierärztlichen Versorgung und Forschung (ohne Küchen- und Restaurantabfälle, die nicht aus der unmittelbaren Krankenpflege stammen)
19 00 00	Abfälle aus Abfallbehandlungsanlagen, öffentlichen Abwasserbehandlungsanlagen und der öffentlichen Wasserversorgung
20 00 00	Siedlungsabfälle und ähnliche gewerbliche und industrielle Abfälle sowie Abfälle aus Einrichtungen, einschließlich getrennt gesammelte Fraktionen

01 00 00	**ABFÄLLE AUS DER EXPLORATION, DER GEWINNUNG UND DER NACH- BZW. WEITERBEARBEITUNG VON MINERALIEN SOWIE STEINEN UND ERDEN**
01 01 00	**Abfälle aus dem Abbau von Mineralien**
01 01 01	Abfälle aus dem Abbau von metallhaltigen Mineralien
01 01 02	Abfälle aus dem Abbau von nichtmetallhaltigen Mineralien
01 02 00	**Abfälle aus der Nachbearbeitung von Mineralien**
01 02 01	Abfälle aus der Nachbearbeitung von metallhaltigen Mineralien
01 02 02	Abfälle aus der Nachbearbeitung von nichtmetallhaltigen Mineralien
01 03 00	**Abfälle aus der physikalischen und chemischen Weiterverarbeitung von metallhaltigen Mineralien**
01 03 01	Waschberge
01 03 02	Grob- und Feinstäube
01 03 03	Rotschlamm aus der Aluminiumherstellung
01 03 99	Abfälle a.n.g.
01 04 00	**Abfälle aus der physikalischen und chemischen Verarbeitung von nichtmetallischen Mineralien**
01 04 01	Abfälle von Kies und Gesteinsbruch
01 04 02	Abfälle von Sand und Ton
01 04 03	Grob- und Feinstäube
01 04 04	Abfälle aus der Verarbeitung von Kali- und Steinsalz
01 04 05	Abfälle aus der Wäsche und Reinigung von Mineralien
01 04 06	Abfälle aus Steinmetz- und Sägearbeiten
01 04 99	Abfälle a.n.g.
01 05 00	**Bohrschlämme und andere Bohrabfälle**
01 05 01	ölhaltige Bohrschlämme und -abfälle
01 05 02	bariumsulfathaltige Bohrschlämme und -abfälle
01 05 03	chloridhaltige Bohrschlämme und -abfälle
01 05 04	Schlämme und Abfälle aus Frischwasserbohrungen
01 05 99	Abfälle a.n.g.
02 00 00	**ABFÄLLE AUS DER LANDWIRTSCHAFT, DEM GARTENBAU, DER JAGD, FISCHEREI UND TEICHWIRTSCHAFT, HERSTELLUNG UND VERARBEITUNG VON NAHRUNGSMITTELN**
02 01 00	**Abfälle aus der Herstellung von Grundstoffen**
02 01 01	Schlämme von Wasch- und Reinigungsvorgängen
02 01 02	Abfälle aus Tiergewebe
02 01 03	Abfälle aus Pflanzengeweben
02 01 04	Kunststoffabfälle (ohne Verpackungen)
02 01 05	Abfälle von Chemikalien für die Landwirtschaft
02 01 06	Tierfäkalien, Urin und Mist (einschließlich verdorbenes Stroh), Abwässer, getrennt gesammelt und extern behandelt
02 01 07	Abfälle aus der Forstwirtschaft
02 01 99	Abfälle a.n.g.
02 02 00	**Abfälle aus der Zubereitung und Verarbeitung von Fleisch, Fisch und anderen Nahrungsmitteln tierischen Ursprungs**
02 02 01	Schlämme von Wasch- und Reinigungsvorgängen
02 02 02	Abfälle aus Tiergewebe
02 02 03	für Verzehr oder Verarbeitung ungeeignete Stoffe
02 02 04	Schlämme aus der betriebseigenen Abwasserbehandlung
02 02 99	Abfälle a.n.g.
02 03 00	**Abfälle aus der Zubereitung und Verarbeitung von Obst, Gemüse, Getreide, Speiseölen, Kakao, Kaffee und Tabak ; Konservenherstellung**
02 03 01	Schlämme aus Waschen, Reinigung, Schälen, Zentrifugieren und Abtrennen

02 03 02	Abfälle von Konservierungsstoffen
02 03 03	Abfälle aus der Extraktion mit Lösemitteln
02 03 04	für Verzehr oder Verarbeitung ungeeignete Stoffe
02 03 05	Schlämme aus der betriebseigenen Abwasserbehandlung
02 03 99	Abfälle a.n.g.
02 04 00	**Abfälle aus der Zuckerherstellung**
02 04 01	Erde aus der Wäsche und Reinigung von Zuckerrüben
02 04 02	nicht spezifikationsgerechter Calciumcarbonatschlamm
02 04 03	Schlämme aus der betriebseigenen Abwasserbehandlung
02 04 99	Abfälle a.n.g.
02 05 00	**Abfälle aus der Milchverarbeitung**
02 05 01	für Verzehr oder Verarbeitung ungeeignete Stoffe
02 05 02	Schlämme aus der betriebseigenen Abwasserbehandlung
02 05 99	Abfälle a.n.g.
02 06 00	**Abfälle aus der Herstellung von Back- und Süßwaren**
02 06 01	für Verzehr oder Verarbeitung ungeeignete Stoffe
02 06 02	Abfälle von Konservierungsstoffen
02 06 03	Schlämme aus der betriebseigenen Abwasserbehandlung
02 06 99	Abfälle a.n.g.
02 07 00	**Abfälle aus der Herstellung von alkoholischen und alkoholfreien Getränken (ohne Kaffee, Tee und Kakao)**
02 07 01	Abfälle aus der Wäsche, Reinigung von mechanischen Zerkleinerungen des Rohmaterials
02 07 02	Abfälle aus der Destillation von Spirituosen
02 07 03	Abfälle aus der chemischen Behandlung
02 07 04	für Verzehr oder Verarbeitung ungeeignete Stoffe
02 07 05	Schlämme aus der betriebseigenen Abwasserbehandlung
02 07 99	Abfälle a.n.g.
03 00 00	**ABFÄLLE AUS DER HOLZVERARBEITUNG UND DER HERSTELLUNG VON ZELLSTOFFEN, PAPIER, PAPPE, PLATTEN UND MÖBELN**
03 01 00	**Abfälle aus der Holzbearbeitung und der Herstellung von Platten und Möbeln**
03 01 01	Rinden und Korbabfälle
03 01 02	Sägemehl
03 01 03	Späne, Abschnitte, Verschnitt von Holz, Spanplatten und Furnieren
03 01 99	andere Abfälle a.n.g.
03 02 00	**Abfälle aus der Holzkonservierung**
03 02 01	halogenfreie organische Holzkonservierungsmittel
03 02 02	chlororganische Holzkonservierungsmittel
03 02 03	metallorganische Holzkonservierungsmittel
03 02 04	anorganische Holzkonservierungsmittel
03 03 00	**Abfälle aus der Herstellung und Verarbeitung von Zellstoff, Papier und Pappe**
03 03 01	Rinde
03 03 02	Bodensatz und Sulfitschlämme (aus der Behandlung von Sulfidablauge)
03 03 03	Bleichschlämme aus Hypochlorit- und Chlorbleiche
03 03 04	Bleichschlämme aus anderen Bleichprozessen
03 03 05	Deinkingschlämme aus dem Papierrecycling
03 03 06	Faser- und Papierschlämme
03 03 07	Abfälle aus der Aufbereitung von Altpapier und gebrauchter Pappe
03 03 99	andere Abfälle a.n.g.

04 00 00	**ABFÄLLE AUS DER LEDER- UND TEXTILINDUSTRIE**
04 01 00	**Abfälle aus der Lederindustrie**
04 01 01	Fleischabschabungen und Häuteabfälle
04 01 02	Äschereiabfälle
04 01 03	Entfettungsabfälle, lösemittelhaltig, ohne flüssige Phase
04 01 04	chromhaltige Gerbbrühe
04 01 05	chromfreie Gerbbrühe
04 01 06	chromhaltige Schlämme
04 01 07	chromfreie Schlämme
04 01 08	chromhaltige Abfälle aus gegerbtem Leder (Abschnitte, Polierstaub usw.)
04 01 09	Abfälle aus der Zurichtung und dem Finish
04 01 99	Abfälle a.n.g.
04 02 00	**Abfälle aus der Textilindustrie**
04 02 01	Abfälle aus unbehandelten Textilfasern und anderen Naturfasern, vorwiegend pflanzlichen Ursprungs
04 02 02	Abfälle aus unbehandelten Textilfasern, vorwiegend tierischen Ursprungs
04 02 03	Abfälle aus unbehandelten Textilfasern, vorwiegend künstlichen oder synthetischen Ursprungs
04 02 04	Abfälle aus unbehandelten gemischten Textilfasern vor dem Spinnen
04 02 05	Abfälle aus verarbeiteten Textilfasern, vorwiegend pflanzlichen Ursprungs
04 02 06	Abfälle aus verarbeiteten Textilfasern, vorwiegend tierischen Ursprungs
04 02 07	Abfälle aus verarbeiteten Textilfasern, vorwiegend künstlichen oder synthetischen Ursprungs
04 02 08	Abfälle aus verarbeiteten gemischten Textilfasern
04 02 09	Abfälle aus Verbundmaterialien (imprägnierte Textilien, Elastomer, Plastomer)
04 02 10	organische Stoffe aus Naturstoffen (z.B. Fette, Wachse)
04 02 11	halogenierte Abfälle aus der Zurichtung und dem Finish
04 02 12	halogenfreie Abfälle aus der Zurichtung und dem Finish
04 02 13	Farbstoffe und Pigmente
04 02 99	Abfälle a.n.g.
05 00 00	**ABFÄLLE AUS DER ÖLRAFFINATION, ERDGASREINIGUNG UND KOHLE-PYROLYSE**
05 01 00	**Sölschlämme und feste Abfälle**
05 01 01	Schlämme aus der betriebseigenen Abwasserbehandlung
05 01 02	Entsalzungsschlämme
05 01 03	schlammige Tankrückstände
05 05 04	saure Alkylschlämme
05 01 05	verschüttetes Öl
05 01 06	Schlämme aus Betriebsvorgängen und Instandhaltung
05 01 07	Säureteere
05 01 08	andere Teere
05 01 99	Abfälle a.n.g.
05 02 00	**Nichtölige Schlämme und feste Abfälle**
05 02 01	Schlämme aus der Kesselwasseraufbereitung
05 02 02	Abfälle aus Kühlkolonnen
05 02 99	Abfälle a.n.g.
05 03 00	**Verbrauchte Katalysatoren**
05 03 01	verbrauchte Katalysatoren, edelmetallhaltig
05 03 02	andere verbrauchte Katalysatoren
05 04 00	**Verbrauchte Filtertone**
05 04 01	verbrauchte Filtertone
05 05 00	**Abfälle aus der Ölentschwefelung**
05 05 01	schwefelhaltige Abfälle
05 05 99	Abfälle a.n.g.
05 06 00	**Abfälle aus der Kohlepyrolyse**
05 06 01	Säureteere
05 06 02	Asphalt

05 06 03	andere Teere
05 06 04	Abfälle aus Kühlkolonnen
05 06 99	Abfälle a.n.g.
05 07 00	**Abfälle aus der Erdgasreinigung**
05 07 01	quecksilberhaltige Schlämme
05 07 02	schwefelhaltige Abfälle
05 07 99	Abfälle a.n.g.
05 08 00	**Abfälle aus der Altölaufbereitung**
05 08 01	verbrauchte Filtertone
05 08 02	Säureteere
05 08 03	sonstige Teere
05 08 04	wäßrige Flüssigabfälle aus der Altölaufbereitung
05 08 99	Abfälle a.n.g.
06 00 00	ABFÄLLE AUS ANORGANISCHEN CHEMISCHEN PROZESSEN
06 01 00	**Verbrauchte säurehaltige Lösungen (Säuren)**
06 01 01	Schwefelsäure und schweflige Säure
06 01 02	Salzsäure
06 01 03	Flußsäure
06 01 04	Phosphorsäure und phosphorige Säure
06 01 05	Salpetersäure und salpetrige Säure
06 01 99	Abfälle a.n.g.
06 02 00	**Verbrauchte basische Lösungen (Laugen)**
06 02 01	Calciumhydroxid
06 02 02	Natriumcarbonat
06 02 03	Ammoniak
06 02 99	Abfälle a.n.g.
06 03 00	**Verbrauchte Salze und ihre Lösungen**
06 03 01	Carbonate (außer 02 04 02 und 19 10 03)
06 03 02	Salzlösungen, die Sulfate, Sulfite oder Sulfide enthalten
06 03 03	feste Salze, die Sulfate, Sulfite oder Sulfide enthalten
06 03 04	Salzlösungen, die Choride, Fluoride und Halogenide enthalten
06 03 05	feste Salze, die Chloride, Fluoride und andere Halogene enthalten
06 03 06	Salzlösungen, die Phosphate und verwandte feste Salze enthalten
06 03 07	Phosphate und verwandte feste Salze
06 03 08	Salzlösungen, die Nitrate und verwandte Verbindungen enthalten
06 03 09	feste Salze, die Nitride (Metallnitride) enthalten
06 03 10	feste Salze, die Ammonium enthalten
06 03 11	Salze und Lösungen, cyanidhaltig
06 03 12	Salze und Lösungen, die organische Bestandteile enthalten
06 03 99	Abfälle a.n.g.
06 04 00	**Metallhaltige Abfälle**
06 04 01	Metalloxide
06 04 02	Metallsalze (außer 06 03 00)
06 04 03	arsenhaltige Abfälle
06 04 04	quecksilberhaltige Abfälle
06 04 05	Abfälle, die andere Schwermetalle enthalten
06 04 99	Abfälle a.n.g.
06 05 00	**Schlämme aus der betriebseigenen Abwasserbehandlung**
06 05 01	Schlämme aus der betriebseigenen Abwasserbehandlung
06 06 00	**Abfälle aus Prozessen der Schwefelchemie (Herstellung und Umwandlung) und aus Entschwefelungsprozessen**
06 06 01	schwefelhaltige Abfälle
06 06 99	Abfälle a.n.g.

06 07 00	**Abfälle aus der Halogenchemie**
06 07 01	asbesthaltige Abfälle aus der Elektrolyse
06 07 02	Aktivkohle aus der Chlorherstellung
06 07 99	Abfälle a.n.g.
06 08 00	**Abfälle aus der Herstellung von Silizium und Siliziumverbindungen**
06 08 01	Abfälle aus der Herstellung von Silizium und Siliziumverbindungen
06 09 00	**Abfälle aus der Phosphorchemie**
06 09 01	Phosphorgips
06 09 02	phosphorhaltige Schlacke
06 09 99	Abfälle a.n.g.
06 10 00	**Abfälle aus der Stickstoffchemie und Herstellung von Düngemitteln**
06 10 01	Abfälle aus der Stickstoffchemie und Herstellung von Düngemitteln
06 11 00	**Abfälle aus der Herstellung von anorganischen Pigmenten und Farbgebern**
06 11 01	Gips aus der Titandioxidherstellung
06 11 99	Abfälle a.n.g.
06 12 00	**Abfälle aus der Herstellung, Anwendung und Regeneration von Katalysatoren**
06 12 01	verbrauchte Katalysatoren, edelmetallhaltig
06 12 02	andere verbrauchte Katalysatoren
06 13 00	**Abfälle aus anderen Prozessen der anorganischen Chemie**
06 13 01	anorganische Pestizide, Biozide und Holzschutzmittel
06 13 02	verbrauchte Aktivkohle (außer 06 07 02)
06 13 03	Ruß
06 13 99	Abfälle a.n.g.
07 00 00	**ABFÄLLE AUS ORGANISCHEN CHEMISCHEN PROZESSEN**
07 01 00	**Abfälle aus Herstellung, Zubereitung, Vertrieb und Anwendung (HZVA) organischer Grundchemikalien**
07 01 01	wäßrige Waschflüssigkeiten und Mutterlaugen
07 01 02	Schlämme aus der betriebseigenen Abwasserbehandlung
07 01 03	organische halogenfreie Lösemittel, Waschflüssigkeiten und Mutterlaugen
07 01 04	andere organische Lösemittel, Waschflüssigkeiten und Mutterlaugen
07 01 05	verbrauchte Katalysatoren, edelmetallhaltig
07 01 06	andere verbrauchte Katalysatoren
07 01 07	halogenierte Reaktions- und Destillationsrückstände
07 01 08	andere Reaktions- und Destillationsrückstände
07 01 09	halogenierte Filterkuchen, verbrauchte Aufsaugmaterialien
07 01 10	andere Filterkuchen, verbrauchte Aufsaugmaterialien
07 01 99	Abfälle a.n.g.
07 02 00	**Abfälle aus der HZVA von Kunststoffen, synthetischen Gummi- und Kunstfasern**
07 02 01	wäßrige Waschflüssigkeiten und Mutterlaugen
07 02 02	Schlämme aus der betriebseigenen Abwasserbehandlung
07 02 03	organische halogenierte Lösemittel, Waschflüssigkeiten und Mutterlaugen
07 02 04	andere organische Lösemittel, Waschflüssigkeiten und Mutterlaugen
07 02 05	verbrauchte Katalysatoren, edelmetallhaltig
07 02 06	andere verbrauchte Katalysatoren
07 02 07	halogenierte Reaktions- und Destillationsrückstände
07 02 08	andere Reaktions- und Destillationsrückstände
07 02 09	halogenierte Filterkuchen, verbrauchte Aufsaugmaterialien
07 02 10	andere Filterkuchen, verbrauchte Aufsaugmaterialien
07 02 99	Abfälle a.n.g.

07 03 00	**Abfälle aus Herstellung, Zubereitung, Vertrieb und Anwendung (HZVA) von organischen Farbstoffen und Pigmenten (außer 06 11 00)**
07 03 01	wäßrige Waschflüssigkeiten und Mutterlaugen
07 03 02	Schlämme aus der betriebseigenen Abwasserbehandlung
07 03 03	organische halogenierte Lösemittel, Waschflüssigkeiten und Mutterlaugen
07 03 04	andere organische Lösemittel, Waschflüssigkeiten und Mutterlaugen
07 03 05	verbrauchte Katalysatoren, edelmetallhaltig
07 03 06	andere verbrauchte Katalysatoren
07 03 07	halogenierte Reaktions- und Destillationsrückstände
07 03 08	andere Reaktions- und Destillationsrückstände
07 03 09	halogenierte Filterkuchen, verbrauchte Aufsaugmaterialien
07 03 10	andere Filterkuchen, verbrauchte Aufsaugmaterialien
07 03 99	Abfälle a.n.g.
07 04 00	**Abfälle aus Herstellung, Zubereitung, Vertrieb und Anwendung (HZVA) von organischen Pestiziden (außer 02 01 05)**
07 04 01	wäßrige Waschflüssigkeiten und Mutterlaugen
07 04 02	Schlämme aus der betriebseigenen Abwasserbehandlung
07 04 03	organische halogenierte Lösemittel, Waschflüssigkeiten und Mutterlaugen
07 04 04	andere organische Lösemittel, Waschflüssigkeiten und Mutterlaugen
07 04 05	verbrauchte Katalysatoren, edelmetallhaltig
07 04 06	andere verbrauchte Katalysatoren
07 04 07	halogenierte Reaktions- und Destillationsrückstände
07 04 08	andere Reaktions- und Destillationsrückstände
07 04 09	halogenierte Filterkuchen, verbrauchte Aufsaugmaterialien
07 04 10	andere Filterkuchen, verbrauchte Aufsaugmaterialien
07 04 99	Abfälle a.n.g.
07 05 00	**Abfälle aus Herstellung, Zubereitung, Vertrieb und Anwendung (HZVA) von Pharmazeutika**
07 05 01	wäßrige Waschflüssigkeiten und Mutterlaugen
07 05 02	Schlämme aus der betriebseigenen Abwasserbehandlung
07 05 03	organische halogenierte Lösemittel, Waschflüssigkeiten und Mutterlaugen
07 05 04	andere organische Lösemittel, Waschflüssigkeiten und Mutterlaugen
07 05 05	verbrauchte Katalysatoren, edelmetallhaltig
07 05 06	verbrauchte Katalysatoren
07 05 07	halogenierte Reaktions- und Destillationsrückstände
07 05 08	andere Reaktions- und Destillationsrückstände
07 05 09	halogenierte Filterkuchen, verbrauchte Aufsaugmaterialien
07 05 10	andere Filterkuchen, verbrauchte Aufsaugmaterialien
07 05 99	Abfälle a.n.g.
07 06 00	**Abfälle aus Herstellung, Zubereitung, Vertrieb und Anwendung (HZVA) von Fetten, Schmiermitteln, Seifen, Waschmitteln, Desinfektionsmitteln und Körperpflegemitteln**
07 06 01	wäßrige Waschflüssigkeiten und Mutterlaugen
07 06 02	Schlämme aus der betriebseigenen Abwasserbehandlung
07 06 03	organische halogenierte Lösemittel, Waschflüssigkeiten und Mutterlaugen
07 06 04	andere organische Lösemittel, Waschflüssigkeiten und Mutterlaugen
07 06 05	verbrauchte Katalysatoren, edelmetallhaltig
07 06 06	andere verbrauchte Katalysatoren
07 06 07	halogenierte Reaktions- und Destillationsrückstände
07 06 08	andere Reaktions- und Destillationsrückstände
07 06 09	halogenierte Filterkuchen, verbrauchte Aufsaugmaterialien
07 06 10	andere Filterkuchen, verbrauchte Aufsaugmaterialien
07 06 99	Abfälle a.n.g.
07 07 00	**Abfälle aus HZVA von Feinchemikalien und Chemikalien a.n.g.**
07 07 01	wäßrige Waschflüssigkeiten und Mutterlaugen
07 07 02	Schlämme aus der betriebseigenen Abwasserbehandlung
07 07 03	organische halogenierte Lösemittel, Waschflüssigkeiten und Mutterlaugen
07 07 04	andere organische Lösemittel, Waschflüssigkeiten und Mutterlaugen
07 07 05	verbrauchte Katalysatoren, edelmetallhaltig
07 07 06	andere verbrauchte Katalysatoren
07 07 07	halogenierte Reaktions- und Destillationsrückstände

07 07 08	andere Reaktions- und Destillationsrückstände
07 07 09	halogenierte Filterkuchen, verbrauchte Aufsaugmaterialien
07 07 10	andere Filterkuchen, verbrauchte Aufsaugmaterialien
07 07 99	Abfälle a.n.g.
08 00 00	**ABFÄLLE AUS HERSTELLUNG, ZUBEREITUNG, VERTRIEB UND ANWENDUNG (HZVA) VON ÜBERZÜGEN (FARBEN, LACKEN, EMAIL), DICHTUNGSMASSEN UND DRUCKFARBEN**
08 01 00	**Abfälle aus der HZVA von Farben und Lacken**
08 01 01	alte Farben und Lacke, die halogenierte Lösemittel enthalten
08 01 02	alte Farben und Lacke, die keine halogenierten Lösemittel enthalten
08 01 03	Abfälle von Farben und Lacken auf Wasserbasis
08 01 04	Farben in Pulverform
08 01 05	ausgehärtete Farben und Lacke
08 01 06	Schlämme aus der Farb- oder Lackentfernung, die halogenierte Lösemittel enthalten
08 01 07	Schlämme aus der Farb- oder Lackentfernung, die keine halogenierten Lösemittel enthalten
08 01 08	wäßrige Schlämme, die Farbe oder Lack enthalten
08 01 09	Abfälle aus der Farb- oder Lackentfernung (außer 08 01 05 und 08 01 06)
08 01 10	wäßrige Suspensionen, die Farbe oder Lack enthalten
08 01 99	Abfälle a.n.g.
08 02 00	**Abfälle aus der HZVA anderer Überzüge (einschließlich keramische Werkstoffe)**
08 02 01	alte Überzugspuder
08 02 02	wäßrige Schlämme, die keramische Werkstoffe enthalten
08 02 03	wäßrige Suspensionen, die keramische Werkstoffe enthalten
08 02 99	Abfälle a.n.g.
08 03 00	**Abfälle aus der HZVA von Druckfarben**
08 03 01	alte Druckfarben, die halogenierte Lösemittel enthalten
08 03 02	alte Druckfarben, die keine halogenierten Lösemittel enthalten
08 03 03	Abfälle von wassermischbaren Druckfarben
08 03 04	getrocknete Druckfarben
08 03 05	Druckfarbenschlämme, die halogenierte Lösemittel enthalten
08 03 06	Druckfarbenschlämme, die keine halogenierten Lösemittel enthalten
08 03 07	wäßrige Schlämme, die Druckfarben enthalten
08 03 08	wäßrige flüssige Abfälle, die Druckfarben enthalten
08 03 09	verbrauchte Toner (einschließlich Kartuschen)
08 03 99	Abfälle a.n.g.
08 04 00	**Abfälle aus der HZVA von Klebstoffen und Dichtungsmassen (einschließlich wasserabweisendem Material)**
08 04 01	alte Klebstoffe und Dichtungsmassen, die halogenierte Lösemittel enthalten
08 04 02	alte Klebstoffe und Dichtungsmassen, die keine halogenierten Lösemittel enthalten
08 04 03	Abfälle von wassermischbaren Klebstoffen und Dichtungsmassen
08 04 04	ausgehärtete Klebstoffe und Dichtungsmassen
08 04 05	Klebstoffe und Dichtungsmassen, die halogenierte Lösemittel enthalten
08 04 06	Klebstoffe und Dichtungsmassen, die keine halogenierten Lösemittel enthalten
08 04 07	wäßrige Schlämme, die Klebstoff und Dichtungsmassen enthalten
08 04 08	wäßrige flüssige Abfälle, die Klebstoffe und Dichtungsmassen enthalten
08 04 99	Abfälle a.n.g.
09 00 00	ABFÄLLE AUS DER PHOTOGRAPHISCHEN INDUSTRIE
09 01 00	**Abfälle aus der photographischen Industrie**
09 01 01	Entwickler und Aktivatoren auf Wasserbasis
09 01 02	Offsetplatten-Entwickler auf Wasserbasis
09 01 03	Entwickler auf der Basis von Lösemitteln
09 01 04	Fixierlösungen
09 01 05	Bleichlösungen und Bleich-Fixier-Lösungen
09 01 06	silberhaltige Abfälle aus der betriebseigenen Behandlung photographischer Abfälle
09 01 07	Filme und photographische Papiere, die Silber oder Silberverbindungen enthalten

09 01 08	Filme und photographische Papiere, die kein Silber und keine Silberverbindungen enthalten
09 01 09	Einwegkameras mit Batterien
09 01 10	Einwegkameras ohne Batterien
09 01 99	Abfälle a.n.g.
10 00 00	**ANORGANISCHE ABFÄLLE AUS THERMISCHEN PROZESSEN**
10 01 00	**Abfälle aus Kraftwerken und anderen Verbrennungsanlagen (außer 19 00 00)**
10 01 01	Rost- und Kesselasche
10 01 02	Flugasche aus Kohlefeuerung
10 01 03	Flugasche aus Torffeuerung
10 01 04	Flugasche aus Ölfeuerung
10 01 05	Reaktionsabfälle auf Kalziumbasis aus der Rauchgasentschwefelung in fester Form
10 01 06	andere feste Abfälle aus der Gasreinigung
10 01 07	Reaktionsabfälle auf Kalziumbasis aus der Rauchgasentschwefelung in Form von Schlämmen
10 01 08	andere Schlämme aus der Gasreinigung
10 01 09	Schwefelsäure
10 01 10	verbrauchte Katalysatoren, z.B. aus der NO_x-Entfernung
10 01 11	wäßrige Schlämme aus der Kesselreinigung
10 01 12	verbrauchte Auskleidungen und feuerfeste Materialien
10 01 99	Abfälle a.n.g.
10 02 00	**Abfälle aus der Eisen- und Stahlindustrie**
10 02 01	Abfälle aus der Verarbeitung von Schlacke
10 02 02	unverarbeitete Schlacke
10 02 03	feste Abfälle aus der Gasreinigung
10 02 04	Schlämme aus der Gasreinigung
10 02 05	andere Schlämme
10 02 06	verbrauchte Auskleidungen und feuerfeste Materialien
10 02 99	Abfälle a.n.g.
10 03 00	**Abfälle aus der thermischen Aluminiummetallurgie**
10 03 01	Teere und andere kohlenstoffhaltige Abfälle aus der Anodenherstellung
10 03 02	verbrauchte Anoden
10 03 03	Krätzen
10 03 04	Schlacken aus der Erstschmelze/weiße Krätze
10 03 05	Aluminiumstaub
10 03 06	verbrauchter Kohlenstoff und feuerfeste Materialien aus der Elektrolyse
10 03 07	verbrauchte Tiegelauskleidungen
10 03 08	Salzschlacken aus der Zweitschmelze
10 03 09	schwarze Krätzen aus der Zweitschmelze
10 03 10	Abfälle aus der Behandlung von Salzschlacken und schwarzen Krätzen
10 03 11	Feinstaub
10 03 12	andere Teilchen und Staub (einschließlich Kugelmühlenstaub)
10 03 13	feste Abfälle aus der Gasreinigung
10 03 14	Schlämme aus der Gasreinigung
10 03 99	Abfälle a.n.g.
10 04 00	**Abfälle aus der thermischen Bleimetallurgie**
10 04 01	Schlacken (Erst- und Zweitschmelze)
10 04 02	Krätzen und Abschaum (Erst- und Zweitschmelze)
10 04 03	Calciumarsenat
10 04 04	Feinstaub
10 04 05	andere Teilchen und Staub
10 04 06	feste Abfälle aus der Gasreinigung
10 04 07	Schlämme aus der Gasreinigung
10 04 08	verbrauchte Auskleidungen und feuerfeste Materialien
10 04 99	Abfälle a.n.g.

10 05 00	**Abfälle aus der thermischen Zinkmetallurgie**
10 05 01	Schlacken (Erst- und Zweitschmelze)
10 05 02	Krätzen und Abschaum (Erst- und Zweitschmelze)
10 05 03	Feinstaub
10 05 04	andere Teilchen und Staub
10 05 05	feste Abfälle aus der Gasreinigung
10 05 06	Schlämme aus der Gasreinigung
10 05 07	verbrauchte Auskleidungen und feuerfeste Materialien
10 05 99	Abfälle a.n.g.
10 06 00	**Abfälle aus der thermischen Kupfermetallurgie**
10 06 01	Schlacken (Erst- und Zweitschmelze)
10 06 02	Krätzen und Abschaum (Erst- und Zweitschmelze)
10 06 03	Feinstaub
10 06 04	andere Teilchen und Staub
10 06 05	Abfälle aus der elektrolytischen Raffination
10 06 06	Abfall aus der nassen Gasreinigung
10 06 07	Abfall aus der trockenen Gasreinigung
10 06 08	verbrauchte Auskleidungen und feuerfeste Materialien
10 06 99	Abfälle a.n.g.
10 07 00	**Abfälle aus der thermischen Silber-, Gold- und Platinmetallurgie**
10 07 01	Schlacken (Erst- und Zweitschmelze)
10 07 02	Krätzen und Abschaum (Erst- und Zweitschmelze)
10 07 03	feste Abfälle aus der Gasreinigung
10 07 04	andere Teilchen und Staub
10 07 05	Schlämme aus der Gasreinigung
10 07 06	verbrauchte Auskleidungen und feuerfeste Materialien
10 07 99	Abfälle a.n.g.
10 08 00	**Abfälle aus sonstiger thermischer Nichteisenmetallurgie**
10 08 01	Schlacken (Erst- und Zweitschmelze)
10 08 02	Krätzen und Abschaum (Erst- und Zweitschmelze)
10 08 03	Feinstaub
10 08 04	andere Teilchen und Staub
10 08 05	feste Abfälle aus der Gasreinigung
10 08 06	Schlämme aus der Gasreinigung
10 08 07	verbrauchte Auskleidungen und feuerfeste Materialien
10 08 99	Abfälle a.n.g.
10 09 00	**Abfälle vom Gießen von Eisen und Stahl**
10 09 01	Gießformen und -sande mit organischen Bindern vor dem Gießen
10 09 02	Gießformen und -sande mit organischen Bindern nach dem Gießen
10 09 03	Ofenschlacke
10 09 04	Ofenstaub
10 09 99	Abfälle a.n.g.
10 10 00	**Abfälle vom Gießen von Nichteisenmetallen**
10 10 01	Gießformen und -sande mit organischen Bindern vor dem Gießen
10 10 02	Gießformen und -sande mit organischen Bindern nach dem Gießen
10 10 03	Ofenschlacke
10 10 04	Ofenstaub
10 10 99	Abfälle a.n.g.
10 11 00	**Abfälle aus der Herstellung von Glas und Glaserzeugnissen**
10 11 01	verbrauchtes Gemenge vor der thermischen Verarbeitung
10 11 02	Altglas
10 11 03	alte Glasfasermaterialien
10 11 04	Feinstaub
10 11 05	andere Teilchen und Staub
10 11 06	feste Abfälle aus der Gasreinigung
10 11 07	Schlämme aus der Gasreinigung
10 11 08	verbrauchte Auskleidungen und feuerfeste Materialien
10 11 99	Abfälle a.n.g.

10 12 00	**Abfälle aus der Herstellung von Keramikerzeugnissen, Ziegeln, Fliesen und Baustoffen**
10 12 01	verbrauchtes Gemenge vor der thermischen Verarbeitung
10 12 02	Feinstaub
10 12 03	andere Teilchen und Staub
10 12 04	feste Abfälle aus der Gasreinigung
10 12 05	Schlämme aus der Gasreinigung
10 12 06	verworfene Formen
10 12 07	verbrauchte Auskleidungen und feuerfeste Materialien
10 12 99	Abfälle a.n.g.
10 13 00	**Abfälle aus der Herstellung von Zement, Branntkalk, Gips und Erzeugnissen aus diesen**
10 13 01	verworfenes Gemenge vor der thermischen Verarbeitung
10 13 02	Abfälle aus der Herstellung von Asbestzement
10 13 03	Abfälle aus der Herstellung anderer Verbundstoffe auf Zementbasis
10 13 04	Abfälle aus der Kalzinierung und Hydratisierung von Branntkalk
10 13 05	feste Abfälle aus der Gasreinigung
10 13 06	andere Teilchen und Staub
10 13 07	Schlämme aus der Gasreinigung
10 13 08	verbrauchte Auskleidungen und feuerfeste Materialien
10 13 99	Abfälle a.n.g.
11 00 00	ANORGANISCHE METALLHALTIGE ABFÄLLE AUS DER METALLBEARBEITUNG UND -BESCHICHTUNG SOWIE AUS DER NICHTEISEN-HYDROMETALLURGIE
11 01 00	**Flüssige Abfälle und Schlämme aus der Metallbearbeitung und -beschichtung (z. B. Galvanik, Verzinkung, Beizen, Ätzen, Phosphatieren und alkalisches Entfetten)**
11 01 01	cyanidhaltige (alkalische) Abfälle mit Schwermetallen ohne Chrom
11 01 02	cyanidhaltige (alkalische) Abfälle ohne Schwermetalle
11 01 03	cyanidfreie Abfälle, die Chrom enthalten
11 01 04	cyanidfreie Abfälle, die kein Chrom enthalten
11 01 05	saure Beizlösungen
11 01 06	Säuren a.n.g.
11 01 07	Laugen a.n.g.
11 01 08	Phosphatierschlämme
11 02 00	**Abfälle und Schlämme aus Prozessen der Nichteisen-Hydrometallurgie**
11 02 01	Schlämme aus der Kupfer-Hydrometallurgie
11 02 02	Schlämme aus der Zink-Hydrometallurgie (einschließlich Jarosit-, Goethitschlamm)
11 02 03	Abfälle aus der Herstellung von Anoden für wäßrige elektrolytische Prozesse
11 02 04	Schlämme a.n.g.
11 03 00	**Schlämme und Feststoffe aus Härteprozessen**
11 03 01	cyanidhaltige Abfälle
11 03 02	andere Abfälle
11 04 00	**Andere anorganische Abfälle mit Metallen a.n.g.**
11 04 01	andere anorganische Abfälle mit Metallen a.n.g.
12 00 00	ABFÄLLE AUS PROZESSEN DER MECHANISCHEN FORMGEBUNG UND OBERFLÄCHENBEARBEITUNG VON METALLEN, KERAMIK, GLAS UND KUNSTSTOFFEN
12 01 00	**Abfälle aus der mechanischen Formgebung (Schmieden, Schweißen, Pressen, Ziehen, Drehen, Bohren, Schhneiden, Sägen und Feilen)**
12 01 01	eisenhaltige Späne und Abschnitte
12 01 02	andere eisenhaltige Teilchen
12 01 03	NE-metallhaltige Späne und Abschnitte

12 01 04	andere NE-metallhaltige Teilchen
12 01 05	Kunststoffteile
12 01 06	verbrauchte Bearbeitungsöle, halogenhaltig (keine Emulsionen)
12 01 07	verbrauchte Bearbeitungsöle, halogenfrei (keine Emulsionen)
12 01 08	Bearbeitungsemulsionen, halogenhaltig
12 01 09	Bearbeitungsemulsionen, halogenfrei
12 01 10	synthetische Bearbeitungsöle
12 01 11	Bearbeitungsschlämme
12 01 12	verbrauchte Wachse und Fette
12 01 13	Preß- und Stanzabfälle
12 01 99	Abfälle a.n.g.
12 02 00	**Abfälle aus der mechanischen Oberflächenbehandlung (Sandstrahlen, Schleifen, Honen, Läppen, Polieren)**
12 02 01	verbrauchter Strahlsand
12 02 02	Schleif-, Hon- und Läppschlämme
12 02 03	Polierschlämme
12 02 99	Abfälle a. n. g.
12 03 00	**Abfälle aus der Wasser- und Dampfentfettung (außer** 11 00 00)
12 03 01	wäßrige Waschflüssigkeiten
12 03 02	Abfälle aus der Dampfentfettung
13 00 00	ÖLABFÄLLE (AUSSER SPEISEÖLE UND **05 00 00** UND **12 00 00**)
13 01 00	**Verbrauchte Hydrauliköle und Bremsflüssigkeiten**
13 01 01	Hydrauliköle, die PCB oder PCT enthalten
13 01 02	andere chlorierte Hydrauliköle (keine Emulsionen)
13 01 03	nichtchlorierte Hydrauliköle (keine Emulsionen)
13 01 04	chlorierte Emulsionen
13 01 05	nichtchlorierte Emulsionen
13 01 06	ausschließlich mineralische Hydrauliköle
13 01 07	andere Hydrauliköle
13 01 08	Bremsflüssigkeiten
13 02 00	**Verbrauchte Maschinen-, Getriebe- und Schmieröle**
13 02 01	chlorierte Maschinen-, Getriebe- und Schmieröle
13 02 02	nichtchlorierte Maschinen-, Getriebe- und Schmieröle
13 02 03	andere Maschinen-, Getriebe- und Schmieröle
13 03 00	**Verbrauchte Isolier- und Wärmeübertragungsöle oder -flüssigkeiten**
13 03 01	Isolier- und Wärmeübertragungsöle oder -flüssigkeiten, die PCB oder PCT enthalten
13 03 02	andere chlorierte Isolier- und Wärmeübertragungsöle oder -flüssigkeiten
13 03 03	andere nichtchlorierte Isolier- und Wärmeübertragungsöle oder -flüssigkeiten
13 03 04	synthetische Isolier- und Wärmeübertragungsöle oder -flüssigkeiten
13 03 05	mineralische Isolier- und Wärmeübertragungsöle
13 04 00	**Bilgenöle**
13 04 01	Bilgenöle aus der Binnenschiffahrt
13 04 02	Bilgenöle aus Molenablaufkanälen
13 04 03	Bilgenöle aus der übrigen Schiffahrt
13 05 00	**Inhalte von Öl-/Wasserabscheidern**
13 05 01	Feststoffe aus Öl-/Wasserabscheidern
13 05 02	Schlämme aus Öl-/Wasserabscheidern
13 05 03	Schlämme aus Einlaufschächten
13 05 04	Schlämme oder Emulsionen aus Entsalzern
13 05 05	andere Emulsionen
13 06 00	**Ölabfälle a. n. g.**
13 06 01	Ölmischungen a. n. g.

14 00 00	**ABFÄLLE VON ALS LÖSEMITTEL VERWENDETEN ORGANISCHEN STOFFEN (AUSSER 07 00 00 UND 08 00 00)**
14 01 00	**Abfälle aus der Metallentfettung und Maschinenwartung**
14 01 01	Fluorchlorkohlenwasserstoffe
14 01 02	andere halogenierte Lösemittel und Lösemittelgemische
14 01 03	andere Lösemittel und Lösemittelgemische
14 01 04	wäßrige halogenhaltige Lösemittelgemische
14 01 05	wäßrige halogenfreie Lösemittelgemische
14 01 06	Schlämme oder feste Abfälle, die halogenierte Lösemittel enthalten
14 01 07	Schlämme oder feste Abfälle, die keine halogenierten Lösemittel enthalten
14 02 00	**Abfälle aus der Textilreinigung und Entfettung von Naturstoffen**
14 02 01	halogenierte Lösemittel und Lösemittelgemische
14 02 02	Lösemittelgemische oder organische Flüssigkeiten, die keine halogenierten Lösemittel enthalten
14 02 03	Schlämme oder feste Abfälle, die halogenierte Lösemittel enthalten
14 02 04	Schlämme oder feste Abfälle, die andere Lösemittel enthalten
14 03 00	**Abfälle aus der Elektronikindustrie**
14 03 01	Fluorchlorkohlenwasserstoffe
14 03 02	andere halogenierte Lösemittel
14 03 03	Lösemittel und -gemische, die keine halogenierten Lösemittel enthalten
14 03 04	Schlämme oder feste Abfälle, die halogenierte Lösemittel enthalten
14 03 05	Schlämme oder feste Abfälle, die andere Lösemittel enthalten
14 04 00	**Abfälle von Kühlmitteln und Schaum- und Treibmitteln**
14 04 01	Fluorchlorkohlenwasserstoffe
14 04 02	andere halogenierte Lösemittel und -gemische
14 04 03	andere Lösemittel und -gemische
14 04 04	Schlämme oder feste Abfälle, die halogenierte Lösemittel enthalten
14 04 05	Schlämme oder feste Abfälle, die andere Lösemittel enthalten
14 05 00	**Abfälle aus der Rückgewinnung von Löse- und Kühlmitteln (Destillationsrückstände)**
14 05 01	Fluorchlorkohlenwasserstoffe
14 05 02	andere halogenierte Lösemittel und -gemische
14 05 03	andere Lösemittel und -gemische
14 05 04	Schlämme, die halogenierte Lösemittel enthalten
14 05 05	Schlämme, die andere Lösemittel enthalten
15 00 00	**VERPACKUNGEN, AUFSAUGMASSEN, WISCHTÜCHER, FILTERMATERIALIEN UND SCHUTZKLEIDUNG (a. n. g.)**
15 01 00	**Verpackungen**
15 01 01	Papier und Pappe
15 01 02	Kunststoff
15 01 03	Holz
15 01 04	Metall
15 01 05	Verbundverpackung
15 01 06	gemischte Materialien
15 02 00	**Aufsaug- und Filtermaterialien, Wischtücher und Schutzkleidung**
15 02 01	Aufsaug- und Filtermaterialien, Wischtücher und Schutzkleidung
16 00 00	**ABFÄLLE, DIE NICHT ANDERSWO IM KATALOG AUFGEFÜHRT SIND**
16 01 00	**Fahrzeugwracks**
16 01 01	aus Fahrzeugen ausgebaute Katalysatoren, die Edelmetalle enthalten
16 01 02	andere aus Fahrzeugen ausgebaute Katalysatoren
16 01 03	Altreifen
16 01 04	aufgegebene Fahrzeuge
16 01 05	Schredderrückstände von Fahrzeugen
16 01 99	Abfälle a. n. g.

16 02 00	**Gebrauchte Geräte und Schredderrückstände**
16 02 01	Transformatoren und Kondensatoren, die PCB oder PCT enthalten
16 02 02	andere gebrauchte elektronische Geräte (z. B. gedruckte Schaltungen)
16 02 03	Geräte, die Fluorchlorkohlenwasserstoffe enthalten
16 02 04	gebrauchte Geräte, freies Asbest enthaltend
16 02 05	andere gebrauchte Geräte
16 02 06	Abfälle aus der asbestverarbeitenden Industrie
16 02 07	Abfälle aus der kunststoffverarbeitenden Industrie
16 02 08	Schredderabfälle
16 03 00	**Fehlchargen**
16 03 01	anorganische Fehlchargen
16 03 02	organische Fehlchargen
16 04 00	**Verbrauchte Sprengstoffe**
16 04 01	Munition
16 04 02	Feuerwerkskörper
16 04 03	andere verbrauchte Sprengstoffe
16 05 00	**Gase und Chemikalien in Behältern**
16 05 01	Industriegase in Hochdruckgastanks, Flüssiggasbehälter und industrielle Aerosole (einschließlich Halone)
16 05 02	andere Abfälle mit anorganischen Chemikalien, z. B. Laborchemikalien a. n. g., Feuerlöschpulver
16 05 03	andere Abfälle mit organischen Chemikalien, z. B. Laborchemikalien a. n. g.
16 06 00	**Batterien und Akkumulatoren**
16 06 01	Bleibatterien
16 06 02	Ni-Cd-Batterien
16 06 03	Quecksilbertrockenzellen
16 06 04	Alkalibatterien
16 06 05	andere Batterien und Akkumulatoren
16 06 06	Elektrolyte aus Batterien und Akkumulatoren
16 07 00	**Abfälle aus der Reinigung von Transport- und Lagertanks (außer 05 00 00 und 12 00 00)**
16 07 01	Abfälle aus der Tankreinigung auf Seeschiffen, Chemikalien enthaltend
16 07 02	Abfälle aus der Tankreinigung auf Seeschiffen, ölhaltig
16 07 03	Abfälle aus der Reinigung von Eisenbahn- und Straßentransporttanks, ölhältig
16 07 04	Abfälle aus der Reinigung von Eisenbahn- und Straßentransporttanks, Chemikalien enthaltend
16 07 05	Abfälle aus der Reinigung von Lagertanks, Chemikalien enthaltend
16 07 06	Abfälle aus der Reinigung von Lagertanks, ölhaltig
16 07 07	feste Abfälle von Schiffsladungen
16 07 99	Abfälle a. n. g.
17 00 00	BAU- UND ABBRUCHABFÄLLE (EINSCHLIESSLICH STRASSENAUFBRUCH)
17 01 00	**Beton, Ziegel, Fliesen, Keramik und Materialien auf Gipsbasis**
17 01 01	Beton
17 01 02	Ziegel
17 01 03	Fliesen und Keramik
17 01 04	Baustoffe auf Gipsbasis
17 01 05	Baustoffe auf Asbestbasis
17 02 00	**Holz, Glas und Kunststoff**
17 02 01	Holz
17 02 02	Glas
17 02 03	Kunststoff

17 03 00	**Asphalt, Teer und teerhaltige Produkte**
17 03 01	Asphalt, teerhaltig
17 03 02	Asphalt, teerfrei
17 03 03	Teer und teerhaltige Produkte
17 04 00	**Metalle (einschließlich Legierungen)**
17 04 01	Kupfer, Bronze, Messing
17 04 02	Aluminium
17 04 03	Blei
17 04 04	Zink
17 04 05	Eisen und Stahl
17 04 06	Zinn
17 04 07	gemischte Metalle
17 04 08	Kabel
17 05 00	**Erde und Hafenaushub**
17 05 01	Erde und Steine
17 05 02	Hafenaushub
17 06 00	**Isoliermaterial**
17 06 01	Isoliermaterial, das freies Asbest enthält
17 06 02	anderes Isoliermaterial
17 07 00	**Gemischte Bau- und Abbruchabfälle**
17 07 01	gemischte Bau- und Abbruchabfälle
18 00 00	ABFÄLLE AUS DER ÄRZTLICHEN ODER TIERÄRZTLICHEN VERSORGUNG UND FORSCHUNG (OHNE KÜCHEN- UND RESTAURANTABFÄLLE, DIE NICHT AUS DER UNMITTELBAREN KRANKENPFLEGE STAMMEN)
18 01 00	**Abfälle aus Entbindungsstationen, Diagnose, Krankenbehandlung und Vorsorge beim Menschen**
18 01 01	spitze Gegenstände
18 01 02	Körperteile und Organe, einschließlich Blutbeutel und Blutkonserven
18 01 03	andere Abfälle, an deren Sammlung und Entsorgung aus infektionspräventiver Sicht besondere Anforderungen gestellt werden
18 01 04	Abfälle, an deren Sammlung und Entsorgung aus infektionspräventiver Sicht keine besonderen Anforderungen gestellt werden (z. B. Wäsche, Gipsverbände, Einwegkleidung)
18 01 05	gebrauchte Chemikalien und Medizinprodukte
18 02 00	**Abfälle aus Forschung, Diagnose, Krankenbehandlung und Vorsorge bei Tieren**
18 02 01	spitze Gegenstände
18 02 02	andere Abfälle, an deren Sammlung und Entsorgung aus infektionspräventiver Sicht besondere Anforderungen gestellt werden
18 02 03	Abfälle, an deren Sammlungund Entsorgung aus infektionspräventiver Sicht keine besonderen Anforderungen werden
18 02 04	gebrauchte Chemikalien
19 00 00	ABFÄLLE AUS ABFALLBEHANDLUNGSANLAGEN, ÖFFENTLICHEN ABWASSERBEHANDLUNGSANLAGEN UND DER ÖFFENTLICHEN WASSERVERSORGUNG
19 01 00	**Abfälle aus der Verbrennung oder Pyrolyse von Siedlungs- und ähnlichen Abfällen aus Gewerbe, Industrie und Einrichtungen**
19 01 01	Rost- und Kesselaschen und Schlacken
19 01 02	eisenhaltige Stoffe, aus der Rost- und Kesselasche ausgelesen
19 01 03	Flugasche
19 01 04	Kesselstaub
19 01 05	Filterkuchen aus der Gasreinigung
19 01 06	wäßrige flüssige Abfälle aus der Gasreinigung und andere wäßrige Abfälle
19 01 07	feste Abfälle aus der Gasreinigung
19 01 08	Pyrolyseabfälle
19 01 09	verbrauchte Katalysatoren, z. B. aus der No_x-Wäsche
19 01 10	verbrauchte Aktivkohle aus der Rauchgasreinigung
19 01 99	Abfälle a. n. g.

19 02 00	**Abfälle von spezifischen physikalisch-chemischen Behandlungen industrieller Abfälle (z. B. Dechromatisierung, Cyanidentfernung, Neutralisation)**
19 02 01	Metallhydroxidschlämme und andere Schlämme aus der Metallfällung
19 02 02	vorgemischte Abfälle zur Ablagerung
19 03 00	**Stabilisierte und verfestigte Abfälle**
19 03 01	Abfälle, die mit hydraulischen Bindemitteln stabilisiert/verfestigt sind
19 03 02	Abfälle, die mit organischen Bindemitteln stabilisiert/verfestigt sind
19 03 03	Abfälle, die durch biologische Behandlung stabilisiert sind
19 04 00	**Verglaste Abfälle und Abfälle aus der Verglasung**
19 04 01	Verglaste Abfälle
19 04 02	Flugasche und andere Abfälle aus der Gasreinigung
19 04 03	nicht verglaste Festphase
19 04 04	wäßrige flüssige Abfälle aus dem Tempern
19 05 00	**Abfälle aus der aerobischen Behandlung von festen Abfällen**
19 05 01	nicht kompostierte Fraktion von Siedlungs- und ähnlichen Abfällen
19 05 02	nicht kompostierte Fraktion von tierischen und pflanzlichen Abfällen
19 05 03	nicht spezifikationsgerechter Kompost
19 05 99	Abfälle a. n. g.
19 06 00	**Abfälle aus der anaeroben Behandlung von Abfällen**
19 06 01	Schlämme aus der anaeroben Behandlung von Siedlungs- und ähnlichen Abfällen
19 06 02	Schlämme aus der anaeroben Behandlung von tierischen und pflanzlichen Abfällen
19 06 99	Abfälle a. n. g.
19 07 00	**Deponiesickerwasser**
19 07 01	Deponiesickerwasser
19 08 00	**Abfälle aus Abwasserbehandlungsanlagen a. n. g.**
19 08 01	Sieb- und Rechenrückstände
19 08 02	Abfälle aus Sandfängern
19 08 03	Fett- und Ölmischungen aus Ölabscheidern
19 08 04	Schlämme aus der Behandlung von industriellem Abwasser
19 08 05	Schlämme aus der Behandlung von kommunalem Abwasser
19 08 06	gesättigte oder verbrauchte Ionenaustauscherharze
19 08 07	Lösungen und Schlämme aus der Regeneration von Ioneaustauschern
19 08 99	Abfälle a. n. g.
19 09 00	**Abfälle aus der Zubereitung von Trinkwasser oder industriellem Brauchwasser**
19 09 01	feste Abfälle aus der Erstfiltration und Siebgut
19 09 02	Schlämme aus der Wasserklärung
19 09 03	Schlämme aus der Dekarbonatisierung
19 09 04	verbrauchte Aktivkohle
19 09 05	gesättigte oder verbrauchte Ionenaustauscherharze
19 09 06	Lösungen und Schlämme aus der Regeneration von Ionenaustauschern
19 09 99	Abfälle a. n. g.
20 00 00	**SIEDLUNGSABFÄLLE UND ÄHNLICHE GEWERBLICHE UND INDUSTRIELLE ABFÄLLE SOWIE ABFÄLLE AUS EINRICHTUNGEN, EINSCHLIESSLICH GETRENNT GESAMMELTE FRAKTIONEN**
20 01 00	**Getrennt gesammelte Fraktionen**
20 01 01	Papier und Pappe
20 01 02	Glas
20 01 03	Kunststoffkleinteile
20 01 04	andere Metalle
20 01 05	Kleinmetall (Getränkedosen usw.)
20 01 06	andere Kunststoffe
20 01 07	Holz
20 01 08	organische, kompostierbare Küchenabfälle, getrennt eingesammelte Fraktionen (einschließlich Frittieröl und Küchenabfälle aus Kantinen)

20 01 09	Öle und Fette
20 01 10	Bekleidung
20 01 11	Textilien
20 01 12	Farben, Druckfarben, Klebstoffe und Kunstharze
20 01 13	Lösemittel
20 01 14	Säuren
20 01 15	Laugen
20 01 16	Waschmittel
20 01 17	Photochemikalien
20 01 18	Medikamente
20 01 19	Pestizide
20 01 20	Batterien
20 01 21	Leuchtstoffröhren und andere quecksilberhaltige Abfälle
20 01 22	Aerosole
20 01 23	Geräte, die Fluorchlorkohlenwasserstoffe enthalten
20 01 24	elektronische Geräte (z. B. gedruckte Schaltungen)
20 02 00	**Garten- und Parkabfälle (einschließlich Friedhofsabfälle)**
20 02 01	kompostierbare Abfälle
20 02 02	Erde und Steine
20 02 03	andere nicht kompostierbare Abfälle
20 03 00	**Andere Siedlungsabfälle**
20 03 01	gemischte Siedlungsabfälle
20 03 02	Marktabfälle
20 03 03	Straßenreinigungsabfälle
20 03 04	Versitzgrubenschlamm
20 03 05	Fahrzeugwracks

RICHTLINIE DES RATES

vom 12. Dezember 1991

über gefährliche Abfälle

(91/689/EWG)

DER RAT DER EUROPÄISCHEN GEMEINSCHAFTEN —

gestützt auf den Vertrag zur Gründung der Europäischen Wirtschaftsgemeinschaft, insbesondere auf Artikel 103 s,

auf Vorschlag der Kommission ([1]),

nach Stellungnahme des Europäischen Parlaments ([2]),

nach Stellungnahme des Wirtschafts- und Sozialausschusses ([3]),

in Erwägung nachstehender Gründe:

In der Richtlinie 78/319/EWG des Rates vom 20. März 1978 über giftige und gefährliche Abfälle ([4]) sind gemeinsame Regeln zur Beseitigung gefährlicher Abfälle erlassen worden. Um den bei der Durchführung dieser Richtlinie in den Mitgliedstaaten gesammelten Erfahrungen Rechnung zu tragen, sollten diese Regeln geändert und die Richtlinie 78/319/EWG durch die vorliegende Richtlinie ersetzt werden.

Die Entschließung des Rates vom 7. Mai 1990 über die Abfallpolitik ([5]) sowie das Aktionsprogramm der Europäischen Gemeinschaften für den Umweltschutz, das Gegenstand der Entschließung des Rates der Europäischen Gemeinschaften und der im Rat vereinigten Vertreter der Regierungen der Mitgliedstaaten vom 19. Oktober 1987 über die Fortschreibung und Durchführung einer Umweltpolitik und eines Aktionsprogramms der Europäischen Gemeinschaften für den Umweltschutz (1987-1992) ([6]) ist, sehen gemeinschaftliche Maßnahmen zur Verbesserung der Bedingungen für die Entsorgung und Bewirtschaftung gefährlicher Abfälle vor.

Die allgemeinen Regeln für die Abfallbewirtschaftung nach der Richtlinie 75/442/EWG des Rates vom 15. Juli 1975 über Abfälle ([7]), geändert durch die Richtlinie 91/156/EWG ([8]), gelten auch für die Bewirtschaftung gefährlicher Abfälle.

Die ordnungsgemäße Bewirtschaftung gefährlicher Abfälle erfordert zusätzliche, strengere Regeln, die den Besonderheiten dieser Art von Abfällen Rechnung tragen.

Für eine wirksamere Bewirtschaftung gefährlicher Abfälle in der Gemeinschaft bedarf es einer präzisen und einheitlichen Definition der gefährlichen Abfälle unter Berücksichtigung der bisherigen Erfahrungen.

Es muß sichergestellt werden, daß die Beseitigung und Verwertung gefährlicher Abfälle möglichst vollständig überwacht werden.

Die Anpassung der Vorschriften der vorliegenden Richtlinie an den wissenschaftlichen und technischen Fortschritt muß rasch erfolgen können; der in der Richtlinie 75/442/EWG eingesetzte Ausschuß sollte daher zur Anpassung der Vorschriften der vorliegenden Richtlinie an den wissenschaftlichen und technischen Fortschritt ermächtigt werden —

HAT FOLGENDE RICHTLINIE ERLASSEN:

Artikel 1

(1) Diese Richtlinie, die in Ausführung von Artikel 2 Absatz 2 der Richtlinie 75/442/EWG erlassen wird, dient der Angleichung der Rechtsvorschriften der Mitgliedstaaten über die kontrollierte Bewirtschaftung gefährlicher Abfälle.

(2) Vorbehaltlich dieser Richtlinie gilt für gefährliche Abfälle die Richtlinie 75/442/EWG.

(3) Für die Bestimmung des Begriffs „Abfälle" sowie der übrigen Begriffe dieser Richtlinie gelten die Definitionen der Richtlinie 75/442/EWG.

(4) Im Sinne dieser Richtlinie sind „gefährliche Abfälle":

— Abfälle, die in einem auf den Anhängen I und II der vorliegenden Richtlinie beruhenden Verzeichnis aufgeführt sind, das spätestens sechs Monate vor dem Beginn der Anwendung dieser Richtlinie nach dem Verfahren des Artikels 18 der Richtlinie 75/442/EWG zu erstellen ist. Diese Abfälle müssen eine oder mehrere der in Anhang III aufgeführten Eigenschaften aufweisen. In diesem Verzeichnis wird dem Ursprung und der Zusammensetzung der Abfälle und gegebenenfalls den Konzentrationsgrenzwerten Rechnung getragen. Das Verzeichnis wird in regelmäßigen Abständen überprüft

([1]) ABl. Nr. C 295 vom 19. 11. 1988, S. 8, und ABl. Nr. C 42 vom 22. 2. 1990, S. 19.
([2]) ABl. Nr. C 158 vom 26. 6. 1989, S. 238.
([3]) ABl. Nr. C 56 vom 6. 3. 1989, S. 2.
([4]) ABl. Nr. L 84 vom 31. 3. 1978, S. 43.
([5]) ABl. Nr. C 122 vom 18. 5. 1990, S. 2.
([6]) ABl. Nr. C 328 vom 7. 12. 1987, S. 1.
([7]) ABl. Nr. L 194 vom 25. 7. 1975, S. 47.
([8]) ABl. Nr. L 78 vom 26. 3. 1991, S. 32.

und gegebenenfalls nach dem genannten Verfahren überarbeitet;

— sämtliche sonstigen Abfälle, die nach Auffassung eines Mitgliedstaates eine der in Anhang III aufgezählten Eigenschaften aufweisen. Diese Fälle werden der Kommission mitgeteilt und nach dem Verfahren des Artikels 18 der Richtlinie 75/442/EWG im Hinblick auf eine Anpassung des Verzeichnisses überprüft.

(5) Diese Richtlinie gilt nicht für Hausmüll. Der Rat legt auf Vorschlag der Kommission spätestens Ende 1992 spezifische Vorschriften fest, die die Besonderheiten von Hausmüll berücksichtigen.

Artikel 2

(1) Die Mitgliedstaaten ergreifen die erforderlichen Maßnahmen, um sicherzustellen, daß gefährliche Abfälle überall dort, wo sie abgelagert (verkippt) werden, registriert und identifiziert werden.

(2) Die Mitgliedstaaten ergreifen die erforderlichen Maßnahmen, um zu verhindern, daß Anlagen oder Unternehmen, die gefährliche Abfälle beseitigen, verwerten, einsammeln oder befördern, verschiedene Kategorien gefährlicher Abfälle miteinander mischen oder gefährliche Abfälle mit nichtgefährlichen Abfällen vermischen.

(3) Abweichend von Absatz 2 kann das Mischen gefährlicher Abfälle mit anderen gefährlichen Abfällen oder mit anderen Abfällen oder Stoffen nur zugelassen werden, wenn die Bedingungen des Artikels 4 der Richtlinie 75/442/EWG eingehalten werden und es insbesondere mit dem Ziel geschieht, die Sicherheit der Beseitigung oder Verwertung zu verbessern. Ein solches Vorgehen ist nach den Artikeln 9, 10 und 11 der Richtlinie 75/442/EWG genehmigungspflichtig.

(4) Sind Abfälle bereits mit anderen Abfällen oder Stoffen vermischt, so ist eine entsprechende Trennung vorzunehmen, wenn dies technisch und wirtschaftlich möglich sowie notwendig ist, um Artikel 4 der Richtlinie 75/442/EWG nachzukommen.

Artikel 3

(1) Die Abweichung gemäß Artikel 11 Absatz 1 Buchstabe a) der Richtlinie 75/442/EWG von der Genehmigungspflicht bei Anlagen oder Unternehmen, die ihre Abfälle selbst beseitigen, gilt nicht für gefährliche Abfälle im Sinne der vorliegenden Richtlinie.

(2) Gemäß Artikel 11 Absatz 1 Buchstabe b) der Richtlinie 75/442/EWG kann ein Mitgliedstaat für Anlagen oder Unternehmen, die die von der vorliegenden Richtlinie erfaßten Abfälle verwerten, eine Ausnahme von den Bestimmungen des Artikels 10 jener Richtlinie vorsehen,

— wenn dieser Mitgliedstaat allgemein Vorschriften erläßt, in denen Art und Menge der Abfälle aufgeführt und spezifische Auflagen (Grenzwerte für die in den Abfällen enthaltenen gefährlichen Stoffe, Emissionsgrenzwerte, Art der Tätigkeit) und die sonstigen für verschiedene Verwertungsverfahren geltenden Vorschriften festgelegt sind, und

— wenn die Art oder Menge der Abfälle und die Verfahren zu ihrer Verwertung so beschaffen sind, daß die Bedingungen des Artikels 4 der Richtlinie 75/442/EWG eingehalten werden.

(3) Die in Absatz 2 genannten Anlagen oder Unternehmen müssen bei den zuständigen Behörden registriert sein.

(4) Falls ein Mitgliedstaat die Bestimmungen des Absatzes 2 in Anspruch nehmen will, sind die Regelungen gemäß Absatz 2 spätestens drei Monate vor ihrem Inkrafttreten der Kommission mitzuteilen. Die Kommission hört die Mitgliedstaaten dazu an. Aufgrund dieser Anhörung schlägt die Kommission vor, daß diese Regelungen nach dem Verfahren des Artikels 18 der Richtlinie 75/442/EWG endgültig festgelegt werden.

Artikel 4

(1) Artikel 13 der Richtlinie 75/442/EWG gilt auch für die Erzeuger gefährlicher Abfälle.

(2) Artikel 14 der Richtlinie 75/442/EWG gilt auch für die Erzeuger gefährlicher Abfälle sowie für alle Anlagen oder Unternehmen, die gefährliche Abfälle befördern.

(3) Die Register nach Artikel 14 der Richtlinie 75/442/EWG sind mindestens drei Jahre lang aufzubewahren; im Falle von Anlagen und Unternehmen, die gefährliche Abfälle befördern, müssen die Register jedoch nur mindestens zwölf Monate lang aufbewahrt werden. Die Belege über die Durchführung der Bewirtschaftungsvorgänge sind auf Verlangen der zuständigen Behörden oder eines Vorbesitzers vorzulegen.

Artikel 5

(1) Die Mitgliedstaaten ergreifen die erforderlichen Maßnahmen, um sicherzustellen, daß die Abfälle bei der Einsammlung, Beförderung und vorübergehenden Lagerung den geltenden internationalen und gemeinschaftlichen Normen entsprechend ordnungsgemäß verpackt und gekennzeichnet sind.

(2) Bei gefährlichen Abfällen erstrecken sich die in Artikel 13 der Richtlinie 75/442/EWG vorgesehenen Kontrollen betreffend das Einsammeln und die Beförderung insbesondere auf die Herkunft und die Bestimmung der gefährlichen Abfälle.

(3) Bei der Verbringung von gefährlichen Abfällen ist ein Begleitschein beizufügen; dieser enthält die Angaben nach Anhang I Abschnitt A der Richtlinie 84/631/EWG des Rates vom 6. Dezember 1984 über die Überwachung und

Kontrolle — in der Gemeinschaft — der grenzüberschreitenden Verbringung gefährlicher Abfälle ([1]), zuletzt geändert durch die Richtlinie 86/279/EWG ([2]).

Artikel 6

(1) Die zuständigen Behörden erstellen gemäß Artikel 7 der Richtlinie 75/442/EWG — entweder gesondert oder im Rahmen ihrer allgemeinen Abfallwirtschaftspläne — Pläne für die Bewirtschaftung der gefährlichen Abfälle und veröffentlichen diese.

(2) Die Kommission nimmt eine vergleichende Beurteilung dieser Pläne vor, insbesondere hinsichtlich der Beseitigungs- und Verwertungsmethoden. Die Kommission stellt diese Informationen den zuständigen Behörden der Mitgliedstaaten, die sie zu erhalten wünschen, zur Verfügung.

Artikel 7

In Notfällen oder bei drohender Gefahr ergreifen die Mitgliedstaaten die erforderlichen Maßnahmen, gegebenenfalls in zeitweiliger Abweichung von dieser Richtlinie, um zu verhindern, daß gefährliche Abfälle die Bevölkerung oder Umwelt bedrohen. Die Mitgliedstaaten teilen diese Abweichungen der Kommission mit.

Artikel 8

(1) Die Mitgliedstaaten übermitteln der Kommission im Rahmen des Berichts gemäß Artikel 16 Absatz 1 der Richtlinie 75/442/EWG und auf der Grundlage eines gemäß jenem Artikel erteilten Fragebogens einen Bericht über die Durchführung der vorliegenden Richtlinie.

(2) Zusätzlich zu dem Gesamtbericht gemäß Artikel 16 Absatz 2 der Richtlinie 75/442/EWG erstattet die Kommission dem Europäischen Parlament und dem Rat alle drei Jahre Bericht über die Durchführung der vorliegenden Richtlinie.

(3) Ferner teilen die Mitgliedstaaten der Kommission zum 12. Dezember 1994 für jede Anlage oder jedes Unternehmen, die gefährliche Abfälle überwiegend im Auftrag Dritter beseitigt und/oder verwertet und die voraussichtlich dem in Artikel 5 der Richtlinie 75/442/EWG genannten integrierten Netz angehören wird, folgendes mit:

— Name und Anschrift,

— Art der Behandlung der Abfälle,

— Art und Menge der Abfälle, die behandelt werden können.

Die Mitgliedstaaten teilen der Kommission einmal jährlich etwaige Änderungen dieser Daten mit.

Die Kommission stellt diese Daten auf Ersuchen den zuständigen Behörden der Mitgliedstaaten zur Verfügung.

Die Form, in der diese Daten der Kommission übermittelt werden, wird nach dem Verfahren des Artikels 18 der Richtlinie 75/442/EWG vereinbart.

Artikel 9

Die Änderungen, die zur Anpassung der Anhänge dieser Richtlinie an den wissenschaftlichen und technischen Fortschritt und zur Überprüfung des in Artikel 1 Absatz 4 genannten Verzeichnisses der Abfälle erforderlich sind, werden nach dem Verfahren des Artikels 18 der Richtlinie 75/442/EWG erlassen.

Artikel 10

(1) Die Mitgliedstaaten erlassen die erforderlichen Rechts- und Verwaltungsvorschriften, um dieser Richtlinie vor dem 12. Dezember 1993 nachzukommen. Sie setzen die Kommission unverzüglich davon in Kenntnis.

(2) Wenn die Mitgliedstaaten diese Vorschriften erlassen, nehmen sie in den Vorschriften selbst oder durch einen Hinweis bei der amtlichen Veröffentlichung auf diese Richtlinie Bezug. Die Mitgliedstaaten regeln die Einzelheiten der Bezugnahme.

(3) Die Mitgliedstaaten teilen der Kommission den Wortlaut der wichtigsten innerstaatlichen Rechtsvorschriften mit, die sie auf dem unter diese Richtlinie fallenden Gebiet erlassen.

Artikel 11

Die Richtlinie 78/319/EWG wird zum 12. Dezember 1993 aufgehoben.

Artikel 12

Diese Richtlinie ist an die Mitgliedstaaten gerichtet.

Geschehen zu Brüssel am 12. Dezember 1991.

Im Namen des Rates

Der Präsident

J.G.M. ALDERS

([1]) ABl. Nr. L 326 vom 13. 12. 1984, S. 31.
([2]) ABl. Nr. L 181 vom 4. 7. 1986, S. 13.

ANHANG I

DURCH IHRE BESCHAFFENHEIT ODER DEN ENTSTEHUNGSVORGANG CHARAKTERISIERTE GRUPPEN ODER ARTEN GEFÄHRLICHER ABFÄLLE (*) (IN FLÜSSIGER FORM, IN FESTER FORM ODER IN FORM VON SCHLAMM)

ANHANG I.A

Abfälle, die eine der in Anhang III aufgeführten Eigenschaften aufweisen und aus folgendem bestehen:

1. anatomischen Stoffen; Abfällen aus Krankenhäusern oder anderen ärztlichen Einrichtungen
2. Arzneimitteln, Medikamenten, Tierarzneimitteln
3. Holzschutzmitteln
4. Bioziden und Pflanzenschutzmitteln
5. Lösungsmittelrückständen
6. halogenierten organischen Stoffen, die nicht als Lösungsmittel dienen, ausgenommen inerte polymerisierte Stoffe
7. cyanidhaltigen Härtesalzen
8. Mineralölen und öligen Stoffen (z.B. Bohr-, Schneid- und Schleiföle)
9. Öl/Wasser- oder Kohlenwasserstoff/Wasser-Gemischen, Emulsionen
10. PCB- und/oder PCT-haltigen Stoffen (z.B. Dielektrika)
11. Teerrückständen aus Raffinations-, Destillations- oder Pyrolysevorgängen (z.B. Bodensätze in Destillationskolben)
12. Druckfarben, Farbstoffen, Pigmenten, Farben, Lacken, Klarlacken
13. Harzen, Latex, Weichmachern, Klebstoffen
14. nichtidentifizierten und/oder neuen chemischen Stoffen aus Forschungs-, Entwicklungs- und Ausbildungstätigkeiten, deren Auswirkungen auf den Menschen und/oder die Umwelt nicht bekannt sind (z.B. Laborabfälle)
15. pyrotechnischen Erzeugnissen und sonstigen explosiven Stoffen
16. Foto- und Entwicklerchemikalien
17. Material, das durch Kongenere der polychlorierten Dibenzofurane kontaminiert ist
18. Material, das durch Kongenere der polychlorierten Dibenzoparadioxine kontaminiert ist.

ANHANG I.B

Abfälle, die einen der in Anhang II genannten Bestandteile enthalten und eine der in Anhang III genannten Eigenschaften aufweisen sowie aus folgendem bestehen:

19. tierischen oder pflanzlichen Seifen, Fetten, Wachsen
20. nichthalogenierten organischen Stoffen, die nicht als Lösungsmittel dienen
21. anorganischen Stoffen ohne Metalle oder Metallverbindungen
22. Aschen und/oder Schlacken
23. Erde, Sand oder Ton einschließlich Baggerschlamm
24. nicht cyanidhaltigen Härtesalzen
25. Metallstaub und -pulver
26. verbrauchten Katalysatoren
27. Flüssigkeiten oder Schlamm, die Metalle oder Metallverbindungen enthalten

(*) Bestimmte Wiederholungen gegenuber den Aufzählungen in Anhang II sind beabsichtigt.

28. bei Umweltschutzmaßnahmen anfallenden Abfällen (z.B. Filterstäube) mit Ausnahme der Nummern 29, 30 und 33
29. Schlämmen aus der Gasreinigung
30. Schlämmen aus Wasserreinigungsanlagen
31. Dekarbonationsrückständen
32. Rückständen aus Ionenaustauschern
33. unbehandelten oder in der Landwirtschaft nicht verwendbaren Klärschlämmen
34. bei der Reinigung von Tanks und/oder Geräten anfallenden Rückständen
35. kontaminierten Geräten
36. kontaminierten Behältern (z.B. Verpackungsmaterial, Gasflaschen usw.), die einen oder mehrere in Anhang II genannte Bestandteile enthalten
37. Batterien und anderen elektrischen Zellen
38. pflanzlichen Ölen
39. bei Getrennt-Sammlungen in Haushalten anfallenden Gegenständen, die eine der in Anhang III genannten Eigenschaften aufweisen
40. jedem sonstigen Abfall, der einen in Anhang II genannten Bestandteil enthält und eine der in Anhang III genannten Eigenschaften aufweist.

31. 12. 91 Amtsblatt der Europäischen Gemeinschaften Nr. L 377/25

ANHANG II

BESTANDTEILE, DIE DIE ABFÄLLE DES ANHANGS I.B ZU GEFÄHRLICHEN ABFÄLLEN MACHEN, SOFERN DIESE ABFÄLLE DIE IN ANHANG III GENANNTEN EIGENSCHAFTEN AUFWEISEN (*)

Abfälle mit folgenden Bestandteilen:

C1 Beryllium, Berylliumverbindungen
C2 Vanadiumverbindungen
C3 Chrom-6-Verbindungen
C4 Kobaltverbindungen
C5 Nickelverbindungen
C6 Kupferverbindungen
C7 Zinkverbindungen
C8 Arsen, Arsenverbindungen
C9 Selen, Selenverbindungen
C10 Silberverbindungen
C11 Cadmium, Cadmiumverbindungen
C12 Zinnverbindungen
C13 Antimon, Antimonverbindungen
C14 Tellur, Tellurverbindungen
C15 Bariumverbindungen mit Ausnahme von Bariumsulfat
C16 Quecksilber, Quecksilberverbindungen
C17 Thallium, Thalliumverbindungen
C18 Blei, Bleiverbindungen
C19 anorganische Sulfide
C20 anorganische Verbindungen von Fluor mit Ausnahme von Kalziumfluorid
C21 anorganische Cyanide
C22 folgende Alkali- oder Erdalkalimetalle in elementarer Form: Lithium, Natrium, Kalium, Kalzium, Magnesium
C23 saure Lösungen oder Säuren in fester Form
C24 basische Lösungen oder Basen in fester Form
C25 Asbest (Staub und Fasern)
C26 Phosphor; Phosphorverbindungen mit Ausnahme von phosphatischen Mineralien
C27 Metallcarbonyle
C28 Peroxide
C29 Chlorate
C30 Perchlorate
C31 Azide
C32 PCB und/oder PCT
C33 Arznei- oder Tierarzneimittel
C34 Biozide und Pflanzenschutzmittel (z.B. Pestizide)
C35 infektiöse Substanzen
C36 Kreosote
C37 Isocyanate, Thiocyanate
C38 organische Cyanide (z.B. Nitrile)
C39 Phenole, Phenolverbindungen
C40 halogenierte Lösungsmittel
C41 organische Lösungsmittel, ausgenommen halogenierte Lösungsmittel
C42 halogenorganische Verbindungen, ausgenommen inerte polymerisierte Stoffe und sonstige in diesem Anhang aufgeführte Stoffe
C43 aromatische Verbindungen; polyzyklische und heterozyklische organische Verbindungen
C44 aliphatische Amine
C45 aromatische Amine
C46 Ether
C47 explosive Stoffe mit Ausnahme der an anderer Stelle dieses Anhangs aufgeführten Stoffe
C48 schwefelorganische Verbindungen
C49 alle Kongenere der polychlorierten Dibenzofurane
C50 alle Kongenere der polychlorierten Dibenzoparadioxine
C51 Kohlenwasserstoffe und ihre Sauerstoff-, Stickstoff- und/oder Schwefelverbindungen, die in diesem Anhang nicht eigens genannt sind.

---

* Bestimmte Wiederholungen gegenüber den Arten von gefährlichen Abfällen, die in Anhang I aufgezählt werden, sind beabsichtigt.

ANHANG III

GEFAHRENRELEVANTE EIGENSCHAFTEN DER ABFÄLLE

H1 „explosiv": Stoffe und Zubereitungen, die unter Einwirkung einer Flamme explodieren können oder empfindlicher auf Stöße oder Reibung reagieren als Dinitrobenzol;

H2 „brandfördernd": Stoffe und Zubereitungen, die bei Berührung mit anderen, insbesondere brennbaren Stoffen eine stark exotherme Reaktion auslösen;

H3-A „leicht entzündbar":

- Stoffe und Zubereitungen in flüssiger Form mit einem Flammpunkt von weniger als 21 °C (einschließlich hochentzündbarer Flüssigkeiten) oder
- Stoffe und Zubereitungen, die sich an der Luft bei normaler Temperatur und ohne Energiezufuhr erwärmen und schließlich entzünden oder
- feste Stoffe und Zubereitungen, die sich unter Einwirkung einer Zündquelle leicht entzünden und nach Entfernung der Zündquelle weiterbrennen oder
- unter Normaldruck an der Luft entzündbare gasförmige Stoffe und Zubereitungen oder
- Stoffe und Zubereitungen, die bei Berührung mit Wasser oder feuchter Luft gefährliche Mengen leicht brennbarer Gase abscheiden;

H3-B „entzündbar": flüssige Stoffe und Zubereitungen mit einem Flammpunkt von mindestens 21 °C und höchstens 55 °C;

H4 „reizend": nicht ätzende Stoffe und Zubereitungen, die bei unmittelbarer, länger dauernder oder wiederholter Berührung mit der Haut oder den Schleimhäuten eine Entzündungsreaktion hervorrufen können;

H5 „gesundheitsschädlich": Stoffe und Zubereitungen, die bei Einatmung, Einnahme oder Hautdurchdringung Gefahren von beschränkter Tragweite hervorrufen können;

H6 „giftig": Stoffe und Zubereitungen (einschließlich der hochgiftigen Stoffe und Zubereitungen), die bei Einatmung, Einnahme oder Hautdurchdringung schwere, akute oder chronische Gefahren oder sogar den Tod verursachen können;

H7 „krebserzeugend": Stoffe und Zubereitungen, die bei Einatmung, Einnahme oder Hautdurchdringung Krebs erzeugen oder dessen Häufigkeit erhöhen können;

H8 „ätzend": Stoffe und Zubereitungen, die bei Berührung mit lebenden Geweben zerstörend auf diese einwirken können;

H9 „infektiös": Stoffe, die lebensfähige Mikroorganismen oder ihre Toxine enthalten und die im Menschen oder sonsigen Lebewesen erwiesenermaßen oder vermutlich eine Krankheit hervorrufen;

H10 „teratogen": Stoffe und Zubereitungen, die bei Einatmung, Einnahme oder Hautdurchdringung nichterbliche angeborene Mißbildungen hervorrufen oder deren Häufigkeit erhöhen können;

H11 „mutagen": Stoffe und Zubereitungen, die bei Einatmung, Einnahme oder Hautdurchdringung Erbschäden hervorrufen oder ihre Häufigkeit erhöhen können;

H12 Stoffe und Zubereitunge, die bei der Berührung mit Wasser, Luft oder einer Säure ein giftiges oder sehr giftiges Gas abscheiden;

H13 Stoffe und Zubereitungen, die nach Beseitigung auf irgendeine Art die Entstehung eines anderen Stoffes bewirken können, z. B. ein Auslaugungsprodukt, das eine der obengenannten Eigenschaften aufweist;

H14 „ökotoxisch": Stoffe und Zubereitungen, die unmittelbare oder mittelbare Gefahren für einen oder mehrere Umweltbereiche darstellen können.

Anmerkungen

1. Die Bezeichnung als „giftig" (und „sehr giftig"), „gesundheitsschädlich", „ätzend" und „reizend" erfolgt nach den Kriterien in Anhang VI Teil I.A und Teil II.B der Richtlinie 67/548/EWG des Rates vom 27. Juni 1967 zur Angleichung der Rechts- und Verwaltungsvorschriften für die Einstufung, Verpackung und Kennzeichnung gefährlicher Stoffe ([1]), geändert durch die Richtlinie 79/831/EWG des Rates ([2]).

([1]) ABl. Nr. L 196 vom 16. 8. 1967, S. 1.
([2]) ABl. Nr. L 259 vom 15. 10. 1979, S. 10.

2. Zusätzliche Angaben zu den Bezeichnungen „krebserzeugend", „teratogen" und „mutagen" unter Berücksichtigung des derzeitigen Kenntnisstandes sind im Leitfaden für die Einstufung und Kennzeichnung gefährlicher Stoffe und Zubereitungen in Anhang VI (Teil II.D) der Richtlinie 67/548/EWG, geändert durch die Richtlinie 83/467/EWG der Kommission ([1]), enthalten.

Prüfmethoden

Die Prüfmethoden sollen den Definitionen in Anhang III spezifische Bedeutung verleihen.

Die anzuwendenden Methoden sind in Anhang V der Richtlinie 67/548/EWG, geändert durch die Richtlinie 84/449/EWG der Kommission ([2]), oder den späteren Richtlinien der Kommission zur Anpassung der Richtlinie 67/548/EWG an den technischen Fortschritt festgelegt. Diese Methoden beruhen ihrerseits auf den Arbeiten und Empfehlungen der zuständigen internationalen Stellen, insbesondere der OECD.

([1]) ABl. Nr. L 257 vom 16. 9. 1983, S. 1.
([2]) ABl. Nr. L 251 vom 19. 9. 1984, S. 1.

RICHTLINIE 94/31/EG DES RATES
vom 27. Juni 1994
zur Änderung der Richtlinie 91/689/EWG über gefährliche Abfälle

DER RAT DER EUROPÄISCHEN UNION —

gestützt auf den Vertrag zur Gründung der Europäischen Gemeinschaft, insbesondere auf Artikel 130s Absatz 1,

auf Vorschlag der Kommission ([1]),

nach Stellungnahme des Wirtschafts- und Sozialausschusses ([2]),

gemäß dem Verfahren des Artikels 189c des Vertrags,

in Erwägung nachstehender Gründe:

Bei den Arbeiten des Ausschusses gemäß Artikel 18 der Richtlinie 75/442/EWG ([3]) wurde deutlich, daß es innerhalb der in der Richtlinie 91/689/EWG ([4]) festgelegten Frist nicht möglich war, eine verbindliche Liste gefährlicher Abfälle zu erstellen, daß aber die Durchführung der Richtlinie 91/689/EWG von der Erstellung einer solchen Liste durch die Kommission abhängt.

Die Richtlinie 91/689/EWG muß mit möglichst geringer Verzögerung durchgeführt werden.

Die Erstellung einer Gemeinschaftsliste gefährlicher Abfälle gemäß Artikel 1 Absatz 4 der genannten Richtlinie ist nach wie vor erforderlich.

Es ist daher notwendig, die Aufhebung der Richtlinie 78/319/EWG des Rates vom 20. März 1978 über giftige und gefährliche Abfälle ([5]) zu verschieben —

HAT FOLGENDE RICHTLINIE ERLASSEN:

Artikel 1

Die Richtlinie 91/689/EWG wird wie folgt geändert:

1. Artikel 10 Absatz 1 erhält folgende Fassung:

   „(1) Die Mitgliedstaaten erlassen die erforderlichen Rechts- und Verwaltungsvorschriften, um dieser Richtlinie bis zum 27. Juni 1995 nachzukommen. Sie setzen die Kommission unverzüglich davon in Kenntnis."

2. Artikel 11 erhält folgende Fassung:

   „*Artikel 11*

   Die Richtlinie 78/319/EWG wird zum 27. Juni 1995 aufgehoben."

Artikel 2

Diese Richtlinie ist an die Mitgliedstaaten gerichtet.

Geschehen zu Luxemburg am 27. Juni 1994.

Im Namen des Rates

Der Präsident

C. SIMITIS

([1]) ABl. Nr. C 271 vom 7. 10. 1993, S. 16.
([2]) ABl. Nr. C 34 vom 2. 2. 1994, S. 7.
([3]) ABl. Nr. L 194 vom 25. 7. 1975, S. 39. Richtlinie zuletzt geändert durch die Richtlinie 91/156/EWG (ABl. Nr. L 78 vom 26. 3. 1991, S. 32).
([4]) ABl. Nr. L 377 vom 31. 12. 1991, S. 20.
([5]) ABl. Nr. L 84 vom 31. 3. 1978, S. 43. Richtlinie zuletzt geändert durch die Richtlinie 91/692/EWG (ABl. Nr. L 377 vom 31. 12. 1991, S. 48).

ENTSCHEIDUNG DES RATES

vom 22. Dezember 1994

über ein Verzeichnis gefährlicher Abfälle im Sinne von Artikel 1 Absatz 4 der Richtlinie 91/689/EWG über gefährliche Abfälle

(94/904/EG)

DER RAT DER EUROPÄISCHEN UNION —

gestützt auf den Vertrag zur Gründung der Europäischen Gemeinschaft,

gestützt auf die Richtlinie 91/689/EWG des Rates vom 12. Dezember 1991 über gefährliche Abfälle ([1]), insbesondere auf Artikel 1 Absatz 4,

in Erwägung nachstehender Gründe:

Nach Artikel 1 Absatz 4 der Richtlinie 91/689/EWG ist anhand der Anhänge I und II ein Verzeichnis gefährlicher Abfälle zu erstellen, die eine oder mehrere der in Anhang III aufgeführten Eigenschaften aufweisen.

Die Mitgliedstaaten können Vorschriften erlassen, wonach in Ausnahmefällen nach einem ausreichenden Nachweis von seiten des Besitzers festgelegt werden kann, daß bestimmte Abfälle, die in dem Verzeichnis enthalten sind, keine der in Anhang III der Richtlinie 91/689/EWG aufgeführten Eigenschaften aufweisen.

Das Verzeichnis ist regelmäßig zu überprüfen und, wenn nötig, nach dem Verfahren des Artikels 18 der Richtlinie 75/442/EWG des Rates vom 15. Juli 1975 über Abfälle ([2]) zu überarbeiten —

HAT FOLGENDE ENTSCHEIDUNG ERLASSEN:

Artikel 1

Hiermit wird das dieser Entscheidung beigefügte Verzeichnis gefährlicher Abfälle festgelegt.

Von diesen Abfällen wird angenommen, daß sie eine oder mehrere der in Anhang III der Richtlinie 91/689/EWG aufgeführten Eigenschaften und, was die in jenem Anhang aufgeführten Eigenschaften H 3 bis H 8 angeht, eines oder mehrere der folgenden Merkmale aufweisen:

— Flammpunkt ≤ 55 °C,
— Gesamtgehalt von ≥ 0,1 % an einem oder mehreren als sehr giftig eingestuften Stoffen,
— Gesamtgehalt von ≥ 3 % an einem oder mehreren als giftig eingestuften Stoffen,
— Gesamtgehalt von ≥ 25 % an einem oder mehreren als gesundheitsschädlich eingestuften Stoffen,
— Gesamtgehalt von ≥ 1 % an einem oder mehreren nach R 35 als ätzend eingestuften Stoffen,
— Gesamtgehalt von ≥ 5 % an einem oder mehreren nach R 34 als ätzend eingestuften Stoffen,
— Gesamtgehalt von ≥ 10 % an einem oder mehreren nach R 41 als reizend eingestuften Stoffen,
— Gesamtgehalt von ≥ 20 % an einem oder mehreren nach R 36, R 37, R 38 als reizend eingestuften Stoffen,
— Gesamtgehalt von ≥ 0,1 % an einem oder mehreren als Krebserreger bekannten Stoffen (Kategorie 1 oder 2).

Artikel 2

Diese Entscheidung ist an die Mitgliedstaaten gerichtet.

Geschehen zu Brüssel am 22. Dezember 1994.

Im Namen des Rates

Der Präsident

H. SEEHOFER

([1]) ABl. Nr. L 377 vom 31. 12. 1991, S. 20. Richtlinie geändert durch die Richtlinie 94/31/EG (ABl. Nr. L 168 vom 2. 7. 1994, S. 28).

([2]) ABl. Nr. L 194 vom 25. 7. 1975, S. 39. Richtlinie zuletzt geändert durch die Richtlinie 91/652/EWG (ABl. Nr. L 377 vom 31. 12. 1991, S. 48).

ANHANG

GEFÄHRLICHE ABFÄLLE GEMÄSS ARTIKEL 1 ABSATZ 4 DER RICHTLINIE 91/689/EWG

Einleitung

1. Die genaue Kennung der in dem Verzeichnis aufgeführten verschiedenen Abfallarten erfolgt durch den 6-stelligen Zahlencode für die Abfälle und die entsprechenden 2-stelligen und 4-stelligen Kapitelüberschriften.

2. Die Aufnahme eines Stoffes oder Gegenstands in das Verzeichnis bedeutet nicht, daß es sich dabei stets um Abfall handelt. Die Nennung ist nur dann relevant, wenn der betreffende Stoff oder Gegenstand der Definition des Begriffs „Abfälle im Sinne von Artikel 1 Buchstabe a) der Richtlinie 75/442/EWG" entspricht, es sei denn, daß Artikel 2 Absatz 1 Buchstabe b) der Richtlinie Anwendung findet.

3. Für die in dem Verzeichnis aufgeführten Abfälle gelten die Bestimmungen der Richtlinie 91/689/EWG über gefährliche Abfälle, es sei denn, daß Artikel 1 Absatz 5 der Richtlinie Anwendung findet.

4. Außer den nachstehend aufgeführten Abfällen sind nach Artikel 1 Absatz 4 zweiter Gedankenstrich der Richtlinie 91/689/EWG als gefährliche Abfälle auch sämtliche sonstigen Abfälle zu betrachten, die nach Auffassung eines Mitgliedstaats eine der in Anhang III der Richtlinie aufgezählten Eigenschaften aufweisen. Alle derartigen Fälle werden der Kommission mitgeteilt und nach Artikel 18 der Richtlinie 75/442/EWG im Hinblick auf eine Anpassung des Verzeichnisses geprüft.

VERZEICHNIS GEFÄHRLICHER ABFÄLLE

EWC-Code	Beschreibung
02	ABFÄLLE AUS DER LANDWIRTSCHAFT, DEM GARTENBAU, DER JAGD, FISCHEREI UND TEICHWIRTSCHAFT, HERSTELLUNG UND VERARBEITUNG VON NAHRUNGSMITTELN
0201	ABFÄLLE AUS DER HERSTELLUNG VON GRUNDSTOFFEN
020105	Abfälle von Chemikalien für die Landwirtschaft
03	ABFÄLLE AUS DER HOLZVERARBEITUNG UND DER HERSTELLUNG VON ZELLSTOFFEN, PAPIER, PAPPE, PLATTEN UND MÖBELN
0302	ABFÄLLE AUS DER HOLZKONSERVIERUNG
030201	Halogenfreie organische Holzkonservierungsmittel
030202	Chlororganische Holzkonservierungsmittel
030203	Metallorganische Holzkonservierungsmittel
030204	Anorganische Holzkonservierungsmittel
04	ABFÄLLE AUS DER LEDER- UND TEXTILINDUSTRIE
0401	ABFÄLLE AUS DER LEDERINDUSTRIE
040103	Entfettungsabfälle, lösemittelhaltig, ohne flüssige Phase
0402	ABFÄLLE AUS DER TEXTILINDUSTRIE
040211	Halogenierte Abfälle aus der Zurichtung und dem Finish
05	ABFÄLLE AUS DER ÖLRAFFINATION, ERDGASREINIGUNG UND KOHLEPYROLYSE
0501	ÖLSCHLÄMME UND FESTE ABFÄLLE
050103	Schlammige Tankrückstände
050104	Saure Alkylschlämme
050105	Verschüttetes Öl
050107	Säureteere
050108	Andere Teere

EWC-Code	Beschreibung
0504	VERBRAUCHTE FILTERTONE
050401	Verbrauchte Filtertone
0506	ABFÄLLE AUS DER KOHLEPYROLYSE
050601	Säureteere
050603	Andere Teere
0507	ABFÄLLE AUS DER ERDGASREINIGUNG
050701	Quecksilberhaltige Schlämme
0508	ABFÄLLE AUS DER ALTÖLAUFBEREITUNG
050801	Verbrauchte Filtertone
050802	Säureteere
050803	Sonstige Teere
050804	Wäßrige Flüssigabfälle aus der Altölaufbereitung
06	ABFÄLLE AUS ANORGANISCHEN CHEMISCHEN PROZESSEN
0601	VERBRAUCHTE SÄUREHALTIGE LÖSUNGEN (SÄUREN)
060101	Schwefelsäure und schweflige Säure
060102	Salzsäure
060103	Flußsäure
060104	Phosphorsäure und phosphorige Säure
060105	Salpetersäure und salpetrige Säure
060199	Abfälle a. n. g.
0602	VERBRAUCHTE BASISCHE LÖSUNGEN (LAUGEN)
060201	Calciumhydroxid
060202	Natriumcarbonat
060203	Ammoniak
060299	Abfälle a. n. g.
0603	VERBRAUCHTE SALZE UND IHRE LÖSUNGEN
060311	Salze und Lösungen, cyanidhaltig
0604	METALLHALTIGE ABFÄLLE
060402	Metallsalze (außer 060300)
060403	Arsenhaltige Abfälle
060404	Quecksilberhaltige Abfälle
060405	Abfälle, die andere Schwermetalle enthalten
0607	ABFÄLLE AUS DER HALOGENCHEMIE
060701	Asbesthaltige Abfälle aus der Elektrolyse
060702	Aktivkohle aus der Chlorherstellung
0613	ABFÄLLE AUS ANDEREN PROZESSEN DER ANORGANISCHEN CHEMIE
061301	Anorganische Pestizide, Biozide und Holzschutzmittel
061302	Verbrauchte Aktivkohle (außer 060702)
07	ABFÄLLE AUS ORGANISCHEN CHEMISCHEN PROZESSEN
0701	ABFÄLLE AUS HERSTELLUNG, ZUBEREITUNG, VERTRIEB UND ANWENDUNG (HZVA) ORGANISCHER GRUNDCHEMIKALIEN
070101	Wäßrige Waschflüssigkeiten und Mutterlaugen
070103	Organische halogenierte Lösemittel, Waschflüssigkeiten und Mutterlaugen
070104	Andere organische Lösemittel, Waschflüssigkeiten und Mutterlaugen
070107	Halogenierte Reaktions- und Destillationsrückstände

EWC-Code	Beschreibung
070108	Andere Reaktions- und Destillationsrückstände
070109	Halogenierte Filterkuchen, verbrauchte Aufsaugmaterialien
070110	Andere Filterkuchen, verbrauchte Aufsaugmaterialien
0702	ABFÄLLE AUS HERSTELLUNG, ZUBEREITUNG, VERTRIEB UND ANWENDUNG (HZVA) VON KUNSTSTOFFEN, SYNTHETISCHEN GUMMI- UND KUNSTFASERN
070201	Wäßrige Waschflüssigkeiten und Mutterlaugen
070203	Organische halogenierte Lösemittel, Waschflüssigkeiten und Mutterlaugen
070204	Andere organische Lösemittel, Waschflüssigkeiten und Mutterlaugen
070207	Halogenierte Reaktions- und Destillationsrückstände
070208	Andere Reaktions- und Destillationsrückstände
070209	Halogenierte Filterkuchen, verbrauchte Aufsaugmaterialien
070210	Andere Filterkuchen, verbrauchte Aufsaugmaterialien
0703	ABFÄLLE AUS HERSTELLUNG, ZUBEREITUNG, VERTRIEB UND ANWENDUNG (HZVA) VON ORGANISCHEN FARBSTOFFEN UND PIGMENTEN (AUSSER 061100)
070301	Wäßrige Waschflüssigkeiten und Mutterlaugen
070303	Organische halogenierte Lösemittel, Waschflüssigkeiten und Mutterlaugen
070304	Andere organische Lösemittel, Waschflüssigkeiten und Mutterlaugen
070307	Halogenierte Reaktions- und Destillationsrückstände
070308	Andere Reaktions- und Destillationsrückstände
070309	Halogenierte Filterkuchen, verbrauchte Aufsaugmaterialien
070310	Andere Filterkuchen, verbrauchte Aufsaugmaterialien
0704	ABFÄLLE AUS HERSTELLUNG, ZUBEREITUNG, VERTRIEB UND ANWENDUNG (HZVA) VON ORGANISCHEN PESTIZIDEN (AUSSER 020105)
070401	Wäßrige Waschflüssigkeiten und Mutterlaugen
070403	Organische halogenierte Lösemittel, Waschflüssigkeiten und Mutterlaugen
070404	Andere organische Lösemittel, Waschflüssigkeiten und Mutterlaugen
070407	Halogenierte Reaktions- und Destillationsrückstände
070408	Andere Reaktions- und Destillationsrückstände
070409	Halogenierte Filterkuchen, verbrauchte Aufsaugmaterialien
070410	Andere Filterkuchen, verbrauchte Aufsaugmaterialien
0705	ABFÄLLE AUS HERSTELLUNG, ZUBEREITUNG, VERTRIEB UND ANWENDUNG (HZVA) VON PHARMAZEUTIKA
070501	Wäßrige Waschflüssigkeiten und Mutterlaugen
070503	Organische halogenierte Lösemittel, Waschflüssigkeiten und Mutterlaugen
070504	Andere organische Lösemittel, Waschflüssigkeiten und Mutterlaugen
070507	Halogenierte Reaktions- und Destillationsrückstände
070508	Andere Reaktions- und Destillationsrückstände
070509	Halogenierte Filterkuchen, verbrauchte Aufsaugmaterialien
070510	Andere Filterkuchen, verbrauchte Aufsaugmaterialien
0706	ABFÄLLE AUS HERSTELLUNG, ZUBEREITUNG, VERTRIEB UND ANWENDUNG (HZVA) VON FETTEN, SCHMIERMITTELN, SEIFEN, WASCHMITTELN, DESINFEKTIONSMITTELN UND KÖRPERPFLEGEMITTELN
070601	Wäßrige Waschflüssigkeiten und Mutterlaugen
070603	Organische halogenierte Lösemittel, Waschflüssigkeiten und Mutterlaugen
070604	Andere organische Lösemittel, Waschflüssigkeiten und Mutterlaugen
070607	Halogenierte Reaktions- und Destillationsrückstände
070608	Andere Reaktions- und Destillationsrückstände
070609	Halogenierte Filterkuchen, verbrauchte Aufsaugmaterialien
070610	Andere Filterkuchen, verbrauchte Aufsaugmaterialien
0707	ABFÄLLE AUS DER HZVA VON FEINCHEMIKALIEN UND CHEMIKALIEN A. N. G.
070701	Wäßrige Waschflüssigkeiten und Mutterlaugen
070703	Organische halogenierte Lösemittel, Waschflüssigkeiten und Mutterlaugen

EWC-Code	Beschreibung
070704	Andere organische Lösemittel, Waschflüssigkeiten und Mutterlaugen
070707	Halogenierte Reaktions- und Destillationsrückstände
070708	Andere Reaktions- und Destillationsrückstände
070709	Halogenierte Filterkuchen, verbrauchte Aufsaugmaterialien
070710	Andere Filterkuchen, verbrauchte Aufsaugmaterialien
08	ABFÄLLE AUS HERSTELLUNG, ZUBEREITUNG, VERTRIEB UND ANWENDUNG (HZVA) VON ÜBERZÜGEN (FARBEN, LACKEN, EMAIL), DICHTUNGSMASSEN UND DRUCKFARBEN
0801	ABFÄLLE AUS DER HZVA VON FARBEN UND LACKEN
080101	Alte Farben und Lacke, die halogenierte Lösemittel enthalten
080102	Alte Farben und Lacke, die keine kalogenierten Lösemittel enthalten
080106	Schlämme aus der Farb- oder Lackentfernung, die halogenierte Lösemittel enthalten
080107	Schlämme aus der Farb- oder Lackentfernung, die keine halogenierten Lösemittel enthalten
0803	ABFÄLLE AUS DER HZVA VON DRUCKFARBEN
080301	Alte Druckfarben, die halogenierte Lösemittel enthalten
080302	Alte Druckfarben, die keine halogenierten Lösemittel enthalten
080305	Druckfarbenschlämme, die halogenierte Lösemittel enthalten
080306	Druckfarbenschlämme, die keine halogenierten Lösemittel enthalten
0804	ABFÄLLE AUS DER HZVA VON KLEBSTOFFEN UND DICHTUNGSMASSEN (EINSCHLIESSLICH WASSERABWEISENDEM MATERIAL)
080401	Alte Klebstoffe und Dichtungsmassen, die halogenierte Lösemittel enthalten
080402	Alte Klebstoffe und Dichtungsmassen, die keine halogenierten Lösemittel enthalten
080405	Klebstoffe und Dichtungsmassen, die halogenierte Lösemittel enthalten
080406	Klebstoffe und Dichtungsmassen, die keine halogenierten Lösemittel enthalten
09	ABFÄLLE AUS DER PHOTOGRAPHISCHEN INDUSTRIE
0901	ABFÄLLE AUS DER PHOTOGRAPHISCHEN INDUSTRIE
090101	Entwickler und Aktivatoren auf Wasserbasis
090102	Offsetplatten-Entwickler auf Wasserbasis
090103	Entwickler auf der Basis von Lösemitteln
090104	Fixierlösungen
090105	Bleichlösungen und Bleich-Fixier-Lösungen
090106	Silberhaltige Abfälle aus der betriebseigenen Behandlung photographischer Abfälle
10	ANORGANISCHE ABFÄLLE AUS THERMISCHEN PROZESSEN
1001	ABFÄLLE AUS KRAFTWERKEN UND ANDEREN VERBRENNUNGSANLAGEN (AUSSER 190000)
100104	Flugasche aus Ölfeuerung
100109	Schwefelsäure
1003	ABFÄLLE AUS DER THERMISCHEN ALUMINIUMMETALLURGIE
100301	Teere und andere kohlenstoffhaltige Abfälle aus der Anodenherstellung
100303	Krätzen
100304	Schlacken aus der Erstschmelze/weiße Krätze
100307	Verbrauchte Tiegelauskleidungen
100308	Salzschlacken aus der Zweitschmelze
100309	Schwarze Krätzen aus der Zweitschmelze
100310	Abfälle aus der Behandlung von Salzschlacken und schwarzen Krätzen

EWC-Code	Beschreibung
1004	ABFÄLLE AUS DER THERMISCHEN BLEIMETALLURGIE
100401	Schlacken (Erst- und Zweitschmelze)
100402	Krätzen und Abschaum (Erst- und Zweitschmelze)
100403	Calciumarsenat
100404	Feinstaub
100405	Andere Teilchen und Staub
100406	Feste Abfälle aus der Gasreinigung
100407	Schlämme aus der Gasreinigung
1005	ABFÄLLE AUS DER THERMISCHEN ZINKMETALLURGIE
100501	Schlacken (Erst- und Zweitschmelze)
100502	Krätzen und Abschaum (Erst- und Zweitschmelze)
100503	Feinstaub
100505	Feste Abfälle aus der Gasreinigung
100506	Schlämme aus der Gasreinigung
1006	ABFÄLLE AUS DER THERMISCHEN KUPFERMETALLURGIE
100603	Feinstaub
100605	Abfälle aus der elektrolytischen Raffination
100606	Abfall aus der nassen Gasreinigung
100607	Abfall aus der trockenen Gasreinigung
11	ANORGANISCHE METALLHALTIGE ABFÄLLE AUS DER METALLBEARBEITUNG UND BESCHICHTUNG SOWIE AUS DER NICHTEISEN-HYDROMETALLURGIE
1101	FLÜSSIGE ABFÄLLE UND SCHLÄMME AUS DER METALLBEARBEITUNG UND -BESCHICHTUNG (Z. B. GALVANIK, VERZINKUNG, BEIZEN, ÄTZEN, PHOSPHATIEREN UND ALKALISCHES ENTFETTEN)
110101	Cyanidhaltige (alkalische) Abfälle mit Schwermetallen ohne Chrom
110102	Cyanidhaltige (alkalische) Abfälle ohne Schwermetalle
110103	Cyanidfreie Abfälle, die Chrom enthalten
110105	Saure Beizlösungen
110106	Säuren a. n. g.
110107	Laugen a. n. g.
110108	Phosphatierschlämme
1102	ABFÄLLE UND SCHLÄMME AUS PROZESSEN DER NICHTEISEN-HYDROMETALLURGIE
110202	Schlämme aus der Zink-Hydrometallurgie (einschließlich Jarosit-, Goethitschlamm)
1103	SCHLÄMME UND FESTSTOFFE AUS HÄRTEPROZESSEN
110301	Cyanidhaltige Abfälle
110302	Andere Abfälle
12	ABFÄLLE AUS PROZESSEN DER MECHANISCHEN FORMGEBUNG UND OBERFLÄCHENBEARBEITUNG VON METALLEN, KERAMIK, GLAS UND KUNSTSTOFFEN 120106
1201	ABFÄLLE AUS DER MECHANISCHEN FORMGEBUNG (SCHMIEDEN, SCHWEISSEN, PRESSEN, ZIEHEN, DREHEN, BOHREN, SCHNEIDEN, SÄGEN UND FEILEN)
120106	Verbrauchte Bearbeitungsöle, halogenhaltig (keine Emulsionen)
120107	Verbrauchte Bearbeitungsöle, halogenfrei (keine Emulsionen)
120108	Bearbeitungsemulsionen, halogenhaltig
120109	Bearbeitungsemulsionen, halogenfrei
120110	Synthetische Bearbeitungsöle
120111	Bearbeitungsschlämme
120112	Verbrauchte Wachse und Fette

EWC-Code	Beschreibung
1203	ABFÄLLE AUS DER WASSER- UND DAMPFENTFETTUNG (AUSSER 110000)
120301	Wäßrige Waschflüssigkeiten
120302	Abfälle aus der Dampfentfettung
13	ÖLABFÄLLE (AUSSER SPEISEÖLE UND 050000 UND 120000)
1301	VERBRAUCHTE HYDRAULIKÖLE UND BREMSFLÜSSIGKEITEN
130101	Hydrauliköle, die PCB oder PCT enthalten
130102	Andere chlorierte Hydrauliköle (keine Emulsionen)
130103	Nichtchlorierte Hydrauliköle (keine Emulsionen)
130104	Chlorierte Emulsionen
130105	Nichtchlorierte Emulsionen
130106	Ausschließlich mineralische Hydrauliköle
130107	Andere Hydrauliköle
130108	Bremsflüssigkeiten
1302	VERBRAUCHTE MASCHINEN-, GETRIEBE- UND SCHMIERÖLE
130201	Chlorierte Maschinen-, Getriebe- und Schmieröle
130202	Nichtchlorierte Maschinen-, Getriebe- und Schmieröle
130203	Andere Maschinen-, Getriebe- und Schmieröle
1303	VERBRAUCHTE ISOLIER- UND WÄRMEÜBERTRAGUNGSÖLE ODER -FLÜSSIGKEITEN
130301	Isolier- und Wärmeübertragungsöle oder -flüssigkeiten, die PCB oder PCT enthalten
130302	Andere chlorierte Isolier- und Wärmeübertragungsöle oder -flüssigkeiten
130303	Andere nichtchlorierte Isolier- und Wärmeübertragungsöle oder -flüssigkeiten
130304	Synthetische Isolier- und Wärmeübertragungsöle oder -flüssigkeiten
130305	Mineralische Isolier- und Wärmeübertragungsöle
1304	BILGENÖLE
130401	Bilgenöle aus der Binnenschiffahrt
130402	Bilgenöle aus Molenablaufkanälen
130403	Bilgenöle aus der übrigen Schiffahrt
1305	INHALTE VON ÖL-/WASSERABSCHEIDERN
130501	Feststoffe aus Öl-/Wasserabscheidern
130502	Schlämme aus Öl-/Wasserabscheidern
130503	Schlämme aus Einlaufschächten
130504	Schlämme oder Emulsionen aus Entsalzern
130505	Andere Emulsionen
1306	ÖLABFÄLLE A.N.G.
130601	Ölmischungen a. n. g.
14	ABFÄLLE VON ALS LÖSEMITTEL VERWENDETEN ORGANISCHEN STOFFEN (AUSSER 070000 UND 080000)
1401	ABFÄLLE AUS DER METALLENTFETTUNG UND MASCHINENWARTUNG
140101	Fluorchlorkohlenwasserstoffe
140102	Andere halogenierte Lösemittel und Lösemittelgemische
140103	Andere Lösemittel und Lösemittelgemische

EWC-Code	Beschreibung
140104	Wäßrige halogenhaltige Lösemittelgemische
140105	Wäßrige halogenfreie Lösemittelgemische
140106	Schlämme oder feste Abfälle, die halogenierte Lösemittel enthalten
140107	Schlämme oder feste Abfälle, die keine halogenierten Lösemittel enthalten
1402	ABFÄLLE AUS DER TEXTILREINIGUNG UND ENTFETTUNG VON NATURSTOFFEN
140201	Halogenierte Lösemittel und Lösemittelgemische
140202	Lösemittelgemische oder organische Flüssigkeiten, die keine halogenierten Lösemittel enthalten
140203	Schlämme oder feste Abfälle, die halogenierte Lösemittel enthalten
140204	Schlämme oder feste Abfälle, die andere Lösemittel enthalten
1403	ABFÄLLE AUS DER ELEKTROINDUSTRIE
140301	Fluorchlorkohlenwasserstoffe
140302	Andere halogenierte Lösemittel
140303	Lösemittel und -gemische, die keine halogenierten Lösemittel enthalten
140304	Schlämme oder feste Abfälle, die halogenierte Lösemittel enthalten
140305	Schlämme oder feste Abfälle, die andere Lösemittel enthalten
1404	ABFÄLLE VON KÜHLMITTELN UND SCHAUM- UND TREIBMITTEL
140401	Fluorchlorkohlenwasserstoffe
140402	Andere halogenierte Lösemittel und -gemische
140403	Andere Lösemittel und -gemische
140404	Schlämme oder feste Abfälle, die halogenierte Lösemittel enthalten
140405	Schlämme oder feste Abfälle, die andere Lösemittel enthalten
1405	ABFÄLLE AUS DER RÜCKGEWINNUNG VON LÖSE- UND KÜHLMITTELN (Destillationsrückstände)
140501	Fluorchlorkohlenwasserstoffe
140502	Andere halogenierte Lösemittel und -gemische
140503	Andere Lösemittel und -gemische
140504	Schlämme, die halogenierte Lösemittel enthalten
140505	Schlämme, die andere Lösemittel enthalten
16	ABFÄLLE, DIE NICHT ANDERSWO IM KATALOG AUFGEFÜHRT SIND
1602	GEBRAUCHTE GERÄTE UND SCHREDDERRÜCKSTÄNDE
160201	Transformatoren und Kondensatoren, die PCB oder PCT enthalten
1604	VERBRAUCHTE SPRENGSTOFFE
160401	Munition
160402	Feuerwerkskörper
160403	Andere verbrauchte Sprengstoffe
1606	BATTERIEN UND AKKUMULATOREN
160601	Bleibatterien
160602	Ni-Cd-Batterien
160603	Quecksilbertrockenzellen
160606	Elektrolyte aus Batterien und Akkumulatoren
1607	ABFÄLLE AUS DER REINIGUNG VON TRANSPORT- UND LAGERTANKS (AUSSER 050000 UND 120000)
160701	Abfälle aus der Tankreinigung auf Seeschiffen, Chemikalien enthaltend
160702	Abfälle aus der Tankreinigung auf Seeschiffen, ölhaltig
160703	Abfälle aus der Reinigung von Eisenbahn- und Straßentransporttanks, ölhaltig
160704	Abfälle aus der Reinigung von Eisenbahn- und Straßentransporttanks, Chemikalien enthaltend
160705	Abfälle aus der Reinigung von Lagertanks, Chemikalien enthaltend
160706	Abfälle aus der Reinigung von Lagertanks, ölhaltig

EWC-Code	Beschreibung
17	BAU- UND ABBRUCHABFÄLLE (EINSCHLIESSLICH STRASSENAUFBRUCH)
1706	ISOLIERMATERIAL
170601	Isoliermaterial, das freies Asbest enthält
18	ABFÄLLE AUS DER ÄRZTLICHEN ODER TIERÄRZTLICHEN VERSORGUNG UND FORSCHUNG (OHNE KÜCHEN- UND RESTAURANTABFÄLLE, DIE NICHT AUS DER UNMITTELBAREN KRANKENPFLEGE STAMMEN)
1801	ABFÄLLE AUS ENTBINDUNGSSTATIONEN, DIAGNOSE, KRANKENBEHANDLUNG UND VORSORGE BEIM MENSCHEN
180103	Andere Abfälle, an deren Sammlung und Entsorgung aus infektionspräventiver Sicht besondere Anforderungen gestellt werden
1802	ABFÄLLE AUS FORSCHUNG, DIAGNOSE, KRANKENBEHANDLUNG UND VORSORGE BEI TIEREN
180202	Andere Abfälle, an deren Sammlung und Entsorgung aus infektionspräventiver Sicht besondere Anforderungen gestellt werden
180204	Gebrauchte Chemikalien
19	ABFÄLLE AUS ABFALLBEHANDLUNGSANLAGEN, ÖFFENTLICHEN ABWASSER-BEHANDLUNGSANLAGEN UND DER ÖFFENTLICHEN WASSERVERSORGUNG
1901	ABFÄLLE AUS DER VERBRENNUNG ODER PYROLYSE VON SIEDLUNGS- UND ÄHNLICHEN ABFÄLLEN AUS GEWERBE, INDUSTRIE UND EINRICHTUNGEN
190103	Flugasche
190104	Kesselstaub
190105	Filterkuchen aus der Gasreinigung
190106	Wäßrige flüssige Abfälle aus der Gasreinigung und andere wäßrige Abfälle
190107	Feste Abfälle aus der Gasreinigung
190110	Verbrauchte Aktivkohle aus der Rauchgasreinigung
1902	ABFÄLLE VON SPEZIFISCHEN PHYSIKALISCH-CHEMISCHEN BEHANDLUNGEN INDUSTRIELLER ABFÄLLE (Z. B. DECHROMATISIERUNG, CYANIDENTFERNUNG, NEUTRALISATION)
190201	Metallhydroxidschlämme und andere Schlämme aus der Metallfällung
1904	VERGLASTE ABFÄLLE UND ABFÄLLE AUS DER VERGLASUNG
190402	Flugasche und andere Abfälle aus der Gasreinigung
190403	Nicht verglaste Festphase
1907	DEPONIESICKERWASSER
190701	Deponiesickerwasser
1908	ABFÄLLE AUS ABWASSERBEHANDLUNGSANLAGEN A.N.G.
190803	Fett- und Ölmischungen aus Ölabscheidern
190806	Gesättigte oder verbrauchte Ionenaustauscherharze
190807	Lösungen und Schlämme aus der Regeneration von Ionenaustauschern
20	SIEDLUNGSABFÄLLE UND ÄHNLICHE GEWERBLICHE UND INDUSTRIELLE ABFÄLLE SOWIE ABFÄLLE AUS EINRICHTUNGEN, EINSCHLIESSLICH GETRENNT GESAMMELTE FRAKTIONEN
2001	GETRENNT GESAMMELTE FRAKTIONEN
200112	Farben, Druckfarben, Klebstoffe und Kunstharze
200113	Lösemittel
200117	Photochemikalien
200119	Pestizide
200121	Leuchtstoffröhren und andere quecksilberhaltige Abfälle

I

(Veröffentlichungsbedürftige Rechtsakte)

VERORDNUNG (EWG) Nr. 259/93 DES RATES

vom 1. Februar 1993

zur Überwachung und Kontrolle der Verbringung von Abfällen in der, in die und aus der Europäischen Gemeinschaft

DER RAT DER EUROPÄISCHEN GEMEINSCHAFTEN —

gestützt auf den Vertrag zur Gründung der Europäischen Wirtschaftsgemeinschaft, insbesondere auf Artikel 130s,

auf Vorschlag der Kommission ([1]),

nach Stellungnahme des Europäischen Parlaments ([2]),

nach Stellungnahme des Wirtschafts- und Sozialausschusses ([3]),

in Erwägung nachstehender Gründe:

Die Gemeinschaft hat das Basler Übereinkommen vom 22. März 1989 über die Kontrolle der grenzüberschreitenden Verbringung gefährlicher Abfälle und ihrer Entsorgung unterzeichnet.

Artikel 39 des AKP—EWG-Abkommens vom 15. Dezember 1989 enthält Bestimmungen über Abfälle.

Die Gemeinschaft hat dem Beschluß des OECD-Rates vom 30. März 1992 über die Überwachung der grenzüberschreitenden Verbringung von Abfällen zur Verwertung zugestimmt.

Im Lichte der vorangegangenen Erwägungsgründe muß die Richtlinie 84/631/EWG ([4]), die die Überwachung und Kontrolle der grenzüberschreitenden Verbringung gefährlicher Abfälle regelt, durch eine Verordnung ersetzt werden.

Die Überwachung und Kontrolle der Verbringung von Abfällen innerhalb eines Mitgliedstaats fällt zwar unter die Verantwortung des einzelnen Staates, doch müssen die einzelstaatlichen Regelungen für die Überwachung und Kontrolle der Verbringung von Abfällen innerhalb eines Mitgliedstaats berstimmten Mindestkriterien entsprechen, damit ein hohes Schutzniveau für Umwelt und menschliche Gesundheit gewährleistet ist.

([1]) ABl. Nr. C 115 vom 6. 5. 1992, S. 4.
([2]) ABl. Nr. C 94 vom 13. 4. 1992, S. 276 und Stellungnahme vom 20. Januar 1993 (noch nicht im Amtsblatt veröffentlicht).
([3]) ABl. Nr. C 269 vom 14. 10. 1991, S. 10.
([4]) ABl. Nr. L 326 vom 13. 12. 1984, S. 31. Richtlinie zuletzt geändert durch die Richtlinie 91/692/EWG (ABl. Nr. L 377 vom 31. 12. 1991, S. 48).

Bei der Überwachung und Kontrolle der Verbringung von Abfällen muß der Notwendigkeit, die Umwelt zu erhalten, zu schützen und ihre Qualität zu verbessern, Rechnung getragen werden.

Nach Artikel 5 Absatz 1 der Richtlinie 75/442/EWG des Rates vom 15. Juli 1975 über Abfälle ([5]) haben die Mitgliedstaaten — in Zusammenarbeit mit anderen Mitgliedstaaten, wenn sich dies als notwendig oder zweckmäßig erweist — ein angemessenes integriertes Netz von Abfallbeseitigungsanlagen zu errichten, das es der Gemeinschaft insgesamt erlaubt, die Entsorgungsautarkie zu erreichen, und es jedem einzelnen Mitgliedstaat ermöglicht, diese Autarkie anzustreben, wobei die geograpischen Gegebenheiten oder der Bedarf an besonderen Anlagen für bestimmte Abfallarten berücksichtigt werden. Nach Artikel 7 der genannten Richtlinie haben die Mitgliedstaaten — gegebenenfalls in Zusammenarbeit mit anderen Mitgliedstaaten — Abfallbewirtschaftungspläne aufzustellen, die der Kommission mitgeteilt werden müssen. Nach diesem Artikel können die Mitgliedstaaten ferner die erforderlichen Maßnahmen ergreifen, um das Verbringen von Abfällen, das ihren Abfallbewirtschaftungsplänen nicht entspricht, zu unterbinden; sie teilen der Kommission und den anderen Mitgliedstaaten derartige Maßnahmen mit.

Je nach Art der Abfälle und ihrem Bestimmungsort, einschließlich der Frage, ob die Abfälle beseitigt oder verwertet werden sollen, müssen unterschiedliche Verfahren angewandt werden.

Die Verbringung von Abfällen muß vorher den zuständigen Behörden notifiziert werden, damit diese angemessen insbesondere über Art, Beförderung und Beseitigung oder Verwertung der Abfälle informiert sind und alle für den Schutz der menschlichen Gesundheit und der Umwelt erforderlichen Maßnahmen treffen können; hierzu gehört auch die Möglichkeit, mit Gründen zu versehende Einwände gegen die Abfallverringerung erheben zu können.

([5]) ABl. Nr. L 194 vom 25. 7. 1975, S. 39. Richtlinie geändert durch die Richtlinie 91/156/EWG (ABl. Nr. L 78 vom 26. 3. 1991, S. 32).

Zur Anwendung des Prinzips der Nähe, des Vorrangs für die Verwertung und des Grundsatzes der Entsorgungsautarkie auf gemeinschaftlicher und einzelstaatlicher Ebene gemäß der Richtlinie 75/442/EWG müssen die Mitgliedstaaten die Möglichkeiten erhalten, durch Maßnahmen im Einklang mit dem Vertrag, die Verbringung von zur Beseitigung bestimmten Abfällen allgemein oder teilweise zu verbieten oder gegen jede Verbringung solcher Abfälle Einwand zu erheben, es sei denn, es fallen im Versandmitgliedstaat gefährliche Abfälle in so geringen Mengen an, daß die Einrichtung neuer Spezialbeseitigungsanlagen in diesem Staat unrentabel wäre. Das spezifische Problem der Beseitigung solcher geringen Mengen erfordert die Zusammenarbeit zwischen den betreffenden Mitgliedstaaten und die Möglichkeit der Inanspruchnahme eines Gemeinschaftsverfahrens.

Die Ausfuhr von zur Beseitigung bestimmten Abfällen in Drittländer muß untersagt werden, um die Umwelt in diesen Ländern zu schützen. Für Ausfuhren in EFTA-Länder, die auch Vertragspartei der Basler Übereinkommen sind, müssen Ausnahmeregelungen gelten.

Die Ausfuhr von zur Verwertung bestimmten Abfällen in Länder, für die die OECD-Entscheidung nicht gilt, muß Bestimmungen unterliegen, die eine umweltverträgliche Abfallentsorgung gewährleisten.

Übereinkünfte oder Vereinbarungen über die Ausfuhr von zur Verwertung bestimmten Abfällen mit Ländern, für die die OECD-Entscheidung nicht gilt, müssen von der Kommission regelmäßig überprüft werden ; die Kommission schlägt gegebenenfalls vor, die Bedingungen, unter denen solche Ausfuhren stattfinden, zu überprüfen und möglicherweise auch ein Verbot zu erlassen.

Die Verbringung von zur Verwertung bestimmten Abfällen, die in der grünen Liste des OECD-Beschlusses enthalten sind, ist allgemein von den in dieser Verordnung vorgesehenen Kontrollverfahren ausgenommen, da diese Abfälle bei sachgemäßer Verwertung im Bestimmungsland normalerweise keinerlei Risiken für die Umwelt bergen dürften. Von dieser Ausklammerung aus dem Geltungsbereich müssen jedoch in Übereinstimmung mit den gemeinschaftlichen Rechtsvorschriften um dem OECD-Beschluß Ausnahmen gemacht werden. Zudem sind Ausnahmen erforderlich, um eine solche Verbringung besser zurückverfolgen und Sonderfälle berücksichtigen zu können. Für solche Abfälle müssen die Vorschriften der Richtlinie 75/442/EWG gelten.

Über die Ausfuhr von in der grünen OECD-Liste enthaltenem und zur Verwertung bestimmtem Abfall in solche Länder, für die der OECD-Beschluß nicht gilt, muß die Kommission Konsultationen mit dem Bestimmungsland führen. Im Lichte solcher Konsultationen ist es gegebenenfalls angezeigt, daß die Kommission dem Rat Vorschläge unterbreitet.

Die Ausfuhr von zur Verwertung bestimmten Abfällen in Länder, die nicht Vertragspartei des Basler Übereinkommens sind, muß in besonderen Vereinbarungen zwischen diesen Ländern und der Gemeinschaft geregelt werden. In Ausnahmefällen müssen die Mitgliedstaaten die Möglichkeit haben, nach Beginn der Anwendung dieser Verordnung bilaterale Vereinbarungen über die Einfuhr bestimmter Abfälle zu schließen, bevor entsprechende Vereinbarungen von der Gemeinschaft geschlossen werden, um im Falle von zur Verwertung bestimmten Abfällen eine Unterbrechung der Abfallentsorgung zu vermeiden und wenn im Falle von zur Beseitigung bestimmten Abfällen der Versandstaat die für eine umweltverträgliche Beseitigung der Abfälle erforderlichen technischen Kapazitäten und Anlagen nicht besitzt oder billigerweise nicht erwerben kann.

Eine Rücknahme bzw. Beseitigung oder Verwertung der Abfälle auf eine andere, umweltverträgliche Weise ist für den Fall vorzusehen, daß die Verbringung nicht entsprechend dem Inhalt des Begleitscheins oder Vertrags erfolgen kann.

Bei einer illegalen Abfallverbringung hat die Person, die die Verbringung veranlaßt hat, die Abfälle zurückzunehmen und/oder auf eine andere, umweltverträgliche Weise zu beseitigen oder zu verwerten ; tut er dies nicht, müssen die zuständigen Behörden des Herkunfts- oder Bestimmungsorts selbst einschreiten.

Es sollte ein System von Sicherheitsleistungen oder gleichwertigen Versicherungen geschaffen werden.

Die Kommission muß von den Mitgliedstaaten über die Durchführung dieser Verordnung unterrichtet werden.

Die Erstellung der in dieser Verordnung vorgesehenen Dokumente und die Anpassung der Anhänge müssen im Rahmen eines Gemeinschaftsverfahrens vorgenommen werden —

HAT FOLGENDE VERORDNUNG ERLASSEN :

TITEL I

GELTUNGSBEREICH UND BEGRIFFSBESTIMMUNGEN

Artikel 1

(1) Diese Verordnung gilt für die Verbringung von Abfällen in der, in die und aus der Gemeinschaft.

(2) Diese Verordnung gilt nicht für

a) die Ablagerung von Abfällen aus dem normalen Betrieb von Schiffen und Offshore-Bohrinseln, einschließlich Abwässer und Rückständen, an Land, sofern diese Abfälle unter eine spezifische und bindende internationale Übereinkunft fallen;

b) die Verbringung von Abfällen aus der Zivilluftfahrt;

c) die Verbringung radioaktiver Abfälle im Sinne von Artikel 2 der Richtlinie 92/3/Euratom vom 3. Februar 1992 zur Überwachung und Kontrolle der Verbringungen radioaktiver Abfälle von einem Mitgliedstaat in einen anderen, in die Gemeinschaft und aus der Gemeinschaft ([1]);

d) die Verbringung von in Artikel 2 Absatz 1 Buchstabe b) der Richtlinie 75/442/EWG genannten Abfällen, sofern für diese bereits andere einschlägige Rechtsvorschriften gelten;

e) die Verbringung von Abfällen in die Gemeinschaft im Einklang mit dem Protokoll zum Antarktis-Vertrag betreffend den Umweltschutz.

(3) a) Mit Ausnahme der Buchstaben b), c), d) und e) sowie des Artikels 11 und des Artikels 17 Absätze 1, 2 und 3 gilt diese Verordnung nicht für die Verbringung von ausschließlich zur Verwertung bestimmten und in Anhang II aufgeführten Abfällen.

b) Für solche Abfälle gelten alle Bestimmungen der Richtlinie 75/442/EWG. Insbesondere gilt:

— die Verbringung erfolgt nur zu Anlagen, die nach den Artikeln 10 und 11 der Richtlinie 75/442/EWG vorschriftsmäßig genehmigt worden sind;

— für diese Abfälle gelten alle Bestimmungen der Artikel 8, 12, 13 und 14 der Richtlinie 75/442/EWG.

c) Bestimmte in Anhang II aufgeführte Abfälle können jetzt wie die in den Anhängen III und IV aufgeführten Abfälle überwacht werden, wenn sie unter anderem eine der in Anhang III der Richtlinie 91/689/EWG des Rates vom 12. Dezember 1991 über gefährliche Abfälle ([2]) aufgeführten gefährlichen Eigenschaften aufweisen.

Die Bestimmung dieser Abfälle und die Entscheidung, welches der beiden Verfahren auf sie anzuwenden ist, erfolgen gemäß dem Verfahren des Artikels 18 der Richtlinie 75/442/EWG. Diese Abfälle werden in Anhang IIa aufgeführt.

d) In Ausnahmefällen können die Mitgliedstaaten die Verbindung von in Anhang II aufgeführten Abfällen aus Gründen des Umweltschutzes oder der öffentlichen Gesundheit wie bei den in den Anhängen III oder IV aufgeführten Abfällen überwachen.

Mitgliedstaaten, die von dieser Möglichkeit Gebrauch machen, teilen dies der Kommission unverzüglich mit, unterrichten die übrigen Mitgliedstaaten auf geeignete Weise und begründen ihren Beschluß. Die Kommission kann nach dem Verfahren des Artikels 18 der Richtlinie 75/442/EWG eine solche Maßnahme bestätigen, gegebenenfalls auch in der Weise, daß sie solche Abfälle in Anhang IIa aufnimmt.

e) Werden in Anhang II aufgeführte Abfälle entgegen dieser Verordnung oder der Richtlinie 75/442/EWG verbracht, so können die Mitgliedstaaten die entsprechenden Vorschriften der Artikel 25 und 26 dieser Verordnung anwenden.

Artikel 2

Im Sinne dieser Verordnung sind

a) *„Abfälle"*: Abfälle im Sinne des Artikels 1 Buchstabe a) der Richtlinie 75/442/EWG;

b) *„zuständige Behörden"*: die entweder von den Mitgliedstaaten gemäß Artikel 36 oder von Drittländern benannter zuständigen Behörden;

c) *„zuständige Behörde am Versandort"*: von den Mitgliedstaaten gemäß Artikel 36 benannte Behörde, die für das Gebiet zuständig ist, von dem aus die Verbringung erfolgt, oder eine von Drittländern benannte Behörde;

d) *„zuständige Behörde am Bestimmungsort"*: von den Mitgliedstaaten gemäß Artikel 36 benannten Behörde, die für das Gebiet zuständig ist, in dem die Verbringung endet oder die Verladung von Abfällen vor der Beseitigung auf See — unbeschadet der bestehenden Übereinkommen über die Beseitigung auf See — stattfindet, oder eine von Drittländern benannte Behörde;

e) *„für die Durchfuhr zuständige Behörde"*: die gemäß Artikel 36 von jedem Mitgliedstaat für den Staat, durch den die Durchfuhr erfolgt, bestimmte einzige Behörde;

f) *„Anlaufstelle"*: die gemäß Artikel 37 von jedem Mitgliedstaat und der Kommission bestimmte zentrale Stelle;

g) *„notifizierende Person"*: alle Personen, die zur Notifizierung verpflichtet sind, d. h. eine der nachstehend genannten Personen, die beabsichtigt, Abfälle zu verbringen oder verbringen zu lassen:

i) die Person, durch deren Tätigkeit Abfälle angefallen sind (Abfallerzeuger); oder

ii) wenn dies nicht möglich ist: ein von einem Mitgliedstaat zugelassener Einsammler oder eingetragener oder zugelassener Händler oder Makler, der für die Beseitigung oder Verwertung von Abfällen sorgt; oder

([1]) ABl. Nr. L 35 vom 12. 2. 1992, S. 24.
([2]) ABl. Nr. L 377 vom 31. 12. 1991, S. 20.

iii) wenn diese Personen unbekannt oder nicht zugelassen sind: die Person, die im Besitz der Abfälle ist oder über sie verfügt (Besitzer); oder

iv) im Falle der Einfuhr der Abfälle in oder ihrer Durchfuhr durch die Gemeinschaft: die in den Rechtsvorschriften des Versandstaats bestimmte Person oder, wenn eine solche Person nicht bestimmt wurde, die Person, die im Besitz der Abfälle ist oder über sie verfügt (Besitzer).

h) *„Empfänger"*: die Person oder das Unternehmen zu der/dem die Abfälle zur Verwertung oder Beseitigung verbracht werden;

i) *„Beseitigung"*: Beseitigung im Sinne des Artikels 1 Buchstabe e) der Richtlinie 75/442/EWG;

j) *„genehmigte Anlage"*: jede der gemäß Artikel 6 der Richtlinie 75/439/EWG ([1]), den Artikeln 9, 10 und 11 der Richtlinie 75/442/EWG oder Artikel 6 der Richtlinie 76/403/EWG ([2]) genehmigten oder zugelassenen Anlagen oder Unternehmen;

k) *„Verwertung"*: Verwertung im Sinne des Artikels 1 Buichstabe f) der Richtlinie 75/442/EWG;

l) *„Versandstaat"*: jeder Staat, von dem aus eine Verbringung von Abfällen geplant ist oder tatsächlich erfolgt;

m) *„Empfängerstaat"*: jeder Staat, in den Abfälle zur Beseitigung oder Verwertung oder zur Verladung für die Beseitigung auf See unbeschadet der bestehenden Übereinkommen über die Beseitigung auf See verbracht werden sollen oder tatsächlich verbracht werden;

n) *„Durchfuhrstaat"*: jeder Staat mit Ausnahme des Versand- und des Empfängerstaats, durch den Abfälle befördert werden sollen oder tatsächlich befördert werden;

o) *„Begleitschein"*: der gemäß Artikel 42 zu erstellende einheitliche Begleitschein;

p) *„Basler Übereinkommen"*: das Übereinkommen von Basel vom 22. März 1989 über die Kontrolle der grenzüberschreitenden Verbringung gefährlicher Abfälle und ihrer Entsorgung;

q) *„Viertes Abkommen von Lomé"*: das Abkommen von Lomé vom 15. Dezember 1989;

r) *„OECD-Beschluß"*: der Beschluß des OECD-Rates vom 30. März 1992 über die Überwachung der grenzüberschreitenden Verbringung von Abfällen zur Verwertung.

([1]) ABl. Nr. L 194 vom 25. 7. 1975, S. 23. Richtlinie zuletzt geändert durch die Richtlinie 91/692/EWG (ABl. Nr. L 377 vom 31. 12. 1991, S. 48)
([2]) ABl. Nr. L 108 vom 26. 4. 1976, S. 41.

TITEL II

VERBRINGUNG VON ABFÄLLEN ZWISCHEN MITGLIEDSTAATEN

Abschnitt A

Verbringung von zur Beseitigung bestimmten Abfällen

Artikel 3

(1) Beabsichtigt die notifizierende Person, unbeschadet des Artikels 25 Absatz 2 und des Artikels 26 Absatz 2 zur Beseitigung bestimmte Abfälle von einem Mitgliedstaat in einen anderen Mitgliedstaat zu verbringen und/oder sie durch einen oder mehrere andere Mitgliedstaaten durchzuführen, so notifiziert sie dies der zuständigen Behörde am Bestimmungsort und übermittelt der zuständigen Behörde am Versandort und den zuständigen Transitbehörden sowie dem Empfänger eine Kopie des Notifizierungsschreibens.

(2) Die Notifizierung muß zwingend alle Zwischenschritte der Verbringung vom Versandort bis zum endgültigen Bestimmungsort umfassen.

(3) Die Notifizierung erfolgt mit Hilfe des Begleitscheins, der von der zuständigen Behörde am Versandort auszustellen ist.

(4) Bei der Notifizierung füllt die notifizierende Person den Begleitschein aus und reicht auf Ersuchen der zuständigen Behörden zusätzliche Angaben und Unterlagen nach.

(5) Die notifizierende Person macht auf dem Begleitschein insbesondere Angaben zu folgenden Punkten:

— Ursprung, Zusammensetzung und Menge der zur Beseitigung bestimmten Abfälle sowie, im Falle des Artikels 2 Buchstabe g) Ziffer ii), Name des Erzeugers; wenn es sich um Abfälle verschiedenen Ursprungs handelt, ausführliches Verzeichnis der Abfälle und Namen der Abfallerzeuger, wenn diese bekannt sind;

— Vorkehrungen in bezug auf Strecken und Versicherung für Schäden, die Dritten entstehen;

— Maßnahmen zur Gewährleistung der Transportsicherheit, insbesondere Beachtung der von den betroffenen Mitgliedstaaten für die Ausübung der Transporttätigkeit festgelegten Bedingungen durch das Transportunternehmen;

— Name des Empfängers der Abfälle, Standort der Beseitigungsanlage sowie Art und Geltungsdauer der Genehmigung für den Betrieb der Anlage. Die Anlage muß über eine angemessene technische Kapazität verfügen, damit die betreffenden Abfälle ohne Gefährdung der menschlichen Gesundheit oder der Umwelt beseitigt werden können;

— Verfahren im Zusammenhang mit der Beseitigung gemäß Anhang II A der Richtlinie 75/442/EWG.

(6) Die notifizierende Person schließt mit dem Empfänger einen Vertrag über die Beseitigung der Abfälle.

Der Vertrag kann alle oder einige der in Absatz 5 genannten Angaben umfassen.

Der Vertrag umfaßt die Verpflichtung

— der notifizierenden Person, die Abfälle gemäß Artikel 25 und Artikel 26 Absatz 2 zurückzunehmen, falls die Verbringung nicht in der vorgesehenen Weise abgeschlossen wurde oder bei dieser Verbringung gegen die vorliegende Verordnung verstoßen wurde;

— des Empfängers, der notifizierenden Person so bald wie möglich und nicht später als 180 Tage nach Erhalt der Abfälle eine Bescheinigung darüber zukommen zu lassen, daß die Abfälle auf umweltverträgliche Weise beseitigt worden sind.

Eine Kopie dieses Vertrags ist der zuständigen Behörde auf Verlangen zuzustellen.

Erfolgt die Beförderung zwischen zwei Einrichtungen, die derselben juristischen Person zuzurechnen sind, so kann der genannte Vertrag durch eine Erklärung der juristischen Person ersetzt werden, in der diese sich zur Beseitigung der Abfälle verpflichtet.

(7) Die nach den Absätzen 4 bis 6 gemachten Angaben sind nach Maßgabe der bestehenden einzelstaatlichen Rechtsvorschriften vertraulich zu behandeln.

(8) Eine zuständige Behörde am Versandort kann nach Maßgabe der einzelstaatlichen Vorschriften beschließen, anstelle der notifizierenden Person die Notifizierung gegenüber der zuständigen Behörde am Bestimmungsort selbst vorzunehmen; sie übermittelt dann eine Kopie des Notifizierungsschreibens an den Empfänger und an die für die Durchfuhr zuständige Behörde.

Die zuständige Behörde am Versandort kann beschließen, daß sie keine Notifizierung vornimmt, falls sie selbst unmittelbar Einwände gegen die Verbringung gemäß Artikel 4 Absatz 3 zu erheben hat. Sie hat die notifizierende Person unverzüglich von diesen Einwänden in Kenntnis zu setzen.

Artikel 4

(1) Innerhalb von drei Arbeitstagen nach Erhalt der Notifizierung übermittelt die zuständige Behörde am Bestimmungsort der notifizierenden Person eine Empfangsbestätigung; eine Kopie derselben übersendet diese Behörde den anderen betroffenen zuständigen Behörden sowie dem Empfänger.

(2) a) Die zuständige Behörde am Bestimmungsort muß innerhalb einer Frist von 30 Tagen nach der Absendung der Empfangsbestätigung entscheiden, ob sie die Verbringung mit oder ohne Auflagen genehmigt oder die Genehmigung verweigert. Sie kann auch zusätzliche Angaben verlangen.

Sie erteilt die Genehmigung nur, sofern keine Einwände ihrerseits oder von seiten der anderen zuständigen Behörden bestehen. Die Genehmigung unterliegt den in Buchstaben d) erwähnten Auflagen für die Beförderung.

Die zuständige Behörde am Bestimmungsort fällt ihrer Entscheidung nicht vor Ablauf von 21 Tagen nach Absendung der Empfangsbestätigung. Sie kann jedoch bereits früher ihre Entscheidung treffen, sofern ihr die schriftliche Zustimmung der anderen betroffenen zuständigen Behörden vorliegt.

Die zuständige Behörde am Bestimmungsort teilt der notifizierenden Person ihre Entscheidung schriftlich mit; eine Kopie des Schreibens wird den anderen betroffenen zuständigen Behörden übersandt.

b) Die zuständige Behörde am Versandort und die für die Durchfuhr zuständige Behörde können innerhalb von 20 Tagen nach Absendung der Empfangsbestätigung Einwände erheben. Sie können auch zusätzliche Angaben verlangen. Diese Einwände werden der notifizierenden Person schriftlich mitgeteilt; eine Kopie des Schreibens geht an die übrigen betroffenen zuständigen Behörden.

c) Die unter den Buchstaben a) und b) erwähnten Einwände und Auflagen müssen sich auf Absatz 3 stützen.

d) Die zuständigen Behörden am Versandort und die für die Durchfuhr zuständigen Behörden können binnen 20 Tagen nach Absendung der Empfangsbestätigung Auflagen für die Beförderung der Abfälle in ihrem Zuständigkeitsbereich festlegen.

Diese Auflagen sind der notifizierenden Person unter Zusendung einer Kopie an die betroffenen zuständigen Behörden schriftlich mitzuteilen und in den Begleitschein einzutragen. Sie dürfen nicht strenger sein als die Auflagen für ähnliche Verbringungen, die ausschließlich im Zuständigkeitsbereich dieser Behörden durchgeführt werden, und müssen unter Beachtung der geltenden Vereinbarungen, insbesondere der einschlägigen internationalen Übereinkommen, erfolgen.

(3) a) i) Um das Prinzip der Nähe, den Vorrang für die Verwertung und den Grundsatz der Entsorgungsautarkie auf gemeinschaftlicher und einzelstaatlicher Ebene gemäß der Richtlinie 75/442/EWG zur Anwendung zu bringen, können die Mitgliedstaaten im Einklang mit dem Vertrag Maßnahmen ergreifen, um die Verbringung von Abfällen allgemein oder teilweise zu verbieten oder um gegen jede Verbringung Einwand zu erheben. Diese Maßnahmen werden unverzüglich der Kommission mitgeteilt, die die anderen Mitgliedstaaten unterrichtet.

ii) Ziffer i) findet keine Anwendung, wenn gefährliche Abfälle (wie in Artikel 1 Absatz 4 der Richtlinie 91/689/EWG definiert) insgesamt pro Jahr im Versandmitgliedstaat in so geringen Mengen anfallen, daß die Einrichtung neuer Spezial-Beseitigungsanlagen in diesem Staat unrentabel wäre.

iii) Der Empfängermitgliedstaat arbeitet mit dem Versandmitgliedstaat, der der Auffassung ist, daß Ziffer ii) Anwendung findet, zusammen, um das Problem bilateral zu lösen. Wird keine zufriedenstellende Lösung gefunden, können beide Mitgliedstaaten die Angelegenheit der Kommission unterbreiten, die nach dem Verfahren des Artikels 18 der Richtlinie 75/442/EWG entscheidet.

b) Die zuständigen Behörden am Versand- und am Bestimmungsort können gegen die geplante Verbringung mit Gründen zu versehene Einwände erheben — wobei die geographischen Gegebenheiten oder der Bedarf an besonderen Anlagen für bestimmte Abfallarten berücksichtigt werden — wenn diese Verbringung nicht gemäß der Richtlinie 75/442/EWG, insbesondere den Artikeln 5 und 7, erfolgt,

i) um den Grundsatz der Entsorgungsautarkie auf gemeinschaftlicher und einzelstaatlicher Ebene anzuwenden;

ii) wenn die Beseitigungsanlage zur Beseitigung von Abfällen benötigt wird, die an einem näher gelegenen Ort angefallen sind, und wenn die zuständige Behörde solchen Abfällen Vorrang einräumt;

iii) um sicherzustellen, daß die Verbringung im Einklang mit den Abfallbewirtschaftungsplänen steht.

c) Ferner können die zuständige Behörde am Versandort und am Bestimmungsort und die für die Durchfuhr zuständige Behörde gegen die geplante Verbringung mit Gründen zu versehende Einwände erheben,

— wenn die Verbringung nicht gemäß den einzelstaatlichen Rechts- und Verwaltungsvorschriften zum Schutz der Umwelt, zur Wahrung der öffentlichen Sicherheit und Ordnung oder zum Schutz der Gesundheit erfolgt;

— wenn die notifizierende Person oder der Empfänger sich in der Vergangenheit illegale Transporte hat zuschulden kommen lassen.

In diesem Fall kann die zuständige Behörde am Versandort jede Verbringung im Zusammenhang mit der betreffenden Person nach einzelstaatlicher Rechtsvorschriften ablehnen; oder

— wenn die Verbringung gegen Verpflichtungen aus internationalen Übereinkommen verstößt, die der betroffene Mitgliedstaat geschlossen hat bzw. die die betroffenen Mitgliedstaaten geschlossen haben.

(4) Wird den zuständigen Behörden innerhalb der Frist nach Absatz 2 nachgewiesen, daß die Probleme, die zu den Einwänden geführt hatten, gelöst sind und daß die Auflagen für die Beförderung erfüllt werden, so teilen sie dies unverzüglich der notifizierenden Person schriftlich mit und senden eine Kopie des Schreibens an den Empfänger sowie den anderen betroffenen zuständigen Behörden.

Ergibt sich bei den Modalitäten der Verbringung in der Folge eine wesentliche Änderung, so muß eine erneute Notifizierung erfolgen.

(5) Die zuständige Behörde am Bestimmungsort erteilt ihre Genehmigung durch einen entsprechenden Stempel auf dem Begleitschein.

Artikel 5

(1) Die Verbringung kann erst erfolgen, nachdem der notifizierenden Person von der zuständigen Behörde am Bestimmungsort die Genehmigung dazu erteilt wurde.

(2) Hat die notifizierende Person die Genehmigung erhalten, so trägt sie das Datum der Verbringung sowie die sonstigen Angaben in den Begleitschein ein und übermittelt den betroffenen zuständigen Behörden drei Arbeitstage, bevor die Verbringung erfolgt, eine Kopie.

(3) Jede Sendung ist mit einer Kopie oder auf Ersuchen der zuständigen Behörden mit einer beglaubigten Kopie des Begleitscheins einschließlich des Genehmigungsstempels zu versehen.

(4) Alle Unternehmen, die an der Verbringung beteiligt sind, füllen den Begleitschein an den entsprechenden Stellen aus, unterzeichnen ihn und behalten selbst eine Kopie hiervon.

(5) Innerhalb von drei Arbeitstagen nach Erhalt der zur Beseitigung bestimmten Abfälle übermittelt der Empfänger der notifizierenden Person und den betroffenen zuständigen Behörden eine Kopie des ausgefüllten Begleitscheins; dies gilt nicht für die in Absatz 6 genannte Bescheinigung.

(6) So bald wie möglich und nicht später als 180 Tage nach Erhalt der Abfälle übermittelt der Empfänger der notifizierenden Person und den übrigen betroffenen zuständigen Behörden eine Bescheinigung über die Beseitigung der Abfälle unter seiner Verantwortung. Diese Bescheinigung ist in dem Begleitschein, der den Abfällen bei der Verbringung beigegeben ist, enthalten oder diesem angeheftet.

Abschnitt B

Verbringung von zur Verwertung bestimmten Abfällen

Artikel 6

(1) Beabsichtigt die notifizierende Person unbeschadet des Artikels 25 Absatz 2 und des Artikels 26 Absatz 2, zur Verwertung bestimmte Abfälle des Anhangs III von einem Mitgliedstaat in einen anderen Mitgliedstaat zu verbringen und/oder sie durch einen oder mehrere andere Mitgliedstaaten durchzuführen, so notifiziert sie dies der zuständigen Behörde am Bestimmungsort und übermittelt den zuständigen Behörden am Versandort und den zuständigen Transitbehörden sowie dem Empfänger eine Kopie des Notifizierungsschreibens.

(2) Die Notifizierung muß zwingend alle Zwischenschritte der Verbringung vom Versandort bis zum endgültigen Bestimmungsort umfassen.

(3) Die Notifizierung erfolgt mit Hilfe des Begleitscheins, der von der zuständigen Behörde am Versandort ausgestellt wird.

(4) Bei dieser Notifizierung füllt die notifizierende Person den Begleitschein aus und reicht auf Ersuchen der zuständigen Behörden zusätzliche Angaben und Unterlagen nach.

(5) Die notifizierende Person macht auf dem Begleitschein insbesondere Angaben zu folgenden Punkten:

— Ursprung, Zusammensetzung und Menge der zur Verwertung bestimmten Abfälle sowie Name des Erzeugers; wenn es sich um Abfälle verschiedenen Ursprungs handelt, ausführliches Verzeichnis der Abfälle und Namen der Abfallerzeuger, wenn diese bekannt sind;

— Vorkehrungen in bezug auf Strecken und Haftpflichtversicherung;

— Maßnahmen zur Gewährleistung der Transportsicherheit, insbesondere Beachtung der von den betroffenen Mitgliedstaaten für die Ausübung dieser Transporttätigkeit festgelegten Bedingungen durch das Transportunternehmen;

— Name des Empfängers der Abfälle, Standort seiner Verwertungsanlage sowie Art und Geltungsdauer der Genehmigung für den Betrieb der Anlage. Die Anlage muß über eine angemessene technische Kapazität verfügen, damit die betreffenden Abfälle ohne Gefährdung der menschlichen Gesundheit oder der Umwelt verwertet werden können;

— Verwertungsverfahren gemäß Anhang II B der Richtlinie 75/442/EWG;

— das vorgesehene Entsorgungsverfahren für den Restabfall nach stattgefundener Verwertung;

— Menge des verwerteten Materials im Verhältnis zur Restabfallmenge;

— Schätzwert des verwerteten Materials.

(6) Die notifizierende Person schließt mit dem Empfänger einen Vertrag über die Verwertung der Abfälle.

Der Vertrag kann alle oder einige der im Absatz 5 genannten Angaben umfassen.

Der Vertrag umfaßt die Verpflichtung

— der notifizierenden Person, die Abfälle gemäß Artikel 25 und Artikel 26 Absatz 2 zurückzunehmen, falls die Verbringung nicht in der vorgesehenen Weise abgeschlossen wurde oder bei dieser Verbringung gegen die vorliegende Verordnung verstoßen wurde;

— des Empfängers, die Weiterverbringung der zur Verwertung bestimmten Abfälle in einen anderen Mitgliedstaat oder ein Drittland dem ursprünglichen Versandland zu notifizieren;

— des Empfängers, der notifizierenden Person so bald wie möglich und nicht später als 180 Tage nach Erhalt der Abfälle eine Bescheinigung darüber zukommen zu lassen, daß die Abfälle auf umweltverträgliche Weise verwertet worden sind.

Eine Kopie dieses Vertrages ist der zuständigen Behörde auf Verlangen zuzustellen.

Erfolgt die Beförderung zwischen zwei Einrichtung, die derselben juristischen Person zuzurechnen sind, so kann der obengenannte Vertrag durch eine Erklärung der juristischen Person ersetzt werden, in der diese sich zur Verwertung der Abfälle verpflichtet.

(7) Die nach den Absätzen 4 bis 6 gemachten Angaben sind nach Maßgabe der bestehenden einzelstaatlichen Rechtsvorschriften vertraulich zu behandeln.

(8) Eine zuständige Behörde am Versandort kann nach Maßgabe der einzelstaatlichen Vorschriften beschließen, anstelle der notifizierenden Person die Notifizierung gegenüber der zuständigen Behörde am Bestimmungsort selbst vorzunehmen; sie übermittelt dann eine Kopie des Notifizierungsschreibens an den Empfänger und an die für die Durchfuhr zuständige Behörde.

Artikel 7

(1) Innerhalb von drei Arbeitstagen nach Erhalt der Notifizierung übermittelt die zuständige Behörde am Bestimmungsort der notifizierenden Person eine Empfangsbestätigung; eine Kopie derselben übersendet diese Behörde den anderen zuständigen Behörden sowie dem Empfänger.

(2) Die zuständige Behörde am Bestimmungsort und am Versandort und die für die Durchfuhr zuständige Behörde können innerhalb einer Frist von 30 Tagen nach der Absendung der Empfangsbestätigung Einwände gegen die Verbringung erheben. Derartige Einwände sind auf Absatz 4 zu stützen. Einwände sind der notifizierenden Person und den übrigen betroffenen zuständigen Behörden innerhalb der 30tägigen Frist schriftlich mitzuteilen.

Die betroffenen zuständigen Behörden können auch vor Ablauf der 30tägigen Frist ihre Zustimmung schriftlich erteilen.

Die schriftliche Zustimmung oder die Einwände können auf dem Postweg oder per Fernkopie mit anschließender postalischer Bestätigung übermittelt werden. Sofern nichts anderes bestimmt ist, läuft die Genehmigung nach einem Kalenderjahr ab.

(3) Die zuständige Behörde am Versandort und am Bestimmungsort und die für die Durchfuhr zuständige Behörde können binnen 20 Tagen nach Absendung der Empfangsbestätigung Auflagen für die Beförderung der Abfälle in ihrem Zuständigkeitsbereich festlegen.

Diese Auflagen sind der notifizierenden Person unter Zusendung einer Kopie an die betroffenen zuständigen Behörden schriftlich mitzuteilen und in den Begleitschein einzutragen. Sie dürfen nicht strenger sein als die Auflagen für ähnliche Verbringungen, die ausschließlich im Zuständigkeitsbereich dieser Behörden durchgeführt werden, und müssen unter Beachtung der geltenden Vereinbarungen, insbesondere der einschlägigen internationalen Übereinkommen, erfolgen.

(4) a) Die zuständigen Behörden am Versandort und am Bestimmungsort können gegen die geplante Verbringung mit Gründen zu versehende Einwände erheben, und zwar

— gemäß der Richtlinie 75/442/EWG, insbesondere auf Artikel 7; oder

— wenn die Verbringung nicht gemäß den einzelstaatlichen Rechts- und Verwaltungsvorschriften zum Schutz der Umwelt, zur Wahrung der öffentlichen Sicherheit und Ordnung oder zum Schutz der Gesundheit erfolgt; oder

— wenn die notifizierende Person oder der Empfänger sich in der Vergangenheit illegale Transporte hat zuschulden kommen lassen. In diesem Fall kann die zuständige Behörde am Versandort jede Verbringung im Zusammenhang mit der betreffenden Person nach einzelstaatlichen Rechtsvorschriften ablehnen; oder

— wenn die Verbringung gegen Verpflichtungen aus internationalen Übereinkommen verstößt, die der betroffene Mitgliedstaat geschlossen hat bzw. die die betroffenen Mitgliedstaaten geschlossen haben; oder

— wenn der Anteil an verwertbarem und nicht verwertbarem Abfall, der geschätzte Wert der letztlich verwertbaren Stoffe oder die Kosten der Verwertung und die Kosten der Beseitigung des nicht verwertbaren Anteils eine Verwertung unter wirtschaftlichen und ökologischen Gesichtspunkten nicht rechtfertigen.

b) Die für die Durchfuhr zuständigen Behörden können mit Gründen zu versehende Einwände gegen die geplante Verbringung aufgrund von Buchstabe a) zweiter, dritter und vierter Gedankenstrich erheben.

(5) Wird den zuständigen Behörden innerhalb der Frist nach Absatz 2 nachgewiesen, daß die Probleme, die zu den Einwänden geführt hatten, gelöst sind und daß die Auflagen für die Beförderung erfüllt werden, so teilen sie dies unverzüglich der notifizierenden Person schriftlich mit und senden eine Kopie des Schreibens dem Empfänger sowie den anderen betroffenen zuständigen Behörden.

Ergibt sich bei den Modalitäten der Verbringung in der Folge eine wesentliche Änderung, so muß eine erneute Notifizierung erfolgen.

(6) Im Falle einer vorangegangenen schriftlichen Zustimmung erteilt die zuständige Behörde ihre Genehmigung durch einen entsprechenden Stempel auf dem Begleitschein.

Artikel 8

(1) Die Verbringung darf nach Ablauf der 30tägigen Frist erfolgen, wenn keine Einwände erhoben worden sind. Die stillschweigende Zustimmung gilt jedoch nur für ein Kalenderjahr nach diesem Zeitpunkt.

Beschließen die zuständigen Behörden die Erteilung einer schriftlichen Zustimmung, so kann die Verbringung erfolgen, sobald alle erforderlichen Zustimmungen eingegangen sind.

(2) Die notifizierende Person trägt den Zeitpunkt der Verbringung und alle übrigen geforderten Angaben in den Begleitschein ein und übermittelt den betroffenen zuständigen Behörden drei Arbeitstage, bevor die Verbringung erfolgt, eine Kopie.

(3) Jede Sendung ist mit einer Kopie oder auf Ersuchen der zuständigen Behörden mit einer beglaubigten Kopie des Begleitscheins zu versehen.

(4) Alle Unternehmen, die an der Verbringung beteiligt sind, füllen den Begleitschein an den entsprechenden Stellen aus, unterzeichnen ihn und behalten selbst eine Kopie hiervon.

(5) Innerhalb von drei Arbeitstagen nach Erhalt der zur Verwertung bestimmten Abfälle übermittelt der Empfänger der notifizierenden Person und den betroffenen zuständigen Behörden eine Kopie des ausgefüllten Begleitscheins; dies gilt nicht für die in Absatz 6 genannte Bescheinigung.

(6) So bald wie möglich und spätestens 180 Tage nach Eingang der Abfälle übermittelt der Empfänger der notifizierenden Person und den übrigen betroffenen zuständigen Behörden eine Bescheinigung über die Verwertung der Abfälle unter seiner Verantwortung. Diese Bescheinigung ist in dem Begleitschein, der den Abfällen bei ihrer Verbringung beigegeben wird, enthalten oder diesem angeheftet.

Artikel 9

(1) Die zuständigen Behörden, in deren Zuständigkeitsbereich bestimmte Verwertungsanlagen liegen, können unbeschadet des Artikels 7 beschließen, keine Einwände gegen die Verbringung bestimmter Abfallarten zu einer bestimmten Verwertungsanlage zu erheben. Solche Beschlüsse können auf einen bestimmten Zeitraum begrenzt, jedoch jederzeit widerrufen werden.

(2) Die zuständigen Behörden, die von dieser Möglichkeit Gebrauch machen, teilen der Kommission Name und Anschrift der Verwertungsanlage, die dort eingesetzten Technologien, die von dem Beschluß betroffenen Abfallarten und den betreffenden Zeitraum mit. Auch Widerrufe sind der Kommission mitzuteilen.

Die Kommission übermittelt diese Informationen unverzüglich den anderen zuständigen Behörden in der Gemeinschaft und dem OECD-Sekretariat.

(3) Jede geplante Verbringung zu solchen Anlagen ist den zuständigen Behörden gemäß Artikel 6 zu notifizieren. Diese Notifizierung hat vor Beginn der Verbringung einzugehen.

Die zuständigen Behörden der Mitgliedstaaten am Versandort und ihre für die Durchfuhr zuständigen Behörden können gegen jede derartige Verbringung Einwände aufgrund des Artikels 7 Absatz 4 erheben oder Auflagen für die Beförderung festlegen.

(4) Haben die zuständigen Behörden nach den für sie geltenden einzelstaatlichen Rechtsvorschriften den in Artikel 6 Absatz 6 genannten Vertrag zu überprüfen, so teilen sie dies der Kommission mit. In diesen Fällen müssen die im Rahmen der Notifizierung übermittelten Angaben sowie die zu überprüfenden Verträge oder Vertragsteile sieben Tage vor Beginn der Verbringung eingehen, damit diese Überprüfung ordnungsgemäß erfolgen kann.

(5) Für die eigentliche Verbringung ist Artikel 8 Absätze 2 bis 6 anwendbar.

Artikel 10

Für die Verbringung von zur Verwertung bestimmten Abfällen des Anhangs IV sowie von zur Verwertung bestimmten Abfällen, die noch keinem der Anhänge II, III oder IV zugeordnet worden sind, gelten die Verfahren der Artikel 6 bis 8 mit der Ausnahme, daß die betroffenen zuständigen Behörden ihre Zustimmung schriftlich vor dem Beginn der Verbringung zu erteilen haben.

Artikel 11

(1) Damit die Verbringung der in Anhang II aufgeführten und zur Verwertung bestimmten Abfälle besser verfolgt werden kann, sind diesen Abfällen folgende vom Besitzer unterzeichnete Angaben beizugeben:

a) Name und Anschrift des Besitzers;

b) handelsübliche Bezeichnung der Abfälle;

c) Menge der Abfälle;

d) Name und Anschrift des Empfängers;

e) Art des Verwertungsverfahrens entsprechend der Liste in Anhang II B der Richtlinie 75/442/EWG;

f) voraussichtlicher Zeitpunkt der Verbringung.

(2) Die nach Absatz 1 gemachten Angaben sind nach Maßgabe der bestehenden einzelstaatlichen Rechtsvorschriften vertraulich zu behandeln.

Abschnitt C

Verbringung von zur Beseitigung und zur Verwertung bestimmten Abfällen zwischen Mitgliedstaaten mit Durchfuhr durch Drittländer

Artikel 12

Bei einer Verbringung von Abfällen zwischen Mitgliedstaaten, bei der eine Durchfuhr durch ein oder mehrere Drittländer erforderlich ist, gilt unbeschadet der Artikel 3 bis 10 folgendes:

a) die notifizierende Person übermittelt der bzw. den zuständigen Behörde(n) des Drittlandes bzw. der Drittländer eine Kopie der Notifizierung;

b) die zuständige Behörde am Bestimmungsort fragt bei der zuständigen Behörde des Drittlandes bzw. der Drittländer an, ob sie ihre schriftliche Zustimmung zu der geplanten Verbringung erteilen möchte, und zwar innerhalb folgender Fristen:

— für Vertragsparteien des Basler Übereinkommens innerhalb von 60 Tagen, sofern sie auf dieses Recht nicht nach den Bestimmungen dieser Konvention verzichtet haben, oder

— für Länder, die nicht Vertragsparteien des Basler Übereinkommens sind, innerhalb einer Frist, auf die sich die zuständigen Behörden geeinigt haben.

In beiden Fällen wartet die zuständige Behörde am Bestimmungsort gegebenenfalls die erwähnte Zustimmung ab, bevor sie ihre Genehmigung erteilt.

TITEL III

VERBRINGUNG VON ABFÄLLEN INNERHALB DER MITGLIEDSTAATEN

Artikel 13

(1) Die Titel II, VII und VIII gelten nicht für die Verbringung von Abfällen innerhalb eines Mitgliedstaats.

(2) Die Mitgliedstaaten legen jedoch eine geeignete Regelung für die Überwachung und Kontrolle der Verbringung von Abfällen in ihrem Zuständigkeitsbereich fest. Hierbei sollte der erforderlichen Kohärenz zwischen dieser Regelung und der gemeinschaftlichen Regelung nach dieser Verordnung Rechnung getragen werden.

(3) Die Mitgliedstaaten teilen der Kommission die von ihnen festgelegten Regelungen für die Überwachung und Kontrolle der Verbringung von Abfällen mit. Die Kommission unterrichtet die Mitgliedstaaten über die jeweiligen einzelstaatlichen Regelungen.

(4) Die Mitgliedstaaten können die Regelung nach den Titeln II, VII und VIII in ihrem Zuständigkeitsbereich anwenden.

TITEL IV

AUSFUHR VON ABFÄLLEN

Abschnitt A

Ausfuhr von zur Beseitigung bestimmten Abfällen

Artikel 14

(1) Die Ausfuhr von zur Beseitigung bestimmten Abfällen ist mit Ausnahme der Ausfuhr in EFTA-Länder, die auch Vertragsparteien des Basler Übereinkommens sind, verboten.

(2) Unbeschadet des Artikels 25 Absatz 2 und des Artikels 26 Absatz 2 ist jedoch jede Ausfuhr von zur Beseitigung bestimmten Abfällen in ein EFTA-Land verboten, wenn

a) das EFTA-Land die Einfuhr solcher Abfälle generell verbietet oder nicht schriftlich seine Zustimmung zu der jeweiligen Einfuhr dieser Abfälle erteilt hat;

b) die zuständige Behörde am Versandort in der Gemeinschaft Grund zu der Annahme hat, daß die Abfälle in dem betreffenden EFTA-Land nicht nach umweltverträglichen Verfahren gehandhabt werden.

(3) Die zuständige Behörde am Versandort verlangt, daß die zur Beseitigung bestimmten Abfälle, deren Ausfuhr in EFTA-Länder genehmigt wird, während der Verbringung sowie im Bestimmungsland auf umweltverträgliche Weise gehandhabt werden.

Artikel 15

(1) Die notifizierende Person richtet die Notifizierung mittels des Begleitscheins nach Artikel 3 Absatz 5 an die zuständige Behörde am Versandort und übermittelt den anderen betroffenen zuständigen Behörden sowie dem Empfänger eine Kopie. Der Begleitschein ist von der zuständigen Behörde am Versandort auszustellen.

Innerhalb von drei Arbeitstagen nach Erhalt der Notifizierung bestätigt die zuständige Behörde am Versandort der notifizierenden Person schriftlich den Empfang der Notifizierung; sie sendet den anderen betroffenen zuständigen Behörden eine Kopie davon.

(2) Die zuständige Behörde am Versandort muß innerhalb einer Frist von 70 Tagen nach Absendung der Empfangsbestätigung entscheiden, ob sie die Verbringung mit oder ohne Auflagen genehmigt oder die Genehmigung verweigert. Sie kann auch zusätzliche Angaben verlangen.

Sie erteilt ihre Genehmigung nur, sofern keine Einwände ihrerseits oder von seiten der anderen zuständigen Behörden bestehen und wenn sie von der notifizierenden Person die in Absatz 4 genannten Kopien erhalten hat. Die Genehmigung ist gegebenenfalls mit Beförderungsauflagen nach Absatz 5 verbunden.

Die zuständige Behörde am Versandort fällt ihre Entscheidung nicht vor Ablauf von 61 Tagen nach Absendung der Empfangsbestätigung.

Sie kann ihre Entscheidung allerdings früher treffen, wenn die schriftliche Zustimmung der anderen betroffenen zuständigen Behörden vorliegt.

Sie übermittelt den anderen betroffenen zuständigen Behörden, der Abgangszollstelle der Gemeinschaft sowie dem Empfänger eine beglaubigte Kopie der Entscheidung.

(3) Die zuständige Behörde am Versandort und die für die Durchfuhr zuständigen Behörden in der Gemeinschaft können innerhalb von 60 Tagen nach Absendung der Empfangsbestätigung Einwände aufgrund von Artikel 4 Absatz 3 erheben. Sie können auch zusätzliche Angaben verlangen. Alle Einwände müssen der notifizierenden Person schriftlich mitgeteilt werden; eine Kopie des Schreibens geht an die übrigen betroffenen zuständigen Behörden.

(4) Die notifizierende Person übermittelt der zuständigen Behörde am Versandort Kopien folgender Unterlagen:

a) die schriftliche Zustimmung des EFTA-Bestimmungslandes zu der geplanten Verbringung;

b) die Bestätigung des EFTA-Bestimmungslandes über das Bestehen eines Vertrages zwischen der notifizierenden Person und dem Empfänger, in dem eine umweltverträgliche Entsorgung der betreffenden Abfälle zugesichert wird; auf Verlangen ist eine Kopie des Vertrages vorzulegen.

   Im Vertrag ist ferner festzulegen, daß der Empfänger der notifizierenden Person und der betroffenen zuständigen Behörde folgende Unterlagen zu übermitteln hat:

   — binnen drei Arbeitstagen nach Eingang der zur Beseitigung bestimmten Abfälle eine Kopie des vollständig ausgefüllten Begleitscheins, mit Ausnahme der Bescheinigung gemäß dem zweiten Gedankenstrich;

   — so früh wie möglich und spätestens 180 Tage nach Eingang der Abfälle eine Bescheinigung über die unter seiner Verantwortung durchgeführte Beseitigung. Der Vordruck dieser Bescheinigung ist in dem Begleitschein enthalten, der den Abfällen bei der Verbringung beigegeben wird.

   Weiter ist im Vertrag festzulegen, daß der Empfänger, wenn er eine unrichtige Bescheinigung ausstellt, in deren Folge die Sicherheitsleistung freigegeben wird, die Kosten zu tragen hat, die sich aus einer Verpflichtung zur Rückverbringung der Abfälle in den Zuständigkeitsbereich der zuständigen Behörde am Versandort und zu ihrer Beseitigung auf eine andere, umweltverträgliche Weise ergeben;

c) der schriftlichen Zustimmung eines anderen (anderer) Durchfuhrstaats(staaten) zu der geplanten Verbringung, es sei denn, dieser Staat (diese Staaten) ist (sind) Partei(en) des Basler Übereinkommens und hat (haben) gemäß diesem Übereinkommen darauf verzichtet.

(5) Die für die Durchfuhr zuständigen Behörden in der Gemeinschaft können binnen 60 Tagen nach Absendung der Empfangsbestätigung Auflagen für die Beförderung der Abfälle in ihrem Zuständigkeitsbereich erteilen.

Diese Auflagen, die der notifizierenden Person unter Zusendung einer Kopie an die anderen betroffenen zuständigen Behörden mitzuteilen sind, dürfen nicht strenger sein als die Auflagen für ähnliche Verbringungen, die ausschließlich im Zuständigkeitsbereich der betreffenden Behörde durchgeführt werden.

(6) Die zuständige Behörde am Versandort erteilt ihre Genehmigung durch entsprechendes Abstempeln des Begleitscheins.

(7) Die Verbringung kann erst erfolgen, nachdem die notifizierende Person die Genehmigung von der zuständigen Behörde am Versandort erhalten hat.

(8) Hat die notifizierende Person die Genehmigung erhalten, so trägt sie das Datum der Verbringung sowie die sonstigen Angaben in den Begleitschein ein und übermittelt den betroffenen zuständigen Behörden drei Arbeitstage, bevor die Verbringung erfolgt, eine Kopie. Jede Sendung ist mit einer Kopie oder auf Ersuchen der zuständigen Behörden mit einer beglaubigten Kopie des Begleitscheins einschließlich des Stempels der genehmigenden Behörde zu versehen.

Alle Unternehmen, die an der Verbringung beteiligt sind, füllen den Begleitschein an den entsprechenden Stellen aus, unterzeichnen ihn und behalten selbst eine Kopie hiervon.

Der Transporteur legt der Abgangszollstelle eine beglaubigte Kopie des Begleitscheines vor, wenn die Abfälle die Gemeinschaft verlassen.

(9) Sobald die Abfälle die Gemeinschaft verlassen haben, übermittelt die Abgangszollstelle der Gemeinschaft der zuständigen Behörde, die die Genehmigung erteilt hat, eine Kopie des Begleitscheins.

(10) Hat die zuständige Behörde, die die Genehmigung erteilt hat, 42 Tage, nachdem die Abfälle die Gemeinschaft verlassen haben, vom Empfänger noch keine Nachricht über den Eingang der Abfälle erhalten, teilt sie dies unverzüglich der zuständigen Behörde am Bestimmungsort mit.

Sie verfährt in gleicher Weise, wenn sie 180 Tage, nachdem die Abfälle die Gemeinschaft verlassen haben, noch nicht vom Empfänger die in Absatz 4 genannte Bescheinigung über die Beseitigung erhalten hat.

(11) Die zuständige Behörde am Versandort kann im Einklang mit innerstaatlichen Rechtsvorschriften entscheiden, anstelle der notifizierenden Person die Notifizierung selbst vorzunehmen, wobei sie dem Empfänger und der für die Durchfuhr zuständigen Behörde eine Kopie übermittelt.

Die zuständige Behörde am Versandort kann entscheiden, keine Notifizierung vorzunehmen, wenn sie selbst unmittelbar Einwände nach Artikel 4 Absatz 3 gegen die Verbringung zu erheben hat. Sie unterrichtet die notifizierende Person unverzüglich von diesen Einwänden.

(12) Die nach den Absätzen 1 bis 4 gemachten Angaben sind nach Maßgabe der bestehenden einzelstaatlichen Rechtsvorschriften vertraulich zu behandeln.

Abschnitt B

Ausfuhr von zur Verwertung bestimmten Abfällen

Artikel 16

(1) Die Ausfuhr von zur Verwertung bestimmten Abfällen ist verboten, ausgenommen die Ausfuhr in folgende Länder:

a) Länder, für die der OECD-Beschluß gilt;

b) andere Länder,

— die Vertragspartei des Basler Übereinkommens sind und/oder mit denen die Gemeinschaft oder die Gemeinschaft und ihre Mitgliedstaaten bilaterale oder multilaterale oder regionale Übereinkünfte oder Vereinbarungen gemäß Artikel 11 des Basler Übereinkommens und gemäß Absatz 2 geschlossen haben, oder

— mit denen einzelne Mitgliedstaaten vor dem Zeitpunkt des Beginns der Anwendung dieser Verordnung bilaterale Übereinkünfte und Vereinbarungen geschlossen haben, insoweit als diese Übereinkünfte und Vereinbarungen mit dem Gemeinschaftsrecht vereinbar sind und mit Artikel 11 des Basler Übereinkommens und mit Absatz 2 im Einklang stehen. Diese Übereinkünfte und Vereinbarungen werden der Kommission binnen drei Monaten nach Beginn der Anwendung dieser Verordnung oder nach dem Zeitpunkt des Beginns der Anwendung jener Übereinkünfte und Vereinbarungen, je nachdem welcher Zeitpunkt früher liegt, notifiziert, und sie erlöschen, wenn Übereinkünfte und Vereinbarungen gemäß dem ersten Gedankenstrich geschlossen werden.

(2) Die in Absatz 1 Buchstabe b) genannten Übereinkünfte und Vereinbarungen müssen eine umweltverträgliche Abfallentsorgung im Einklang mit Artikel 11 des Basler Übereinkommens gewährleisten und insbesondere

a) sicherstellen, daß die Verwertung in einer genehmigten Anlage durchgeführt wird, die den Anforderungen hinsichtlich einer umweltverträglichen Abfallentsorgung genügt;

b) die Bedingungen für die Behandlung der nichtverwertbaren Bestandteile der Abfälle festlegen und gegebenenfalls die notifizierende Person verpflichten, sie zurückzunehmen;

c) gegebenenfalls die Möglichkeit bieten, die Einhaltung der Übereinkünfte im Benehmen mit den betreffenden Ländern vor Ort zu überprüfen;

d) von der Kommission in regelmäßigen Abständen und erstmals spätestens am 31. Dezember 1996 überprüft werden, wobei die gewonnene Erfahrung und der Umstand zu berücksichtigen sind, inwieweit die betreffenden Länder in der Lage sind, Abfallverwertungstätigkeiten in einer Weise durchzuführen, die umfassende Garantien für eine umweltverträgliche Abfallentsorgung bietet. Die Kommission unterrichtet das Europäische Parlament und den Rat über die Ergebnisse dieser Überprüfung. Führt eine solche Überprüfung zu dem Ergebnis, daß die ökologischen Garantien unzureichend sind, ist die Fortsetzung der Abfallausfuhren unter den bis dahin geltenden Bedingungen auf Vorschlag der Kommission zu überprüfen, einschließlich der Möglichkeit, Verbote auszusprechen.

(3) Unbeschadet des Artikels 25 Absatz 2 und des Artikels 26 Absatz 2 ist jedoch jede Ausfuhr von zur Verwertung bestimmten Abfällen in die in Absatz 1 genannten Länder untersagt, wenn

a) solch ein Land die Einfuhr solcher Abfälle generell verboten oder nicht schriftlich seine Zustimmung zu der jeweiligen Einfuhr dieser Abfälle erteilt hat;

b) die zuständige Behörde am Versandort Grund zu der Annahme hat, daß die Abfälle in diesen Ländern nicht auf umweltverträgliche Weise behandelt werden.

(4) Die zuständige Behörde am Versandort verlangt, daß die zur Verwertung bestimmten Abfälle, deren Ausfuhr genehmigt wird, während der Verbringung sowie im Bestimmungsland auf umweltverträgliche Weise behandelt werden.

Artikel 17

(1) In bezug auf die in Anhang II aufgeführten Abfälle teilt die Kommission vor Beginn der Anwendung dieser Verordnung allen Ländern, für die der OECD-Beschluß nicht gilt, die Liste der Abfälle mit und ersucht um die schriftliche Bestätigung, daß diese Abfälle im Empfängerland keinen Kontrollen unterliegen und daß dieses damit einverstanden ist, daß solche Abfallkategorien ohne Inanspruchnahme der für die Anhänge III und IV geltenden Kontrollverfahren befördert werden oder um Angaben dazu, wo auf solche Abfälle entweder die genannten Verfahren oder das Verfahren des Artikels 15 angewandt werden sollten.

Ist sechs Monate vor dem Zeitpunkt des Beginns der Anwendung dieser Verordnung eine solche Bestätigung nicht eingegangen, so unterbreitet die Kommission dem Rat geeignete Vorschläge.

(2) Im Falle der Ausfuhr von in Anhang II aufgeführten Abfällen müssen diese zur Verwertung in einer Anlage bestimmt sein, die gemäß dem geltenden innerstaatlichen Recht im Einfuhrland in Betrieb ist oder dafür eine Genehmigung besitzt. Zudem wird ein Überwachungssystem auf der Grundlage einer vorherigen automatischen Ausfuhrlizenzerteilung in Fällen eingerichtet, die nach dem Verfahren des Artikels 18 der Richtlinie 75/442/EWG festzulegen sind.

Ein solches System hat in jedem Fall vorzusehen, daß den Behörden des Empfängerlandes unverzüglich eine Kopie der Ausfuhrlizenz übermittelt wird.

(3) In Fällen, in denen solche Abfälle im Empfängerland überwacht werden, oder auf Antrag eines solchen Landes gemäß Absatz 1 oder in Fällen, in denen ein Empfängerland gemäß Artikel 3 des Basler Übereinkommens notifiziert hat, daß es bestimmte in Anhang II aufgeführte Abfallarten als gefährlich ansieht, werden die Ausfuhren solcher Abfälle in dieses Land einer Kontrolle unterworfen. Der Ausfuhrmitgliedstaat oder die Kommission notifizieren diese Fälle dem Ausschuß des Artikels 18 der Richtlinie 75/442/EWG; die Kommission legt im Benehmen mit dem Empfängerland fest, welche Kontrollverfahren Anwendung finden, d. h. die für Anhang III oder Anhang IV oder das Verfahren gemäß Artikel 15.

(4) Bei der Ausfuhr zum Zwecke der Verwertung von in Anhang III aufgeführten Abfällen aus der Gemeinschaft in und durch Länder, für die der OECD-Beschluß gilt, finden die Artikel 6, 7 und 8 sowie Artikel 9 Absätze 1, 3, 4 und 5 Anwendung, wobei die Bestimmungen bezüglich der zuständigen Behörde am Versandort und den für die Durchfuhr zuständigen Behörden nur für die zuständigen Behörden in der Gemeinschaft gelten.

(5) Außerdem sind die zuständigen Behörden des Ausfuhrlandes sowie der der Gemeinschaft angehörenden Durchfuhrländer von der Entscheidung nach Artikel 9 zu unterrichten.

(6) Werden zur Verwertung bestimmte Abfälle, die in Anhang IV aufgeführt sind oder die noch keinem der Anhänge II, III oder IV zugeordnet worden sind, zum Zwecke der Verwertung in Länder ausgeführt und durch Länder befördert, für die der OECD-Beschluß gilt, so findet Artikel 10 sinngemäß Anwendung.

(7) Außerdem gilt für die Ausfuhr von Abfällen nach den Absätzen 4 bis 6 folgendes:

— Der Transporteur legt der letzten Abgangszollstelle, bevor die Abfälle die Gemeinschaft verlassen, eine beglaubigte Kopie des Begleitscheins vor.

— Sobald die Abfälle die Gemeinschaft verlassen haben, übermittelt die Abgangszollstelle der für die Ausfuhr zuständigen Behörde eine Kopie des Begleitscheins.

— Hat die für die Ausfuhr zuständige Behörde 42 Tage, nachdem die Abfälle die Gemeinschaft verlassen haben, vom Empfänger noch keine Nachricht über den Eingang der Abfälle erhalten, so teilt sie dies unverzüglich der zuständigen Behörde am Bestimmungsort mit.

— Im Vertrag ist festzulegen, daß der Empfänger, wenn er eine unrichtige Bescheinigung ausstellt, in deren Folge die Sicherheitsleistung freigegeben wird, die Kosten zu tragen hat, die sich aus der Verpflichtung zur Rückverbringung der Abfälle in den Zuständigkeitsbereich der zuständigen Behörde am Versandort und der Beseitigung oder Verwertung der Abfälle auf eine andere, umweltverträgliche Weise ergeben.

(8) Wenn zur Verwertung bestimmte Abfälle, die in den Anhängen III und IV aufgeführt oder die noch keinem der Anhänge II, III oder IV zugeordnet worden sind, in Länder ausgeführt oder durch Länder befördert werden, für die der OECD-Beschluß nicht gilt, so

— findet Artikel 15 mit Ausnahme des Absatzes 3 sinngemäß Anwendung,

— können mit Gründen versehene Einwände nur im Einklang mit Artikel 7 Absatz 4 erhoben werden,

sofern in gemäß Artikel 16 Absatz 1 Buchstabe b) geschlossenen bilateralen oder multilateralen Übereinkünften nichts anderes bestimmt ist; hierbei werden die Kontrollverfahren nach Absatz 4 oder 6 oder nach Artikel 15 zugrunde gelegt.

Abschnitt C

Ausfuhr von Abfällen in AKP-Staaten

Artikel 18

(1) Die Ausfuhr von Abfällen in AKP-Staaten ist verboten.

(2) Dieses Verbot hindert einen Mitgliedstaat, in den ein AKP-Staat Abfälle zur Aufbereitung ausgeführt hat, nicht daran, die aufbereiteten Abfälle wieder in den betreffenden AKP-Ursprungsstaat zurückzuführen.

(3) Bei der Wiederausfuhr in AKP-Staaten ist der Sendung eine beglaubigte Kopie des Begleitscheins einschließlich des Genehmigungsstempels beizufügen.

TITEL V

EINFUHR VON ABFÄLLEN IN DIE GEMEINSCHAFT

Abschnitt A

Einfuhr von zur Beseitigung bestimmten Abfällen

Artikel 19

(1) Jede Einfuhr von zur Beseitigung bestimmten Abfällen in die Gemeinschaft ist verboten, mit Ausnahme der Einfuhr aus

a) EFTA-Ländern, die Vertragsparteien des Basler Übereinkommens sind,

b) anderen Ländern,

— die Vertragsparteien des Basler Übereinkommens sind oder

— mit denen die Gemeinschaft oder die Gemeinschaft und ihre Mitgliedstaaten im Einklang mit dem Gemeinschaftsrecht stehende bilaterale oder multilaterale Übereinkünfte oder Vereinbarungen nach Artikel 11 des Basler Übereinkommens geschlossen haben, die garantieren, daß die Beseitigung in einer zugelassenen Anlage entsprechend den Anforderungen an eine umweltverträgliche Entsorgung erfolgt, oder

— mit denen einzelne Mitgliedstaaten vor Beginn der Anwendung dieser Verordnung im Einklang mit dem Gemeinschaftsrecht stehende bilaterale Übereinkünfte oder Vereinbarungen nach Artikel 11 des Basler Übereinkommens geschlossen haben, die die gleichen wie die zuvor genannten Garantien enthalten und die garantieren, daß die Abfälle im Versandland angefallen sind und daß die Beseitigung ausschließlich in dem Mitgliedstaat erfolgt, der die Übereinkunft oder Vereinbarung geschlossen hat. Diese Übereinkünfte oder Vereinbarungen werden der Kommission binnen drei Monaten nach Beginn der Anwendung dieser Verordnung oder nach Beginn der Anwendung jener Übereinkünfte oder Vereinbarungen, je nachdem, welcher Zeitpunkt früher liegt, notifiziert, und sie erlöschen, wenn Übereinkünfte und Vereinbarungen gemäß dem zweiten Gedankenstrich geschlossen werden, oder

— mit denen einzelne Mitgliedstaaten nach Beginn der Anwendung dieser Verordnung unter den Bedingungen des Absatzes 2 bilaterale Übereinkünfte oder Vereinbarungen schließen.

(2) Der Rat ermächtigt hiermit einzelne Mitgliedstaaten, nach Beginn der Anwendung dieser Verordnung in Ausnahmefällen zum Zwecke der Beseitigung besonderer Abfälle bilaterale Übereinkünfte und Vereinbarungen zu schließen, wenn die Entsorgung dieser Abfälle im Versandland nicht in umweltverträglicher Weise erfolgen würde. Diese Übereinkünfte und Vereinbarungen müssen mit den Bedingungen in Absatz 1 Buchstabe b) dritter Gedankenstrich übereinstimmen und werden der Kommission vor ihrem Abschluß notifiziert.

(3) Die in Absatz 1 Buchstabe b) genannten Länder werden ersucht, zuvor der zuständigen Behörde des Empfängermitgliedstaats einen ausreichend begründeten Antrag zu unterbreiten, der sich darauf stützt, daß sie die technische Kapazität und die erforderlichen Anlagen für die Beseitigung der Abfälle in einer umweltverträglichen Weise nicht besitzen und billigerweise nicht erwerben können.

(4) Die zuständige Behörde am Bestimmungsort untersagt die Verbringung von Abfällen in ihren Zuständigkeitsbereich, wenn sie Grund zu der Annahme hat, daß diese Abfälle dort nicht in umweltverträglicher Weise behandelt werden.

Artikel 20

(1) Die Notifizierung ist an die zuständige Behörde am Bestimmungsort zu richten, wozu der Begleitschein gemäß Artikel 3 Absatz 5 zu verwenden ist; eine Kopie ist dem Empfänger der Abfälle und den für die Durchfuhr zuständigen Behörden zu übermitteln. Der Begleitschein ist von der zuständigen Behörde am Bestimmungsort auszustellen.

Nach Erhalt der Notifizierung übermittelt die zuständige Behörde am Bestimmungsort der notifizierenden Person innerhalb von drei Arbeitstagen eine schriftliche Empfangsbestätigung, wobei die für die Durchfuhr zuständigen Behörden in der Gemeinschaft eine Kopie dieser Bestätigung erhalten.

(2) Die zuständige Behörde am Bestimmungsort genehmigt die Verbringung nur, sofern ihrerseits oder seitens der anderen betroffenen zuständigen Behörden keine Einwände bestehen.

Die Genehmigung unterliegt den in Absatz 5 erwähnten Bedingungen für die Verbringung.

(3) Die zuständige Behörde am Bestimmungsort und die für die Durchfuhr zuständigen Behörden in der Gemeinschaft können binnen 60 Tagen nach Absendung der Kopie der Empfangsbestätigung Einwände nach Artikel 4 Absatz 3 erheben.

Sie können auch zusätzliche Angaben verlangen. Diese Einwände werden der notifizierenden Person schriftlich mitgeteilt; eine Kopie des Schreibens wird den anderen betroffenen zuständigen Behörden in der Gemeinschaft übermittelt.

(4) Die zutändige Behörde am Bestimmungsort entscheidet binnen 70 Tagen nach Absendung der Empfangsbestätigung, ob sie die Verbringung mit oder ohne Auflagen genehmigt oder die Genehmigung verweigert. Sie kann auch zusätzliche Angaben verlangen.

Sie übermittelt den für die Durchfuhr durch die Gemeinschaft zuständigen Behörden, dem Empfänger sowie den Eingangszollstellen der Gemeinschaft eine beglaubigte Kopie der Entscheidung.

Die zuständige Behörde am Bestimmungsort trifft ihre Entscheidung nicht vor Ablauf von 61 Tagen nach der Absendung der Empfangsbestätigung. Sie kann diese Entscheidung jedoch früher treffen, wenn die schriftliche Zustimmung der übrigen zuständigen Behörden vorliegt.

Die zuständige Behörde am Bestimmungsort erteilt ihre Genehmigung durch entsprechendes Abstempeln des Begleitscheins.

(5) Die zuständige Behörde am Bestimmungsort und die für die Durchfuhr durch die Gemeinschaft zuständige Behörde legen binnen 60 Tagen nach Absendung der Empfangsbestätigung Bedingungen für die Verbringung der Abfälle fest. Diese Bedingungen, die der notifizierenden Person unter Übermittlung einer Kopie an die betroffenen zuständigen Behörden mitzuteilen sind, dürfen nicht strenger sein als die für vergleichbare Verbringungen ausschließlich innerhalb des Zuständigkeitsbereichs der betreffenden Behörde festgelegten Bedingungen.

(6) Die Verbringung kann erst erfolgen, wenn die notifizierende Person von der zuständigen Behörde am Bestimmungsort die Genehmigung erhalten hat.

(7) Hat die notifizierende Person die Genehmigung erhalten, so trägt sie das Datum der Verbringung sowie die sonstigen Angaben in den Begleitschein ein und übermittelt den betroffenen zuständigen Behörden drei Arbeitstage, bevor die Verbringung erfolgt, eine Kopie. Der Transporteur legt der Zollstelle, an der die Abfälle in die Gemeinschaft eingeführt werden, eine beglaubigte Kopie des Begleitscheins vor.

Jede Sendung ist mit einer Kopie oder, auf Ersuchen der zuständigen Behörden, mit einer beglaubigten Kopie des Begleitscheins einschließlich des Genehmigungsstempels zu versehen.

Alle Unternehmen, die an der Verbringung beteiligt sind, füllen den Begleitschein an den entsprechenden Stellen aus, unterzeichnen ihn und behalten selbst eine Kopie hiervon.

(8) Innerhalb von drei Arbeitstagen nach Erhalt der zur Beseitigung bestimmten Abfälle übermittelt der Empfänger der notifizierenden Person und den betroffenen zuständigen Behörden eine Kopie des ausgefüllten Begleitscheins; dies gilt nicht für die in Absatz 9 genannte Bescheinigung.

(9) So bald wie möglich und nicht später als 180 Tage nach Erhalt der Abfälle übermittelt der Empfänger der notifizierenden Person und den übrigen betroffenen zuständigen Behörden eine Bescheinigung über die Beseitigung der Abfälle unter seiner Verantwortung. Diese Bescheinigung ist in dem Begleitschein, der den Abfällen bei der Verbringung beigegeben ist, enthalten oder diesem angeheftet.

Abschnitt B

Einfuhr von zur Verwertung bestimmten Abfällen

Artikel 21

(1) Die Einfuhr von zur Verwertung bestimmten Abfällen in die Gemeinschaft ist verboten, ausgenommen die Einfuhr aus:

a) Ländern, für die der OECD-Beschluß gilt;

b) anderen Ländern,

— die Vertragsparteien des Basler Übereinkommens sind und/oder mit denen die Gemeinschaft oder die Gemeinschaft und ihre Mitgliedstaaten im Einklang mit dem Gemeinschaftsrecht stehende bilaterale oder multilaterale oder regionale Übereinkünfte oder Vereinbarungen nach Artikel 11 des Basler Übereinkommens geschlossen haben, die garantieren, daß die Verwertung in einer zugelassenen Anlage entsprechend den Anforderungen an eine umweltverträgliche Entsorgung erfolgt, oder

— mit denen einzelne Mitgliedstaaten vor Beginn der Anwendung dieser Verordnung bilaterale Übereinkünfte oder Vereinbarungen, die die gleichen wie die zuvor genannten Garantien enthalten, geschlossen haben, sofern diese Übereinkünfte und Vereinbarungen mit dem Gemeinschaftsrecht vereinbar sind und mit Artikel 11 des Basler Übereinkommens im Einklang stehen. Diese Übereinkünfte oder Vereinbarungen werden der Kommission binnen drei Monaten nach Beginn der Anwendung dieser Verordnung oder nach Beginn der Anwendung jener Übereinkünfte oder Vereinbarungen, je nachdem, welcher Zeitpunkt früher liegt, notifiziert, und sie erlöschen, wenn Übereinkünfte oder Vereinbarungen gemäß dem ersten Gedankenstrich geschlossen werden, oder

— mit denen einzelne Mitgliedstaaten nach Beginn der Anwendung dieser Verordnung unter den Bedingungen des Absatzes 2 bilaterale Übereinkünfte oder Vereinbarungen schließen.

(2) Der Rat ermächtigt hiermit einzelne Mitgliedstaaten, nach Beginn der Anwendung dieser Verordnung in Ausnahmefällen zum Zwecke der Verwertung besonderer Abfälle bilaterale Übereinkünfte und Vereinbarungen zu schließen, falls ein Mitgliedstaat solche Übereinkünfte oder Vereinbarungen für erforderlich hält, um zu vermeiden, daß es zu einer Unterbrechung bei der Abfallentsorgung kommt, bevor die Gemeinschaft diese Übereinkünfte und Vereinbarungen geschlossen hat. Solche Übereinkünfte und Vereinbarungen müssen ebenfalls mit dem Gemeinschaftsrecht vereinbar sein und mit Artikel 11 des Basler Übereinkommens in Einklang stehen; sie werden der Kommission vor ihrem Abschluß notifiziert, und sie erlöschen, wenn Übereinkünfte oder Vereinbarungen gemäß Absatz 1 Buchstabe b) erster Gedankenstrich geschlossen werden.

Artikel 22

(1) Bei der Einfuhr von zur Verwertung bestimmten Abfällen aus Ländern oder durch Länder hindurch, für die der OECD-Beschluß gilt, kommen die folgenden Kontrollverfahren sinngemäß zur Anwendung:

a) für in Anhang III aufgeführte Abfälle: Artikel 6, 7 und 8 und Artikel 9 Absätze 1, 3, 4 und 5 sowie Artikel 17 Absatz 5;

b) für in Anhang IV aufgeführte Abfälle und für Abfälle, die noch nicht dem Anhang II, Anhang III oder Anhang IV zugeordnet worden sind: Artikel 10.

(2) Wenn zur Verwertung bestimmte Abfälle, die in den Anhängen III und IV aufgeführt oder die noch nicht dem Anhang II, Anhang III oder Anhang IV zugeordnet worden sind, aus Ländern eingeführt oder durch Länder befördert werden, für die der OECD-Beschluß nicht gilt, so

— findet Artikel 20 sinngemäß Anwendung,

— können mit Gründen versehene Einwände nur im Einklang mit Artikel 7 Absatz 4 erhoben werden,

sofern in gemäß Artikel 21 Absatz 1 Buchstabe b) geschlossenen bilateralen oder multilateralen Übereinkünften nichts anderes bestimmt ist; hierbei werden die Kontrollverfahren nach Absatz 1 oder Artikel 20 zugrunde gelegt.

TITEL VI

DURCHFUHR VON ABFÄLLEN VON AUSSERHALB DER GEMEINSCHAFT DURCH DIE GEMEINSCHAFT ZUR BESEITIGUNG ODER VERWERTUNG AUSSERHALB DER GEMEINSCHAFT

Abschnitt A

Durchfuhr von zur Beseitigung und zur Verwertung bestimmten Abfällen (außer Durchfuhr nach Artikel 24)

Artikel 23

(1) Bei der Durchfuhr von zur Beseitigung oder — abgesehen von den in Artikel 24 erfaßten Fällen — zur Verwertung bestimmten Abfällen durch einen Mitgliedstaat oder mehrere Mitgliedstaaten ist die Notifizierung in Form des Begleitscheins an die letzte zuständige Transitbehörde in der Gemeinschaft zu richten, wobei dem Empfänger, den anderen betroffenen zuständigen Behörden sowie den Ein- und Ausgangszollstellen der Gemeinschaft eine Kopie zuzuleiten ist.

(2) Die letzte zuständige Transitbehörde in der Gemeinschaft bestätigt der notifizierenden Person unverzüglich den Empfang der Notifizierung. Die anderen zuständigen Behörden teilen der letzten zuständigen Transitbehörde der Gemeinschaft ihre Antworten entsprechend Absatz 5 mit; diese nimmt dann innerhalb von 60 Tagen schriftlich gegenüber der notifizierenden Person Stellung, indem sie der Verbringung mit oder ohne Vorbehalt zustimmt, gegebenenfalls die von den anderen zuständigen Transitbehörden aufgestellten Bedingungen zur Auflage macht oder die Genehmigung der Verbringung ablehnt. Sie kann zusätzliche Angaben verlangen. Jede Ablehnung und jeder Vorbehalt sind zu begründen. Die zuständige Behörde übermittelt den anderen betroffenen zuständigen Behörden sowie den Ein- und Ausgangszollstellen der Gemeinschaft eine beglaubigte Kopie ihrer Entscheidung.

(3) Unbeschadet des Artikels 25 Absatz 2 und des Artikels 26 Absatz 2 kann die Verbringung in die Gemeinschaft nur zugelassen werden, wenn die notifizierende Person die schriftliche Genehmigung der letzten zuständigen Transitbehörde in der Gemeinschaft erhalten hat. Diese Behörde erteilt ihre Genehmigung durch entsprechendes Abstempeln des Begleitscheins.

(4) Die für die Durchfuhr durch die Gemeinschaft zuständigen Behörden legen erforderlichenfalls binnen 20 Tagen nach Eingang der Notifizierung Bedingungen für die Verbringung der Abfälle fest.

Diese Bedingungen, die der notifizierenden Person unter Weiterleitung einer Kopie an die betroffenen zuständigen Behörden mitzuteilen sind, dürfen nicht strenger sein als die für vergleichbare Verbringungen ausschließlich innerhalb des Zuständigkeitsbereichs der betreffenden Behörde festgelegten Bedingungen.

(5) Der Begleitschein wird von der letzten zuständigen Transitbehörde in der Gemeinschaft ausgestellt.

(6) Hat die notifizierende Person die Genehmigung erhalten, so füllt sie den Begleitschein aus und übermittelt den betroffenen zuständigen Behörden drei Arbeitstage, bevor die Verbringung erfolgt, eine Kopie.

Jeder Sendung wird eine beglaubigte Kopie des Begleitscheins, die mit dem Genehmigungsstempel versehen ist, beigefügt.

Der Transporteur legt der Ausgangszollstelle eine beglaubigte Kopie des Begleitscheins vor, wenn die Abfälle die Gemeinschaft verlassen.

Alle Unternehmen, die an der Verbringung beteiligt sind, füllen den Begleitschein an den entsprechenden Stellen aus, unterzeichnen ihn und behalten selbst eine Kopie hiervon.

(7) Sobald die Abfälle die Gemeinschaft verlassen haben, übermittelt die Ausgangszollstelle der letzten zuständigen Transitbehörde in der Gemeinschaft eine Kopie des Begleitscheins.

Die notifizierende Person erklärt oder bestätigt dieser zuständigen Behörde mit einer Kopie für die anderen zuständigen Transitbehörden außerdem spätestens 42 Tage, nachdem die Abfälle die Gemeinschaft verlassen haben, die Ankunft der Abfälle am vorgesehenen Bestimmungsort.

Abschnitt B

Durchfuhr von zur Verwertung bestimmten Abfällen aus einem Land und in ein Land, für die der OECD-Beschluß gilt

Artikel 24

(1) Die Durchfuhr von zur Verwertung bestimmten Abfällen der Anhänge III und IV aus einem Land, für das der OECD-Beschluß gilt, durch einen oder mehrere Mitgliedstaaten zur Verwertung in einem Land, für das der OECD-Beschluß gilt, ist allen für die Durchfuhr zuständigen Behörden der betreffenden Mitgliedstaaten zu notifizieren.

(2) Die Notifizierung erfolgt mit Hilfe des Begleitscheins.

(3) Bei Erhalt der Notifizierung wird von der bzw. den für die Durchfuhr zuständigen Behörde(n) der notifizierenden Person und dem Empfänger innerhalb von drei Arbeitstagen eine Empfangsbestätigung übermittelt.

(4) Von der bzw. den für die Durchfuhr zuständigen Behörde(n) können mit Gründen zu versehende Einwände gegen die geplante Verbringung aufgrund des Artikels 7 Absatz 4 erhoben werden. Alle Einwände sind der notifizierenden Person und den für die Durchfuhr zuständigen Behörden der übrigen betroffenen Mitgliedstaaten innerhalb von 30 Tagen nach der Absendung der Empfangsbestätigung schriftlich zu übermitteln.

(5) Die für die Durchfuhr zuständige Behörde kann in einem Zeitraum von weniger als 30 Tagen über die Erteilung einer schriftlichen Genehmigung entscheiden.

Im Falle der Durchfuhr von in Anhang IV aufgeführten Abfällen und Abfällen, die noch nicht dem Anhang II, Anhang III oder Anhang IV zugeordnet worden sind, ist die Genehmigung vor dem Beginn der Verbringung schriftlich zu erteilen.

(6) Die Verbringung kann nur erfolgen, wenn keine Einwände vorliegen.

TITEL VII

GEMEINSAME BESTIMMUNGEN

Artikel 25

(1) Kann ein Abfalltransport, dem die betroffenen zuständigen Behörden zugestimmt haben, nicht rechtzeitig gemäß den Bestimmungen des in den Artikeln 3 und 6 genannten Begleitscheins bzw. Vertrages durchgeführt werden, so sorgt die zuständige Behörde am Versandort innerhalb von 90 Tagen, nachdem sie verständigt wurde, dafür, daß die notifizierende Person die Abfälle in ihren Zuständigkeitsbereich oder an einen anderen Ort im Versandstaat zurücksendet, es sei denn, es ist hinreichend sichergestellt, daß die Beseitigung oder Verwertung auf eine andere umweltverträgliche Weise erfolgen kann.

(2) In den in Absatz 1 genannten Fällen ist eine erneute Notifizierung notwendig. Der Versandmitgliedstaat und alle Transitmitgliedstaaten erheben keine Einwände gegen die Rücksendung dieser Abfälle, wenn die zuständige Behörde am Bestimmungsort einen ordnungsgemäß begründeten Antrag mit Erläuterung des Grundes für die Rücksendung stellt.

(3) Die Verpflichtung der notifizierenden Person und die ergänzende Verpflichtung des Versandstaats zur Rücknahme der Abfälle enden, wenn der Empfänger die in den Artikeln 5 und 8 genannte Bescheinigung ausgestellt hat.

Artikel 26

(1) Als illegale Verbringung gilt:

a) eine Verbringung ohne Notifizierung an alle betroffenen zuständigen Behörden gemäß dieser Verordnung,

b) eine Verbringung ohne Zustimmung der betroffenen zuständigen Behörden gemäß dieser Verordnung,

c) eine Verbringung mit einer durch Fälschung, falsche Angaben oder Betrug erlangten Zustimmung der betroffenen zuständigen Behörden,

d) eine Verbringung, die dem Begleitschein sachlich nicht entspricht,

e) eine Verbringung, die eine Beseitigung oder Verwertung unter Verletzung gemeinschaftlicher oder internationaler Bestimmungen bewirkt,

f) eine Verbringung, die nicht im Einklang mit den Artikeln 14, 16, 19 und 21 steht.

(2) Hat die notifizierende Person die illegale Verbringung zu verantworten, so sorgt die zuständige Behörde am Versandort dafür, daß die betreffenden Abfälle

a) von der notifizierenden Person oder erforderlichenfalls von der zuständigen Behörde selbst wieder in den Versandstaat verbracht werden oder, sofern dies nicht möglich ist,

b) anderweitig auf eine umweltverträgliche Weise beseitigt oder verwertet werden;

dies hat innerhalb von 30 Tagen, nachdem die zuständige Behörde von der illegalen Verbringung in Kenntnis gesetzt wurde, oder innerhalb einer anderen mit den betroffenen zuständigen Behörden vereinbarten Frist zu geschehen.

In diesem Fall ist eine erneute Notifizierung notwendig. Der Versandmitgliedstaat und alle Transitmitgliedstaaten erheben keine Einwände gegen die Rücksendung dieser Abfälle, wenn die zuständige Behörde am Bestimmungsort einen ordnungsgemäß begründeten Antrag mit Erläuterung des Grundes für die Rücksendung stellt.

(3) Hat der Empfänger der Abfälle die illegale Beförderung zu verantworten, so sorgt die zuständige Behörde am Bestimmungsort dafür, daß die betreffenden Abfälle vom Empfänger oder, sofern dies nicht möglich ist, von ihr selbst innerhalb von 30 Tagen, nachdem sie von der illegalen Beförderung Kenntnis erhalten hat, bzw. innerhalb einer anderen mit den betroffenen zuständigen Behörden vereinbarten Frist auf umweltverträgliche Weise beseitigt werden. Diese Behörden arbeiten dabei in dem Bemühen um die Beseitigung oder Verwertung der Abfälle auf umweltverträgliche Weise je nach den Erfordernissen zusammen.

(4) Kann weder die notifizierende Person noch der Empfänger für die illegale Beförderung verantwortlich gemacht werden, so arbeiten die zuständigen Behörden gemeinsam darauf hin, daß die betreffenden Abfälle auf umweltverträgliche Weise beseitigt oder verwertet werden. Leitlinien für eine derartige Zusammenarbeit werden nach dem Verfahren des Artikels 18 der Richtlinie 75/442/EWG festgelegt.

(5) Die Mitgliedstaaten verbieten und ahnden die illegale Beförderung durch geeignete rechtliche Maßnahmen.

Artikel 27

(1) Für jede Verbringung von Abfällen, die unter diese Verordnung fällt, ist die Hinterlegung einer Sicherheitsleistung oder der Nachweis einer entsprechenden Versicherung erforderlich, durch die die Kosten der Beförderung einschließlich der Rücksendung in den Fällen nach den Artikeln 25 und 26 und der Beseitigung oder Verwertung abgedeckt sind.

(2) Derartige Sicherheitsleistungen werden freigegeben, wenn

— mit der Bescheinigung über die Beseitigung oder die Verwertung der Abfälle der Nachweis erfolgt ist, daß die Abfälle am Bestimmungsort eingetroffen und auf umweltverträgliche Weise beseitigt oder verwertet worden sind;

— mit dem Dokument T 5 gemäß der Verordnung (EWG) Nr. 2823/87 der Kommission [1] der Nachweis erfolgt ist, daß im Falle der Durchfuhr durch die Gemeinschaft die Abfälle die Gemeinschaft verlassen haben.

(3) Jeder Mitgliedstaat unterrichtet die Kommission über die von ihm im Rahmen dieses Artikels festgelegten innerstaatlichen Rechtsvorschriften. Die Kommission leitet diese Information an alle Mitgliedstaaten weiter.

Artikel 28

(1) Unter Einhaltung der Verpflichtungen nach den Artikeln 3, 6, 9, 15, 17, 20, 22, 23 oder 24 kann die notifizierende Person ein Verfahren der Sammelnotifizierung anwenden, wenn zur Beseitigung oder Verwertung bestimmte Abfälle mit denselben physikalischen und chemischen Eigenschaften regelmäßig auf demselben Transportweg zu demselben Empfänger verbracht werden. Kann dieser Transportweg aufgrund unvorhergesehener Umstände nicht eingehalten werden, so teilt die notifizierende Person dies den betroffenen zuständigen Behörden so rasch wie möglich oder vor Beginn der Verbringung mit, falls zu dieser Zeit die Notwendigkeit einer Änderung des Transportwegs bereits bekannt ist.

Ist die Änderung des Transportwegs vor Beginn der Verbringung bekannt und sind andere als die an der Sammelnotifizierung beteiligten zuständigen Behörden davon betroffen, so wird dieses Verfahren nicht angewandt.

(2) Im Rahmen eines Verfahrens der Sammelnotifizierung kann sich eine Einzelnotifizierung auf mehrere Abfallsendungen innerhalb eines Zeitraums von bis zu einem Jahr erstrecken. Der angegebene Zeitraum kann von den betroffenen zuständigen Behörden einvernehmlich verkürzt werden.

(3) Die betroffenen zuständigen Behörden können ihre Zustimmung zu diesem Verfahren der Sammelnotifizierung von der späteren Vorlage zusätzlicher Angaben abhängig machen. Entspricht die Zusammensetzung der Abfälle nicht den Angaben in der Notifizierung oder werden die Auflagen für die Verbringung nicht eingehalten, so ziehen die betreffenden zuständigen Behörden ihr Einverständnis zu einem solchen Verfahren durch amtliche Benachrichtigung der notifizierenden Person zurück. Den übrigen betroffenen zuständigen Behörden ist eine Ausfertigung dieser Benachrichtigung zu übermitteln.

(4) Die Sammelnotifizierung erfolgt mit Hilfe des Begleitscheins.

Artikel 29

Verschiedenen Notifizierungen unterliegende Abfälle werden während der Verbringung nicht vermischt.

Artikel 30

(1) Die Mitgliedstaaten treffen die erforderlichen Maßnahmen, um sicherzustellen, daß die Verbringung von Abfällen in Übereinstimmung mit den Vorschriften dieser Verordnung erfolgt. Diese Maßnahmen können Überprüfungen von Anlagen und Unternehmen nach Artikel 13 der Richtlinie 75/442/EWG und die stichprobenartige Überprüfung von Verbringungen umfassen.

[1] ABl. Nr. L 270 vom 23. 9. 1987, S. 1.

(2) Überprüfungen können insbesondere wie folgt stattfinden:

— am Herkunftsort beim Erzeuger, Besitzer oder bei der notifizierenden Person;

— am Bestimmungsort beim Endempfänger;

— an den Außengrenzen der Gemeinschaft;

— während der Verbringung innerhalb der Gemeinschaft.

(3) Die Überprüfungen können die Einsichtnahme in Dokumente, die Bestätigung der Identität und gegebenenfalls die Kontrolle der Beschaffenheit der Abfälle umfassen.

Artikel 31

(1) Für Druck und Ausfüllen des Begleitscheins sowie alle weiteren nach den Artikeln 4 und 6 erforderlichen Unterlagen und Angaben ist eine Sprache zu verwenden, die annehmbar ist für

— die zuständige Behörde am Versandort nach den Artikeln 3, 7, 15 und 17 bei Abfallverbringung innerhalb der Gemeinschaft sowie bei der Ausfuhr von Abfällen;

— die zuständige Behörde am Bestimmungsort nach den Artikeln 20 und 22 bei der Einfuhr von Abfällen;

— die für die Durchfuhr zuständige Behörde nach den Artikeln 23 und 24.

Auf Verlangen der übrigen zuständigen Behörden hat die notifizierende Person eine Übersetzung in einer Sprache vorzulegen, die für diese Behörden annehmbar ist.

(2) Weitere Einzelheiten können nach dem Verfahren des Artikels 18 der Richtlinie 75/442/EWG geregelt werden.

TITEL VIII

SONSTIGE BESTIMMUNGEN

Artikel 32

Die Bestimmungen der internationalen Transportübereinkommen, die in Anhang I aufgeführt sind und denen die Mitgliedstaaten beigetreten sind, sind einzuhalten, soweit sie die Abfälle erfassen, für die diese Verordnung gilt.

Artikel 33

(1) Der notifizierenden Person kann die Kostentragung für angemessene Verwaltungskosten für die Durchführung des Notifizierungs- und Überwachungsverfahrens sowie die für angemessene Analysen und Kontrollen üblichen Kosten auferlegt werden.

(2) Die Kosten der Wiedereinfuhr der Abfälle einschließlich der Verbringung, Beseitigung oder Verwertung der Abfälle auf eine andere, umweltverträgliche Weise gemäß Artikel 25 Absatz 1 und Artikel 26 Absatz 2 werden der notifizierenden Person oder, sofern dies nicht möglich ist, den betreffenden Mitgliedstaaten auferlegt.

(3) Die Kosten der Beseitigung oder Verwertung auf eine andere, umweltverträgliche Weise gemäß Artikel 26 Absatz 3 werden dem Empfänger auferlegt.

(4) Die Kosten der Beseitigung oder Verwertung einschließlich der etwaigen Verbringung gemäß Artikel 26 Absatz 4 werden nach Maßgabe der Entscheidung der betroffenen zuständigen Behörden der notifizierenden Person und/oder dem Empfänger auferlegt.

Artikel 34

(1) Unbeschadet des Artikels 26 und der gemeinschaftlichen und einzelstaatlichen Bestimmungen über die zivilrechtliche Haftung und unabhängig vom Ort der Abfallbeseitigung oder -verwertung trifft der Erzeuger von Abfällen alle erforderlichen Maßnahmen, um die Abfälle so zu beseitigen oder zu verwerten oder so für ihre Beseitigung oder Verwertung zu sorgen, daß die Qualität der Umwelt im Sinne der Richtlinie 75/442/EWG und der Richtlinie 91/689/EWG gewahrt bleibt.

(2) Die Mitgliedstaaten treffen alle erforderlichen Maßnahmen, um die Erfüllung der Verpflichtungen nach Absatz 1 zu gewährleisten.

Artikel 35

Alle an die zuständigen Behörden gerichteten oder von diesen verschickten Dokumente sind von den zuständigen Behörden, der notifizierenden Person und vom Empfänger mindestens drei Jahre lang innerhalb der Gemeinschaft aufzubewahren.

Artikel 36

Die Mitgliedstaaten benennen die für die Anwendung dieser Verordnung zuständige(n) Behörde(n). Für die Durchfuhr bestimmt jeder Mitgliedstaat nur eine einzige zuständige Behörde.

Artikel 37

(1) Die Mitgliedstaaten und die Kommission benennen jeweils mindestens eine Anlaufstelle, welche Personen oder Unternehmen, die sich an sie wenden, informieren und beraten soll. Die Anlaufstelle der Kommission leitet alle an sie gerichteten Anfragen, die die Anlaufstellen der Mitgliedstaaten betreffen, an diese weiter und umgekehrt.

(2) Die Kommission hält, auf Verlangen der Mitgliedstaaten oder wenn anderweitig Bedarf hierfür besteht, regelmäßig Versammlungen von Vertretern dieser Anlaufstellen ab, um mit ihnen die Fragen im Zusammenhang mit der Durchführung dieser Verordnung zu erörtern.

Artikel 38

(1) Die Mitgliedstaaten teilen der Kommission spätestens drei Monate vor Beginn der Anwendung dieser Verordnung Name, Anschrift, Fernsprech-, Fernschreib- bzw. Faxnummern der zuständigen Behörden und Anlaufstellen mit und übermitteln ihr den Stempelabdruck der zuständigen Behörden.

Die Mitgliedstaaten teilen der Kommission alljährlich Änderungen dieser Angaben mit.

(2) Die Kommission leitet diese Angaben unverzüglich an die anderen Mitgliedstaaten und an das Sekretariat des Basler Übereinkommens weiter.

Ferner übermittelt die Kommission den Mitgliedstaaten die Abfallbewirtschaftungspläne nach Artikel 7 der Richtlinie 75/442/EWG.

Artikel 39

(1) Die Mitgliedstaaten können Eingangs- und Abgangszollstellen für die Verbringung der Abfälle in die bzw. aus der Gemeinschaft bestimmen und setzen die Kommission hiervon in Kenntnis.

Die Kommission veröffentlicht ein Verzeichnis dieser Zollstellen im *Amtsblatt der Europäischen Gemeinschaften* und aktualisiert es gegebenenfalls.

(2) Entscheiden sich die Mitgliedstaaten für die Bestimmung von Zollstellen im Sinne von Absatz 1, so dürfen bei Abfallverbringungen weder beim Eingang noch beim Verlassen der Gemeinschaft andere Grenzübergangsstellen in einem Mitgliedstaat eingeschaltet werden.

Artikel 40

Die Mitgliedstaaten arbeiten, soweit angemessen und erforderlich, im Benehmen mit der Kommission mit anderen Vertragsparteien des Basler Übereinkommens und mit zwischenstaatlichen Organisationen unmittelbar oder über das Sekretariat des Basler Übereinkommens zusammen, indem sie insbesondere Informationen austauschen, neue umweltverträgliche Techniken fördern und entsprechende Verhaltenskodizes entwickeln.

Artikel 41

(1) Zum Ende jedes Kalenderjahres erstellen die Mitgliedstaaten einen Bericht nach Artikel 13 Absatz 3 des Basler Übereinkommens und leiten diesen dem Sekretariat des Basler Übereinkommens zu; eine Kopie erhält die Kommission.

(2) Die Kommission erstellt anhand dieser Berichte alle drei Jahre einen Bericht über die Durchführung dieser Verordnung durch die Gemeinschaft und ihre Mitgliedstaaten. Sie kann zu diesem Zweck zusätzliche Angaben gemäß Artikel 6 der Richtlinie 91/692/EWG ( ) verlangen.

Artikel 42

(1) Die Kommission erstellt bis spätestens drei Monate vor Beginn der Anwendung dieser Verordnung nach dem Verfahren des Artikels 18 der Richtlinie 75/442/EWG den einheitlichen Begleitschein einschließlich des Vordrucks für die Bescheinigung über die Verwertung bzw. Beseitigung (der Vordruck ist entweder Bestandteil des Begleitscheins oder wird einstweilen dem bestehenden Begleitschein nach der Richtlinie 84/631/EWG angeheftet) und paßt ihn danach gegebenenfalls an; dabei berücksichtigt sie insbesondere

— die einschlägigen Artikel dieser Verordnung;

— die einschlägigen zwischenstaatlichen Übereinkommen und Vereinbarungen.

(2) Das bestehende Formblatt für den Begleitschein findet bis zur Erstellung des neuen Begleitscheins sinngemäß Anwendung. Der Vordruck für die Bescheinigung über die Beseitigung bzw. Verwertung, die dem bestehenden Begleitschein anzuheften ist, wird so bald wie möglich erstellt.

(3) Unbeschadet des Verfahrens des Artikels 1 Absatz 3 Buchstaben c) und d) betreffend Anhang II A paßt die Kommission die Anhänge II, III und IV gemäß dem Verfahren des Artikels 18 der Richtlinie 75/442/EWG an, jedoch nur insoweit, als dies Änderungen entspricht, die bereits im Rahmen des Überprüfungsverfahrens der OECD vereinbart wurden.

(4) Das Verfahren nach Absatz 1 gilt auch für die Festlegung der umweltverträglichen Entsorgung unter Berücksichtigung der einschlägigen internationalen Übereinkommen und Vereinbarungen.

Artikel 43

Die Richtlinie 84/631/EWG wird mit dem Beginn der Anwendung dieser Verordnung aufgehoben. Verbringungen gemäß den Artikeln 4 und 5 der genannten Richtlinie sind spätestens sechs Monate nach Beginn der Anwendung dieser Verordnung abzuschließen.

Artikel 44

Diese Verordnung tritt am dritten Tag nach ihrer Veröffentlichung im *Amtsblatt der Europäischen Gemeinschaften* in Kraft.

Diese Verordnung gelangt 15 Monate nach ihrer Veröffentlichung zur Anwendung.

Diese Verordnung ist in allen ihren Teilen verbindlich und gilt unmittelbar in jedem Mitgliedstaat.

Geschehen zu Brüssel am 1. Februar 1993.

Im Namen des Rates

Der Präsident

N. HELVEG PETERSEN

(¹) ABl. Nr. L 377 vom 31. 12. 1991, S. 48.

Nr. L 30/20 Amtsblatt der Europäischen Gemeinschaften 6. 2. 93

ANHANG I

LISTE DER IN ARTIKEL 32 GENANNTEN INTERNATIONALEN VERKEHRSÜBEREINKOMMEN (¹)

1. ADR

   Europäisches Übereinkommen über die internationale Beförderung gefährlicher Güter auf der Straße (1957)

2. COTIF

   Übereinkommen über den internationalen Eisenbahnverkehr (1985), und zwar insbesondere in Anlage I:

   RID

   Internationale Ordnung für die Beförderung gefährlicher Güter mit der Eisenbahn (1985)

3. SOLAS

   Internationales Übereinkommen zum Schutz menschlichen Lebens auf See (1974)

4. IMDG-Code (²)

   Beförderung gefährlicher Güter mit Seeschiffen

5. Abkommen von Chicago

   Abkommen über die internationale Zivilluftfahrt (1944), dessen Anhang 18 die Beförderung gefährlicher Waren in der Luft betrifft (T.I. — Technical Instructions for the Safe Transport of Dangerous Goods by Air)

6. MARPOL

   Internationales Übereinkommen zur Verhütung der Meeresverschmutzung durch Schiffe (1973-1978)

7. ADNR

   Verordnung über die Beförderung gefährlicher Güter auf dem Rhein (1970)

(¹) Diese Liste enthält die zum Zeitpunkt der Annahme dieser Verordnung geltenden Übereinkommen.
(²) Der IMDG-Code ist seit 1. Januar 1985 Bestandteil des SOLAS-Übereinkommens.

ANHANG II

GRÜNE LISTE (*)

A. ABFÄLLE AUS METALLEN UND METALLEGIERUNGEN (OHNE DISPERSIONSRISIKO) (**)

Abfälle und Schrott, aus folgenden Edelmetallen und ihren Legierungen:

7112 10 — Gold

7112 20 — Platin (als „Platin" gelten Platin, Iridium, Osmium, Palladium, Rhodium und Ruthenium)

7112 90 — andere Edelmetalle, z. B. Silber

NB: (1) Quecksilber ist als Bestandteil dieser Metalle ausdrücklich ausgenommen

(2) Bei der Montage elektrischer Geräte anfallende Abfälle ausschließlich aus Metallen oder Legierungen

(3) Elektronischer Abfall (muß bestimmten Spezifikationen genügen, die nach dem Überprüfungsverfahren zu überprüfen sind)

Folgende Abfälle und Schrott, aus Eisen oder Stahl; Abfallblöcke aus Eisen oder Stahl:

7204 10 — Abfälle und Schrott, aus Gußeisen

7204 21 — Abfälle und Schrott, aus nichtrostendem Stahl

7204 29 — Abfälle und Schrott, aus anderen Stahllegierungen

7204 30 — Abfälle und Schrott, aus verzinntem Eisen oder Stahl

7204 41 — Drehspäne, Frässpäne, Hobelspäne, Schleifspäne, Sägespäne, Feilspäne und Stanz- oder Schneideabfälle, auch paketiert

7204 49 — andere Abfälle und Schrott, aus Eisen

7204 50 — Abfallblöcke

ex 7302 10 — gebrauchte Schienen, aus Eisen und Stahl

Abfälle und Schrott aus folgenden NE-Metallen und ihren Legierungen:

7404 00 — Abfälle und Schrott, aus Kupfer

7503 00 — Abfälle und Schrott, aus Nickel

7602 00 — Abfälle und Schrott, aus Aluminium

ex 7802 00 — Abfälle und Schrott, aus Blei

7902 00 — Abfälle und Schrott, aus Zink

8002 00 — Abfälle und Schrott, aus Zinn

ex 8101 91 — Abfälle und Schrott, aus Wolfram

ex 8102 91 — Abfälle und Schrott, aus Molybdän

ex 8103 10 — Abfälle und Schrott, aus Tantal

8104 20 — Abfälle und Schrott, aus Magnesium

ex 8105 10 — Abfälle und Schrott, aus Cobalt

ex 8106 00 — Abfälle und Schrott, aus Bismut

ex 8107 10 — Abfälle und Schrott, aus Cadmium

ex 8108 10 — Abfälle und Schrott, aus Titan

ex 8109 10 — Abfälle und Schrott, aus Zirconium

ex 8110 00 — Abfälle und Schrott, aus Antimon

ex 8111 00 — Abfälle und Schrott, aus Mangan

ex 8112 11 — Abfälle und Schrott, aus Beryllium

ex 8112 20 — Abfälle und Schrott, aus Chrom

ex 8112 30 — Abfälle und Schrott, aus Germanium

ex 8112 40 — Abfälle und Schrott, aus Vanadium

(*) Das Kennzeichen „ex" bezeichnet spezifische Waren einer Position des Harmonisierten Systems.
(**) Zu den Abfällen ohne Dispersionsrisiko gehören nicht Abfälle in Form von Pulver, Schlamm oder Staub sowie feste Gegenstände, die gefährliche Abfälle in flüssiger Form enthalten.

ex 8112 91	Abfälle und Schrott, aus : — Hafnium — Indium — Niob — Rhenium — Gallium — Thallium
ex 2805 30	Abfälle und Schrott, aus Thorium und Seltenerdmetallen
ex 2804 90	Abfälle und Schrott, aus Selen
ex 2804 50	Abfälle und Schrott, aus Tellur

B. SONSTIGE ABFÄLLE, DIE METALLE ENTHALTEN UND BEIM GIESSEN, SCHMELZEN UND AFFINIEREN VON METALL ANFALLEN

2620 11	Galvanisationsplatten (Hartzink) Zinkrückstände : — Zinkrückstände im Galvanisierungsbecken oben (> 90 % Zn) — Zinkrückstände im Galvanisierungsbecken unten (> 92 % Zn) — Zinkrückstände bei Druckguß (> 85 % Zn) — Zinkrückstände bei Feuerverzinkung (chargenweise) (> 92 % Zn) — Rückstände aus der Zinkabschöpfung Rückstände aus der Aluminiumabschöpfung
ex 2620 90	Schlacken, aus der Behandlung von Edelmetallen und Kupfer, zur späteren Wiederverwendung

C. ABFÄLLE AUS DEM BERGBAU OHNE DISPERSIONSRISIKO

ex 2504 90	Abfälle, aus natürlichem Graphit
ex 2514 00	Abfälle, aus Tonschiefer, auch grob behauen oder durch Sägen auf andere Weise lediglich zerteilt
2525 30	Glimmerabfall
ex 2529 21	Feldspat; Leuzit, Nephelin und Nephelinsyenit; Flußspat : — mit einem Gehalt an Calciumfluorid von 97 GHT oder weniger
ex 2804 61 ex 2804 69	Abfälle, aus Silicium, in fester Form, mit Ausnahme solcher, die in Gießereien verwendet werden

D. KUNSTSTOFFABFÄLLE IN FESTER FORM

unter anderem :

3915	Abfälle, Schnitzel und Bruch von Kunststoffen :
3915 10	— von Ethylen-Polymeren
3915 20	— von Styrol-Polymeren
3915 30	— von Vinylchlorid-Polymeren
3915 90	Abfälle von anderen polymerisierten oder copolymerisierten Kunststoffen : — Polypropylen — Abfälle und Bruch von Polyethylenterephthalat — Acrylonitril-Copolymere — Butadien-Copolymere — Styrol-Copolymere — Polyamide — Polybuthylenterephthalat — Polykarbonate — Polyphenylensulfide — Acrylpolymere — Paraffine (C 10 - C 13) — Polyurethane (keine Fluorchlorkohlenwasserstoffe enthaltend)

— Polysiloxane (Silicone)
— Polymethyl-Methacrylat
— Polyvinylalkohol
— Polyvinylbutyral
— Polyvinylacetat
— Polytetrafluorethylen (Teflon, PTFE)

3915 90 Folgende Harze oder deren Kondensationserzeugnisse:
— Harnstoffharze aus Formaldehyd
— Phenolharze aus Formaldehyd
— Melaminharze aus Formaldehyd
— Epoxidharze
— Alkydharze
— Polyamide

E. ABFÄLLE VON PAPIER, PAPPE UND WAREN AUS PAPIER

4707 00 Abfälle und Ausschuß von Papier und Pappe:

4707 10 — aus ungebleichtem Kraftpapier oder aus Wellpapier oder Wellpappe

4707 20 — aus Papier der Pappe, hauptsächlich aus gebleichter, nicht in der Masse gefärbter Holzcellulose hergestellt

4707 30 — aus Papier oder Pappe, hauptsächlich aus mechanischen Halbstoffen hergestellt (z. B. Zeitungen, Zeitschriften und ähnliche Drucke)

4707 90 — andere, darunter unter anderem:
1. geklebte Pappe
2. Abfälle und Ausschuß, unsortiert

F. GLASABFÄLLE (OHNE DISPERSIONSRISIKO)

ex 7001 00 Bruchglas und andere Abfälle und Scherben von Glas, ausgenommen Glas von Kathodenstrahlröhren und anderes aktiviertes Glas

Glasfaserabfälle

G. KERAMIKABFÄLLE (OHNE DISPERSIONSRISIKO)

ex 6900 00 Abfälle von keramischen Waren, die nach vorheriger Formgebung gebrannt sind, einschließlich Behältnisse aus Keramik

ex 8113 00 Abfälle und Bruch von Cermets

Keramikfasern, anderweitig nicht spezifiziert

H. TEXTILABFÄLLE

5003 Abfälle von Seide (einschließlich nicht abhaspelbare Kokons, Garnabfälle und Reißspinnstoff):

5003 10 — weder gekrempelt noch gekämmt

5003 90 — andere

5103 Abfälle von Wolle oder feinen oder groben Tierhaaren (einschließlich Garnabfälle), ausgenommen Reißspinnstoff:

5103 10 — Kämmlinge von Wolle oder feinen Tierhaaren

5103 20 — andere Abfälle von Wolle oder feinen Tierhaaren

5103 30 — Abfälle von groben Tierhaaren

5202 Abfälle von Baumwolle (einschließlich Garnabfälle und Reißspinnstoff):

5202 10 — Garnabfälle

5202 91 — Reißspinnstoff

5202 99 — andere

5301 30 Werg und Abfälle von Flachs

ex 5302 90 Werg und Abfälle (einschließlich Garnabfälle und Reißspinnstoff) von Hanf (Cannabis sativa L.)

ex 5303 90 Werg und Abfälle (einschließlich Garnabfälle und Reißspinnstoff) von Jute und anderen textilen Bastfasern (ausgenommen Flachs, Hanf und Ramie)

ex 5304 90 Werg und Abfälle (einschließlich Garnabfälle und Reißspinnstoff) von Sisal und anderen textilen Agavefasern

ex 5305 19 Werg und Abfälle (einschließlich Garnabfälle und Reißspinnstoff) von Kokos

ex 5305 29 Werg und Abfälle (einschließlich Garnabfälle und Reißspinnstoff) von Abaca (Manilahanf oder Musa textilis Nee)

ex 5305 99	Werg und Abfälle (einschließlich Garnabfälle und Reißspinnstoff) von Ramie und anderen textilen Pflanzenfasern, anderweit weder genannt noch inbegriffen
5505	Abfälle von Chemiefasern (einschließlich Kämmlinge, Garnabfälle und Reißspinnstoff):
5505 10	— aus synthetischen Chemiefasern
5505 20	— aus künstlichen Chemiefasern
6309 00	Altwaren
6310	Lumpen, aus Spinnstoffen; Bindfäden, Seile, Taue und Waren daraus, aus Spinnstoffen, in Form von Abfällen oder unbrauchbar gewordenen Waren:
6310 10	— sortiert
6310 90	— andere

I. KAUTSCHUKABFÄLLE

4004 00	Abfälle, Bruch und Schnitzel von Weichkautschuk, auch zu Pulver oder Granulat zerkleinert
4012 20	Luftreifen, gebraucht
ex 4017 00	Abfälle und Bruch von Hartkautschuk (z. B. Ebonit)

J. ABFÄLLE VON NICHTBEHANDELTEM KORK UND HOLZ

4401 30	Sägespäne, Holzabfälle und Holzausschuß, auch zu Pellets, Briketts, Scheiten oder ähnlichen Formen zusammengepreßt
4501 90	Korkabfälle, Korkschrot und Korkmehl

K. ABFÄLLE DER AGRAR- UND ERNÄHRUNGSINDUSTRIE

2301 00	Mehl und Pellets, getrocknet, sterilisiert und stabilisiert, von Fleisch, von Schlachtnebenerzeugnissen, von Fischen oder von Krebstieren, von Weichtieren oder anderen wirbellosen Wassertieren, ungenießbar, zur Fütterung oder zu anderen Zwecken verwendet; Grieben
2302 00	Kleie und andere Rückstände, auch in Form von Pellets, vom Sichten, Mahlen oder von anderen Bearbeitungen von Getreide oder Hülsenfrüchten
2303 00	Rückstände von der Stärkegewinnung und ähnliche Rückstände, ausgelaugte Rübenschnitzel, Begasse und andere Abfälle von der Zuckergewinnung, Treber, Schlempen und Abfälle aus Brauereien oder Brennereien, auch in Form von Pellets
2304 00	Ölkuchen und andere feste Rückstände aus der Gewinnung von Sojaöl, auch gemahlen oder in Form von Pellets, zur Fütterung verwendet
2305 00	Ölkuchen und andere feste Rückstände aus der Gewinnung von Erdnußöl, auch gemahlen oder in Form von Pellets, zur Fütterung verwendet
2306 00	Ölkuchen und andere feste Rückstände aus der Gewinnung von Pflanzenölen, auch gemahlen oder in Form von Pellets, zur Fütterung verwendet
ex 2307 00	Weintrub
ex 2308 00	Pflanzliche Stoffe und pflanzliche Abfälle, pflanzliche Rückstände und pflanzliche Nebenerzeugnisse der zur Fütterung verwendeten Art, getrocknet und sterilisiert, auch in Form von Pellets, anderweit weder genannt noch inbegriffen
1522 00	Degras; Rückstände aus der Verarbeitung von Fettstoffen oder von tierischen oder pflanzlichen Wachsen
1802 00	Kakaoschalen, Kakaohäutchen und anderer Kakaoabfall

L. BEIM GERBEN, DER PELZFELLVERARBEITUNG UND DER HÄUTE- UND FELLBEHANDLUNG ANFALLENDE ABFÄLLE

0502 00	Abfälle von Borsten von Hausschweinen oder Wildschweinen, Dachshaaren und anderen Tierhaaren zur Herstellung von Besen, Bürsten und Pinseln
0503 00	Roßhaarabfälle, auch in Lagen, mit oder ohne Unterlage
0505 90	Abfälle von Vogelbälgen und anderen Vogelteilen, mit ihren Federn oder Daunen, Federn und Teilen von Federn (auch beschnitten), Daunen, roh oder nur gering gereinigt, desinfiziert oder zum Haltbarmachen behandelt
0506 90	Abfälle von Knochen und Stirnbeinzapfen, roh, entfettet, einfach bearbeitet (aber nicht zugeschnitten), mit Säure behandelt oder entleimt
4110 00	Schnitzel und andere Abfälle von Leder, Pergament- oder Rohhautleder oder rekonstituiertem Leder, nicht zur Herstellung von Waren aus Leder verwendbar, ausgenommen Lederschlamm

M. SONSTIGE ABFÄLLE

8908 00	Wasserfahrzeuge und andere schwimmende Vorrichtungen, zum Abwracken, ohne Ladung, die als gefährlicher Stoff oder gefährlicher Abfall eingestuft werden könnte
	Wracks (Fahrzeuge), ohne flüssige Bestandteile
0501 00	Haarabfälle
ex 0511 91	Fischabfälle
	Verbrauchte Anoden aus Petrolkoks und/oder aus Bitumen aus Erdöl
	Rauchgasentschwefelungsgips
	Beim Abbruch von Gebäuden anfallende Abfälle aus Putz oder Gipstafeln
ex 2621	Flugasche, schwere Asche und Feuerungsschlacken aus Kohlekraftwerken (*)
	Strohabfälle
	Betonschutt
	Verbrauchte Katalysatoren : — Katalysatoren für das Wirbelschichtverfahren — Edelmetallkatalysatoren — Übergangsmetallkatalysatoren
	Bei der Herstellung von Penicillin anfallendes inaktiviertes Pilzmyzel, zur Fütterung verwendet
2618 00	Granulierte Schlacke aus der Eisen- und Stahlherstellung
ex 2619 00	Schlacken aus der Eisen- und Stahlherstellung (**)
3103 20	Dephosphorationsschlacken aus der Eisen- und Stahlherstellung, die unter anderem als Phosphatdüngemittel verwendet werden
ex 2621 00	Chemisch stabilisierte Schlacke aus der Kupferherstellung, die eine beträchtliche Menge Eisen (über 20 %) enthalten und entsprechend den Industrienormen (d. h. DIN 4301 und DIN 8201) behandelt wurden, zur Verwendung hauptsächlich für Bauzwecke und als Schleifmittel
ex 2621 00	Rotschlamm aus der Aluminiumoxidherstellung
ex 2621 00	Verbrauchte Aktivkohle
	Schwefel in festem Aggregatzustand
ex 2836 50	Calciumcarbonat aus der Herstellung von Calciumcyanamid (mit einem pH-Wert unter 9)
	Natrium-, Calcium- und Kaliumchloride
	Silberfreie Abfälle von photographischen Trägermaterialien und von Filmen
	Wegwerfphotoapparate, ohne Batterien
ex 2818 10	Carborundum

(*) Diese Position muß bestimmten Spezifikationen genügen, die nach dem Überprüfungsverfahren zu überprüfen sind.
(**) Diese Position schließt die Verwendung dieser Schlacken als Ausgangsstoff für Titan- und Vanadiumdioxid ein.

ANHANG III

GELBE LISTE (*)

ex 2619 00	Schlacken, Zunder und andere Abfälle aus der Eisen- und Stahlherstellung (**)
2620 19	Zinkhaltige Aschen und Rückstände
2620 20	Bleihaltige Aschen und Rückstände
2620 30	Kupferhaltige Aschen und Rückstände
2620 40	Aluminiumhaltige Aschen und Rückstände
2620 50	Vanadiumhaltige Aschen und Rückstände
2620 90	Aschen und Rückstände, die Metalle oder Metallverbindungen enthalten, anderweitig nicht spezifiziert
	Rückstände aus der Aluminiumoxidherstellung, anderweitig nicht spezifiziert
2621 00	Andere Schlacken und Aschen, anderweitig nicht spezifiziert
	Rückstände aus der Verbrennung von Siedlungsmüll
2713 90	Rückstände aus der Herstellung/Behandlung von Petrolkoks und Bitumen aus Erdöl, mit Ausnahme verbrauchter Anoden
	Bleiakkumulatoren, ganz oder zerkleinert
	Rückstandsöle, die für ihren ursprünglichen Verwendungszweck nicht mehr geeignet sind
	Gemische und Emulsionen aus Öl und Wasser oder aus Kohlenwasserstoffen und Wasser
	Abfälle aus der Herstellung, Zubereitung und Verwendung von Tinten, Farbstoffen, Pigmenten, Anstrichfarben und Lacken
	Abfälle aus der Herstellung, Zubereitung und Verwendung von Harzen, Latex, Weichmachern oder von Leimen und Klebstoffen
	Abfälle aus der Herstellung, Zubereitung und Verwendung von reprographischen oder photographischen Materialien, anderweitig nicht spezifiziert
	Wegwerfphotoapparate, mit Batterien
	Abfälle aus der Oberflächenbehandlung von Metallen und Kunststoffen mit nichtcyanidhaltigen Mitteln
	Abfälle von Straßenbaubitumen
	Phenole und phenolhaltige Verbindungen einschließlich Chlorphenole, in flüssiger Form oder als Schlamm
	Abfälle von behandeltem Kork und behandeltem Holz
	Verbrauchte Batterien und Akkumulatoren, ganz oder zerkleinert, mit Ausnahme von Bleiakkumulatoren, sowie Abfälle und Schrott aus der Herstellung von Batterien und Akkumulatoren, anderweitig nicht spezifiziert
ex 3915 90	Nitrocellulose
ex 7001 00	Glas von Kathodenstrahlröhren und anderes aktiviertes Glas
ex 4110 00	Lederspäne, Lederasche, Lederschlamm und Ledermehl
ex 2529 21	Calciumfluoridschlämme
	Andere anorganische Fluorverbindungen in flüssiger Form oder als Schlamm
	Zinkschlacken mit bis zu 18 Gewichtshundertteilen Zink
	Galvanisierungsschlamm
	Flüssigkeiten aus dem Beizen von Metallen
	Gießereisand
	Thalliumverbindungen
	Polychlornaphthalin
	Ether
	Feste Edelmetallrückstände, die Spuren von anorganischen Cyaniden enthalten
	Wasserstoffperoxidlösungen
	Triäthylamin-Katalysatoren, die zur Zubereitungvon Gießereisand verwendet werden

(*) Das Kennzeichen „ex" bezeichnet spezifische Waren einer Position des Harmonisierten Systems.
(**) Diese Aufzählung umfaßt Aschen, Rückstände, Schlacken, Abschöpfgut, Zunder, Stäube, Schlämme und Kuchen, die anderweit nicht ausdrücklich genannt sind.

ex 2804 80 Arsenabfälle und -rückstände

ex 2805 40 Quecksilberabfälle und -rückstände

Asche, Schlamm, Staub und andere Rückstände von Edelmetallen wie:

— Asche aus der Verbrennung von gedruckten Schaltkreisen
— Asche aus der Verbrennung von Filmen

Verbrauchte Katalysatoren, die nicht in der grünen Liste aufgeführt sind

Laugenrückstände aus der Zinkbearbeitung, Staub und Schlamm wie Jarosit, Hämatit, Goethit usw.

Aluminiumhydrat-Abfälle

Aluminiumoxid-Abfälle

Abfälle, die die nachstehenden Stoffe enthalten, aus ihnen bestehenoder von diesen verunreinigt sind:

— anorganische Cyanide, ausgenommen feste Edelmetallrückstände, die Spuren von anorganischen Cyaniden enthalten
— organische Cyanide

Explosionsgefährliche Abfälle, die keinen besonderen Rechtsvorschriften unterliegen

Abfälle aus der Herstellung, Zubereitung und Verwendung von Erzeugnissen zur Holzkonservierung

Schlamm von verbleitem Benzin

Sandstrahl-Rückstände

Fluorchlorkohlenwasserstoffe

Halone

Rückstände aus der Abwrackung von Kraftfahrzeugen (leichtes Mahlgut: Plüsch, Stoff, Kunststoffabfälle ...)

Heizflüssigkeit (Wärmeübertragung)

Hydraulikflüssigkeit

Bremsflüssigkeit

Frostschutzmittel

Ionenaustauschharze

Auf der gelben Liste aufgeführte Abfälle, die im Rahmen des Überprüfungsverfahrens der OECD vorrangig zu überprüfen sind

Organische Phosphorverbindungen

Nichthalogenhaltige Lösungsmittel

Halogenhaltige Lösungsmittel

Halogenhaltige oder nichthalogenhaltige wasserfreie Destillationsrückstände, die bei der Wiedergewinnung von Lösungsmitteln anfallen

Schweinegülle; Exkremente

Abwasserschlamm

Haushaltsabfälle

Abfälle aus der Herstellung, Zubereitung und Verwendung von Bioziden und Phytopharmaka

Abfälle aus der Herstellung und Zubereitung von Arzneimitteln

Säurelösungen

Basische Löschungen

Grenzflächenaktive Stoffe

Anderweitig nicht spezifizierte anorganische Halogenidverbindungen

Anderweitig nicht spezifizierte Abfälle aus industriellen Anlagen zur Abgasreinigung

Bei industriellen chemischen Verfahren anfallender Gips

ANHANG IV

ROTE LISTE

Abfälle, Substanzen und Gegenstände, die folgende Stoffe enthalten, aus ihne bestehen oder von ihnen kontaminiert sind: polychlorierte Biphenyle (PCB) und/oder polychlorierte Terphenyle (PCT) und/oder polybromierte Biphenyle (PBB), einschließlich aller analogen polybromierten Verbindungen, die eine Konzentration von 50 mg/kg oder mehr aufweisen

Abfälle, die folgende Stoffe enthalten, aus ihnen bestehen oder von ihnen kontaminiert sind:

— alle Erzeugnisse der Gruppe der polychlorierten Dibenzofurane

— alle Erzeugnisse der Gruppe der polychlorierten Dibenzodioxine

Asbest (Staub und Fasern)

Keramikfasern mit ähnlichen Eigenschaften wie Asbest

Bleihaltiger Antiklopfmittelschlamm

In der roten Liste aufgeführte Abfälle, die im Rahmen des Überprüfungsverfahrens der OECD vorrangig zu überprüfen sind

Teerrückstände (mit Ausnahme von Asphaltzement) aus der Raffination, Destillation oder aus pyrolytischen Verfahren

Andere Peroxide als Wasserstoffperoxide

II

(Nicht veröffentlichungsbedürftige Rechtsakte)

KOMMISSION

ENTSCHEIDUNG DER KOMMISSION

vom 21. Oktober 1994

zur Anpassung der Anhänge II, III und IV der Verordnung (EWG) Nr. 259/93 des Rates zur Überwachung und Kontrolle der Verbringung von Abfällen in der, in die und aus der Europäischen Gemeinschaft nach Artikel 42 Ziffer 3 dieser Verordnung

(94/721/EG)

DIE KOMMISSION DER EUROPÄISCHEN GEMEINSCHAFTEN —

gestützt auf den Vertrag zur Gründung der Europäischen Gemeinschaft,

gestützt auf die Verordnung (EWG) Nr. 259/93 des Rates vom 1. Februar 1993 zur Überwachung und Kontrolle der Verbringung von Abfällen in der, in die und aus der Europäischen Gemeinschaft (1), insbesondere auf deren Artikel 42 Ziffer 3,

gestützt auf die Richtlinie 75/442/EWG des Rates vom 15. Juli 1975 über Abfälle (2), zuletzt geändert durch die Richtlinie 91/692/EWG (3), insbesondere auf Artikel 18,

in Erwägung nachstehender Gründe:

Nach Artikel 42 Absatz 3 der Verordnung (EWG) Nr. 259/93 müssen die Anhänge II, III und IV nur insoweit angepaßt werden, als dies Änderungen entspricht, die bereits im Rahmen des Überprüfungsverfahrens der OECD vereinbart wurden.

Der OECD-Rat (4) hat im Rahmen des Überprüfungsverfahrens die Änderungen der grünen, der gelben und der roten Abfalliste beschlossen.

Die Anhänge II, III und IV der Verordnung (EWG) Nr. 259/93 bedürfen somit einer Änderung, um diesen Änderungen Rechnung zu tragen.

Bei der Anpassung der Anhänge II, III und IV dieser Verordnung wird die Kommission durch den nach Artikel 18 der Richtlinie 75/442/EWG eingesetzten Ausschuß aus Vertretern der Mitgliedstaaten, dessen Vorsitz der Vertreter der Kommission führt, unterstützt.

Die in dieser Entscheidung vorgesehenen Maßnahmen entsprechen der Stellungnahme des obenerwähnten Ausschusses —

HAT FOLGENDE ENTSCHEIDUNG ERLASSEN:

Artikel 1

Die Anhänge II, III und IV der Verordnung (EWG) Nr. 259/93 werden durch den Anhang dieser Entscheidung ersetzt.

Artikel 2

Diese Entscheidung ist an alle Mitgliedstaaten gerichtet.

Brüssel, den 21. Oktober 1994

Für die Kommission

Yannis PALEOKRASSAS

Mitglied der Kommission

---

(1) ABl. Nr. L 30 vom 6. 2. 1993, S. 1.
(2) ABl. Nr. L 194 vom 25. 7. 1975, S. 47.
(3) ABl. Nr. L 377 vom 31. 12. 1991, S. 48.
(4) OECD-Rat vom 23. Juli 1993, Dok. Ref. C(93) 74;
OECD-Rat vom 28. Juli 1994, Dok. Ref. C(94) 153.

9. 11. 94 Amtsblatt der Europäischen Gemeinschaften Nr. L 288/37

ANHANG

„ANHANG II

GRÜNE LISTE (*)

Unabhängig davon, ob gewisse Abfälle in dieser Liste aufgeführt sind, dürfen sie nicht als Abfälle der Grünen Liste befördert werden, falls sie mit anderen Materialien in einem Ausmaß kontaminiert sind, daß a) sie die mit dem Abfall verbundenen Risiken soweit erhöhen, daß sie auf die Gelbe oder die Rote Liste gesetzt werden müßten, oder b) die umweltverträgliche Verwertung des Abfalls unmöglich geworden ist.

GA. ABFÄLLE AUS METALLEN UND METALLEGIERUNGEN (OHNE DISPERSIONSRISIKO) (**)

Abfälle und Schrott, aus folgenden Edelmetallen und ihren Legierungen:

GA 010	ex 7112 10	— Gold
GA 020	ex 7112 20	— Platin (als ‚Platin' gelten Platin, Iridium, Osmium, Palladium, Rhodium und Ruthenium)
GA 030	ex 7112 90	— Andere Edelmetalle, z. B. Silber *NB:* Quecksilber ist als Verunreinigung dieser Metalle, ihrer Legierungen oder Amalgame ausdrücklich ausgenommen.

Nachstehende eisenhaltige Abfälle und Schrott aus Eisen und Stahl:

GA 040	7204 10	Abfälle und Schrott, aus Gußeisen
GA 050	7204 21	Abfälle und Schrott, aus nichtrostendem Stahl
GA 060	7204 29	Abfälle und Schrott, aus anderen Stahllegierungen
GA 070	7204 30	Abfälle und Schrott, aus verzinntem Eisen oder Stahl
GA 080	7204 41	Drehspäne, Frässpäne, Hobelspäne, Schleifspäne, Sägespäne, Feilspäne und Stanz- oder Schneideabfälle, auch paketiert
GA 090	7204 49	Andere Abfälle und Schrott, aus Eisen
GA 100	7204 50	Abfallblöcke
GA 110	ex 7302 10	Gebrauchte Schienen, aus Eisen und Stahl

Abfälle und Schrott aus folgenden NE-Metallen und ihren Legierungen:

GA 120	7404 00	Abfälle und Schrott, aus Kupfer
GA 130	7503 00	Abfälle und Schrott, aus Nickel
GA 140	7602 00	Abfälle und Schrott, aus Aluminium
GA 150	ex 7802 00	Abfälle und Schrott, aus Blei
GA 160	7902 00	Abfälle und Schrott, aus Zink
GA 170	8002 00	Abfälle und Schrott, aus Zinn
GA 180	ex 8101 91	Abfälle und Schrott, aus Wolfram
GA 190	ex 8102 91	Abfälle und Schrott, aus Molybdän
GA 200	ex 8103 10	Abfälle und Schrott, aus Tantal
GA 210	8104 20	Abfälle und Schrott, aus Magnesium
GA 220	ex 8105 10	Abfälle und Schrott, aus Cobalt
GA 230	ex 8106 00	Abfälle und Schrott, aus Bismut
GA 240	ex 8107 10	Abfälle und Schrott, aus Cadmium

(*) Falls möglich, wird neben dem Eintrag die Codenummer des Harmonisierten Systems zur Bezeichnung und Codierung der Waren (Code des Harmonisierten Systems) angegeben, das durch das Brüsseler Übereinkommen vom 14. Juni 1983 unter der Schirmherrschaft des Rats für die Zusammenarbeit auf dem Gebiet des Zollwesens aufgestellt wurde. Dieser Code kann sich sowohl auf Abfälle als auch auf Waren beziehen. In dieser Verordnung sind nur Abfälle aufgeführt. Deshalb wird der Code — der zur Arbeitserleichterung von Zollbehörden und von anderen Stellen verwendet wird — hier nur zur Hilfe bei der Bestimmung von Abfällen angegeben, die in dieser Verordnung aufgelistet sind und damit unter sie fallen. Dennoch sollten entsprechende offizielle Erläuterungen des Rats für die Zusammenarbeit auf dem Gebiet des Zollwesens als Anhaltspunkt für die Bestimmung von Abfällen herangezogen werden, die unter allgemeinen Positionen zusammengefaßt sind. Die Angabe ‚ex' weist darauf hin, daß es sich um einen unter einer Position des Harmonisierten Systems speziell aufgeführten Abfall handelt.

Der Code in Fettdruck in der ersten Spalte ist der OECD-Code: Er besteht aus zwei Buchstaben (einem für die Liste ‚Green' (Grün), ‚Amber' (Gelb) und ‚Red' (Rot) und einem für die Abfallkategorie A, B, C usw.) und einer Zahl.

(**) Zu den Abfällen ohne Dispersionsrisiko gehören nicht Abfälle in Form von Pulver, Schlamm oder Staub sowie feste Gegenstände, die gefährliche Abfälle in flüssiger Form enthalten.

GA 250	ex 8108 10	Abfälle und Schrott, aus Titan
GA 260	ex 8109 10	Abfälle und Schrott, aus Zirconium
GA 270	ex 8110 00	Abfälle und Schrott, aus Antimon
GA 280	ex 8111 00	Abfälle und Schrott, aus Mangan
GA 290	ex 8112 11	Abfälle und Schrott, aus Beryllium
GA 300	ex 8112 20	Abfälle und Schrott, aus Chrom
GA 310	ex 8112 30	Abfälle und Schrott, aus Germanium
GA 320	ex 8112 40	Abfälle und Schrott, aus Vanadium
	ex 8112 91	Abfälle und Schrott, aus:
GA 330		— Hafnium
GA 340		— Indium
GA 350		— Niob
GA 360		— Rhenium
GA 370		— Gallium
GA 380		— Thallium
GA 390	ex 2844 30	Abfälle und Schrott, aus Thorium
GA 400	ex 2804 90	Abfälle und Schrott, aus Selen
GA 410	ex 2804 50	Abfälle und Schrott, aus Tellur
GA 420	ex 2805 30	Abfälle und Schrott, aus Seltenerdmetallen

GB. METALLHALTIGE ABFÄLLE, DIE BEIM GIESSEN, SCHMELZEN UND AFFINIEREN VON METALLEN ANFALLEN

GB 010	2620 11	Galvanisationsplatten (Hartzink)
GB 020		Zinkrückstände:
GB 021		— Zinkrückstände im Galvanisierungsbecken oben (> 90 % Zn)
GB 022		— Zinkrückstände im Galvanisierungsbecken unten (> 92 % Zn)
GB 023		— Zinkrückstände bei Druckguß (> 85 % Zn)
GB 024		— Zinkrückstände bei Feuerverzinkung (chargenweise) (> 92 % Zn)
GB 025		— Rückstände aus der Zinkabschöpfung
GB 030		Rückstände aus der Aluminiumabschöpfung
GB 040	ex 2620 90	Schlacken, aus der Behandlung von Edelmetallen und Kupfer, zur späteren Wiederverwendung
GB 050		Tantalhaltige Zinkschlacke mit weniger als 0,5 % Zinn

GC. SONSTIGE METALLHALTIGE ABFÄLLE

GC 010		Ausschließlich aus Metallen oder Legierungen bestehende elektrische Geräte und Bauteile
GC 020		Abfälle aus elektronischen Geräten und Bauteilen (z. B. gedruckte Schaltungen auf Platten, Draht usw.) und wiederverwertete elektronische Bauteile, die sich zur Rückgewinnung von unedlen und Edelmetallen eigenen
GC 030	ex 8908 00	Schiffe und andere schwimmende Vorrichtungen, zum Abwracken, ohne Ladung, die als gefährlicher Stoff oder Abfall eingestuft werden könnten
GC 040		Fahrzeugwracks nach Entfernung aller darin enthaltenen Flüssigkeiten
GC 050		Verbrauchte Katalysatoren:
GC 051		— Katalysatoren aus katalytischem Kracken im Fließbett
GC 052		— Edelmetalle enthaltende Katalysatoren
GC 053		— Übergangsmetalle (z. B. Chrom, Cobalt, Kupfer, Eisen, Nickel, Mangan, Molybdän, Wolfram, Vanadium, Zink) enthaltende Katalysatoren
GC 060	2618 00	Granulierte Schlacke aus der Eisen- und Stahlherstellung
GC 070	ex 2619 00	Schlacken aus der Eisen- und Stahlherstellung (*)

(*) Diese Position gilt auch für die Verwendung solcher Schlacken als Ausgangsstoff für Titandioxid und Vanadium.

GD. ABFÄLLE AUS DEM BERGBAU OHNE DISPERSIONSRISIKO

GD 010 ex 2504 90	Abfälle, aus natürlichem Graphit
GD 020 ex 2514 00	Abfälle, aus Tonschiefer, auch grob behauen oder durch Sägen auf andere Weise lediglich zerteilt
GD 030 2525 30	Glimmerabfall
GD 040 ex 2529 30	Abfälle aus Leuzit, Nephelin und Nephelinsyenit
GD 050 ex 2529 10	Feldspatabfälle
GD 060 ex 2529 21	Flußspatabfälle
ex 2529 22	
GD 070 ex 2911 22	Abfälle aus Silicium, in fester Form, mit Ausnahme solcher, die in Gießereien verwendet werden

GE. GLASABFÄLLE OHNE DISPERSIONSRISIKO

GE 010 ex 7001 00	Bruchglas und andere Abfälle und Scherben, ausgenommen Glas von Kathodenstrahlröhren und anderes aktiviertes Glas
GE 020	Glasfaserabfälle

GF. KERAMIKABFÄLLE OHNE DISPERSIONSRISIKO

GF 010	Abfälle von keramischen Waren, die nach vorheriger Formgebung gebrannt wurden, einschließlich Keramikbehältnisse (vor und nach Verwendung)
GF 020 ex 8113 00	Abfälle und Scherben von keramischen Waren (Metallkeramik-Verbundwerkstoffe)
GF 030	Unter keiner anderen Position erwähnte Keramikfasern

GG. ANDERE ABFÄLLE AUS VORWIEGEND ANORGANISCHEN BESTANDTEILEN, DIE METALLE UND ORGANISCHE STOFFE ENTHALTEN KÖNNEN

GG 010	Teilweise raffiniertes Calciumsulfat aus der Rauchgasentschwefelung
GG 020	Beim Abbruch von Gebäuden anfallende Gipsabfälle
GG 030 ex 2621	Schwere Asche und Feuerungsschlacken aus Kohlekraftwerken
GG 040 ex 2621	Flugasche aus Kohlekraftwerken
GG 050	Anodenplatten aus der Herstellung von Erdölkoks und/oder Bitumen
GG 060 ex 2803	Verbrauchte Aktivkohle
GG 070 3103 20	Bei der Herstellung von Eisen und Stahl anfallende basische Schlacke, die sich zur Verwendung als Phosphatdünger usw. eignet
GG 080 ex 2621 00	Chemisch stabilisierte Schlacke mit hohem Eisengehalt (über 20 %) aus der Kupferproduktion, nach Industriespezifikationen behandelt (z. B. DIN 4301 und DIN 8201), vor allem für Verwendungen als Baustoff und Schleifmittel
GG 090	Fester Schwefel
GG 100	Calciumcarbonat aus der Herstellung von Calciumcyanamid (mit einem pH-Wert unter 9)
GG 110 ex 2621 00	Neutralisierter Rotschlamm aus der Aluminiumoxidherstellung
GG 120	Natrium-, Calcium- und Kaliumchloride
GG 130	Carborundum (Siliciumcarbid)
GG 140	Betonbruchstücke
GG 150 ex 2620 90	Lithium-Tantal-Glasschrott und Lithium-Niob-Glasschrott

GH. KUNSTSTOFFABFÄLLE IN FESTER FORM

Einschließlich, jedoch nicht beschränkt auf:

GH 010	3915	Abfälle, Schnitzel und Bruch von Kunststoffen aus:
GH 011	ex 3915 10	— Ethylenpolymeren
GH 012	ex 3915 20	— Styrolpolymeren
GH 013	ex 3915 30	— Vinylchloridpolymeren
GH 014	ex 3915 90	— Polymeren oder Copolymeren von beispielsweise: — Polypropylen — Polyethylenterephthalat — Acrylonitril-Copolymeren — Butadien-Copolymeren — Styrol-Copolymeren — Polyamiden — Polybuthylenterephthalat — Polykarbonaten — Polyphenylensulfiden — Acrylpolymeren — Paraffinen (C10 — C13) (*) — Polyurethanen (keine Fluorchlorkohlenwasserstoffe enthaltend) — Polysiloxanen (Siliconen) — Polymethyl-Methacrylat — Polyvinylalkohol — Polyvinylbutyral — Polyvinylacetat — Polytetrafluorethylen (Teflon, PTFE)
GH 015	ex 3915 90	— Folgende Harze oder deren Kondensationserzeugnisse: — Harnstoffharze aus Formaldehyd — Phenolharze aus Formaldehyd — Melaminharze aus Formaldehyd — Epoxidharze — Alkydharze — Polyamide

GI. ABFÄLLE VON PAPIER, PAPPE UND WAREN AUS PAPIER

GI 010	4707	Abfälle und Ausschuß von Papier und Pappe:
GI 011	4707 10	— aus ungebleichtem Kraftpapier oder aus Wellpapier oder Wellpappe
GI 012	4707 20	— aus Papier der Pappe, hauptsächlich aus gebleichter, nicht in der Masse gefärbter Holzcellulose hergestellt
GI 013	4707 30	— aus Papier oder Pappe, hauptsächlich aus mechanischen Halbstoffen hergestellt (z. B. Zeitungen, Zeitschriften und ähnliche Drucke)
GI 014	4707 90	— andere, darunter unter anderem: 1. geklebte Pappe 2. Abfälle und Ausschuß, unsortiert

GJ. TEXTILABFÄLLE

GJ 010	5003	Abfälle von Seide (einschließlich nicht abhaspelbare Kokons, Garnabfälle und Reißspinnstoff):
GJ 011	5003 10	— weder gekrempelt noch gekämmt
GJ 012	5003 90	— andere

(*) Nicht polymerisierbar, werden als Weichmacher verwendet.

GJ 020	5103	Abfälle von Wolle oder feinen oder groben Tierhaaren (einschließlich Garnabfälle), ausgenommen Reißspinnstoff:
GJ 021	5103 10	— Kämmlinge von Wolle oder feinen Tierhaaren
GJ 022	5103 20	— andere Abfälle von Wolle oder feinen Tierhaaren
GJ 023	5103 30	— Abfälle von groben Tierhaaren
GJ 030	5202	Abfälle von Baumwolle (einschließlich Garnabfälle und Reißspinnstoff):
GJ 031	5202 10	— Garnabfälle
GJ 032	5202 91	— Reißspinnstoff
GJ 033	5202 99	— andere
GJ 040	5301 30	Werg und Abfälle von Flachs
GJ 050	ex 5302 90	Werg und Abfälle (einschließlich Garnabfälle und Reißspinnstoff) von Hanf (Cannabis sativa L.)
GJ 060	ex 5303 90	Werg und Abfälle (einschließlich Garnabfälle und Reißspinnstoff) von Jute und anderen textilen Bastfasern (ausgenommen Flachs, Hanf und Ramie)
GJ 070	ex 5304 90	Werg und Abfälle (einschließlich Garnabfälle und Reißspinnstoff) von Sisal und anderen textilen Agavefasern
GJ 080	ex 5305 19	Werg und Abfälle (einschließlich Garnabfälle und Reißspinnstoff) von Kokos
GJ 090	ex 5305 29	Werg und Abfälle (einschließlich Garnabfälle und Reißspinnstoff) von Abaca (Manilahanf oder Musa textilis Nee)
GJ 100	ex 5305 99	Werg und Abfälle (einschließlich Garnabfälle und Reißspinnstoff) von Ramie und anderen textilen Pflanzenfasern, anderweit weder genannt noch inbegriffen
GJ 110	5505	Abfälle von Chemiefasern (einschließlich Kämmlinge, Garnabfälle und Reißspinnstoff):
GJ 111	5505 10	— aus synthetischen Chemiefasern
GJ 112	5505 20	— aus künstlichen Chemiefasern
GJ 120	6309 00	Altwaren
GJ 130	ex 6310	Lumpen, aus Spinnstoffen; Bindfäden, Seile, Taue und Waren daraus, aus Spinnstoffen, in Form von Abfällen oder unbrauchbar gewordenen Waren:
GJ 131	ex 6310 10	— sortiert
GJ 132	ex 6310 90	— andere

GK. KAUTSCHUKABFÄLLE

GK 010	4004 00	Abfälle, Bruch und Schnitzel von Weichkautschuk, auch zu Pulver oder Granulat zerkleinert
GK 020	4012 20	Luftreifen, gebraucht
GK 030	ex 4017 00	Abfälle und Bruch von Hartkautschuk (z. B. Ebonit)

GL. ABFÄLLE VON NICHTBEHANDELTEM KORK UND HOLZ

GL 010	ex 4401 30	Sägespäne, Holzabfälle und Holzausschuß, auch zu Pellets, Briketts, Scheiten oder ähnlichen Formen zusammengepreßt
GL 020	4501 90	Korkabfälle, Korkschrot und Korkmehl

GM. ABFÄLLE DER AGRAR- UND ERNÄHRUNGSINDUSTRIE

GM 070	ex 2307	Weintrub
GM 080	ex 2308	Pflanzliche Stoffe und pflanzliche Abfälle, pflanzliche Rückstände und pflanzliche Nebenerzeugnisse der zur Fütterung verwendeten Art, getrocknet und sterilisiert, auch in Form von Pellets, anderweit weder genannt noch inbegriffen
GM 090	1522	Degras; Rückstände aus der Verarbeitung von Fettstoffen oder von tierischen oder pflanzlichen Wachsen

GM 100	0506 90	Abfälle aus Knochen und Hornteilen, unverarbeitet, entfettet, nur zubereitet, jedoch nicht zugeschnitten, mit Säure behandelt oder entgelatiniert
GM 110	ex 0511 91	Fischabfälle
GM 120	1802 00	Kakaoschalen, Kakaohäutchen und anderer Kakaoabfall
GM 130		Abfälle aus der Agrar- und Ernährungsindustrie, ohne Nebenerzeugnisse, die für Menschen und Tiere geltende nationale bzw. internationale Auflagen und Standards erfüllen

GN. BEIM GERBEN, DER PELZFELLVERARBEITUNG UND DER HÄUTE- UND FELLBEHANDLUNG ANFALLENDE ABFÄLLE

GN 010	ex 0502 00	Abfälle von Borsten von Hausschweinen oder Wildschweinen, Dachshaaren und anderen Tierhaaren zur Herstellung von Besen, Bürsten und Pinseln
GN 020	ex 0503 00	Roßhaarabfälle, auch in Lagen, mit oder ohne Unterlage
GN 030	ex 0505 90	Abfälle von Vogelbälgen und anderen Vogelteilen, mit ihren Federn oder Daunen, Federn und Teilen von Federn (auch beschnitten), Daunen, roh oder nur gering gereinigt, desinfiziert oder zum Haltbarmachen behandelt
GN 040	4110 00	Schnitzel und andere Abfälle von Leder, Pergament- oder Rohhautleder oder rekonstituiertem Leder, nicht zur Herstellung von Waren aus Leder verwendbar, ausgenommen Lederschlamm

GO. ANDERE, ORGANISCHE STOFFE ENTHALTENDE ABFÄLLE, EVENTUELL VERMISCHT MIT METALLEN UND ANORGANISCHEN STOFFEN

GO 010	ex 0501 00	Haarabfälle
GO 020		Strohabfälle
GO 030		Bei der Herstellung von Penicillin anfallendes inaktiviertes Pilzmyzel, zur Fütterung verwendet
GO 040		Silberfreie Abfälle von photographischen Trägermaterialien und von Filmen
GO 050		Wegwerfphotoapparate, ohne Batterien

9. 11. 94 Amtsblatt der Europäischen Gemeinschaften Nr. L 288/43

ANHANG III

GELBE LISTE (*)

Unabhängig davon, ob gewisse Abfälle in dieser Liste aufgeführt sind, dürfen sie nicht als Abfälle der Gelben Liste befördert werden, falls sie mit anderen Materialien in einem Ausmaß kontaminiert sind, daß a) sie die mit dem Abfall verbundenen Risiken soweit erhöhen, daß sie auf die Rote Liste gesetzt werden müßten, oder b) die umweltverträgliche Verwertung des Abfalls unmöglich geworden ist.

AA. METALLHALTIGE ABFÄLLE

AA 010	ex 2619 00	Schlacken, Zunder und andere Abfälle aus der Eisen- und Stahlherstellung (**)
AA 020	ex 2620 19	Zinkhaltige Aschen und Rückstände (**)
AA 030	2620 20	Bleihaltige Aschen und Rückstände (**)
AA 040	ex 2620 30	Kupferhaltige Aschen und Rückstände (**)
AA 050	ex 2620 40	Aluminiumhaltige Aschen und Rückstände (**)
AA 060	ex 2620 50	Vanadiumhaltige Aschen und Rückstände (**)
AA 070	2620 90	Aschen und Rückstände (**), die Metalle oder Metallverbindungen enthalten, anderweitig nicht angegebene oder einbezogene Metalle oder Metallverbindungen enthaltende Aschen und Rückstände
AA 080		Thalliumhaltige Abfälle oder Rückstände (**)
AA 090	ex 2804 80	Arsenabfälle und Rückstände (**)
AA 100	ex 2805 40	Quecksilberabfälle und Rückstände (**)
AA 110		Anderweitig nicht angegebene oder einbezogene Rückstände aus der Aluminiumoxidproduktion
AA 120		Galvanisierungsschlamm
AA 130		Flüssigkeiten aus dem Beizen von Metallen
AA 140		Laugenrückstände aus der Zinkbearbeitung, Staub und Schlamm wie Jarosit, Hämatit, Goethit usw.
AA 150		Feste Edelmetallrückstände, die Spuren von anorganischen Cyaniden enthalten
AA 160		Asche, Schlamm, Staub und andere Rückstände von Edelmetallen wie:
AA 161		— Asche aus der Verbrennung von gedruckten Schaltkreisen
AA 162		— Asche aus der Verbrennung von photographischen Filmen
AA 170		Bleiakkumulatoren, ganz oder zerkleinert
AA 180		Bleiakkumulatoren sowie Abfälle und Schrott aus der Herstellung von Batterien und Akkumulatoren, anderweitig nicht erwähnt oder einbezogen

AB. ABFÄLLE AUS VORWIEGEND ANORGANISCHEN STOFFEN, EVENTUELL MIT METALLEN ODER ORGANISCHEN STOFFEN

AB 010	2621 00	Anderweitig nicht erwähnte oder eingeschlossene Schlacken, Aschen und Rückstände (**)
AB 020		Rückstände aus der Verbrennung von kommunalen Abfällen und Hausmüll
AB 030		Andere Abfälle als solche aus Systemen auf Cyanidbasis aus der Oberflächenbehandlung von Metallen

(*) Falls möglich, wird neben dem Eintrag die Codenummer des Harmonisierten Systems zur Bezeichnung und Codierung der Waren (Code des Harmonisierten Systems) angegeben, das durch das Brüsseler Übereinkommen vom 14. Juni 1983 unter der Schirmherrschaft des Rats für die Zusammenarbeit auf dem Gebiet des Zollwesens aufgestellt wurde. Dieser Code kann sich sowohl auf Abfälle als auch auf Waren beziehen. In dieser Verordnung sind nur Abfälle aufgeführt. Deshalb wird der Code — der zur Arbeitserleichterung von Zollbehörden und von anderen Stellen verwendet wird — hier nur zur Hilfe bei der Bestimmung von Abfällen angegeben, die in dieser Verordnung aufgelistet sind und damit unter sie fallen. Dennoch sollten entsprechende offizielle Erläuterungen des Rats für die Zusammenarbeit auf dem Gebiet des Zollwesens als Anhaltspunkt für die Bestimmung von Abfällen herangezogen werden, die unter allgemeinen Positionen zusammengefaßt sind. Die Angabe ‚ex' weist darauf hin, daß es sich um einen unter einer Position des Harmonisierten Systems speziell aufgeführten Abfall handelt.

Der Code in Fettdruck in der ersten Spalte ist der OECD-Code: Er besteht aus zwei Buchstaben (einem für die Liste ‚Green' (Grün), ‚Amber' (Gelb) und ‚Red' (Rot) und einem für die Abfallkategorie A, B, C usw.) und einer Zahl.

(**) Diese Aufzählung umfaßt Aschen, Rückstände, Schlacken, Abschöpfgut, Zunder, Stäube, Schlämme und Kuchen, die anderweit nicht ausdrücklich genannt sind.

AB 040 ex 7001 00	Glasabfälle aus Kathodenstrahlröhren und anderem aktiviertem Glas
AB 050 ex 2529 21	Calciumfluoridschlämme
AB 060	Andere anorganische Fluorverbindungen in flüssiger Form oder als Schlamm
AB 070	Gießereisand
AB 080	Verbrauchte Katalysatoren, die nicht in der grünen Liste aufgeführt sind
AB 090	Aluminiumhydratabfälle
AB 100	Aluminiumoxidabfälle
AB 110	Basische Löschungen
AB 120	Anderweitig nicht aufgeführte oder eingeschlossene anorganische Halogenidverbindungen
AB 130	Sandstrahlrückstände
AB 140	Bei industriellen chemischen Verfahren anfallender Gips
AB 150	Nichtraffiniertes Calciumsulfit und Calciumsulfat aus der Rauchgasentschwefelung

AC. VORWIEGEND ORGANISCHE STOFFE ENTHALTENDE ABFÄLLE, EVENTUELL VERMISCHT MIT METALLEN UND ANORGANISCHEN STOFFEN

AC 010 ex 2713 90	Rückstände aus der Herstellung/Behandlung von Petrolkoks und Bitumen aus Erdöl, mit Ausnahme verbrauchter Anoden
AC 020	Abfälle von Straßenbaubitumen
AC 030	Rückstandsöle, die für ihren ursprünglichen Verwendungszweck nicht mehr geeignet sind
AC 040	Schlamm von verbleitem Benzin
AC 050	Heizflüssigkeit (Wärmeübertragung)
AC 060	Hydraulikflüssigkeit
AC 070	Bremsflüssigkeit
AC 080	Frostschutzmittel
AC 090	Abfälle aus der Herstellung, Zubereitung und Verwendung von Harzen, Latex, Weichmachern oder von Leimen und Klebstoffen
AC 100 ex 3915 90	Nitrocellulose
AC 110	Phenole und phenolhaltige Verbindungen einschließlich Chlorphenole, in flüssiger Form oder als Schlamm
AC 120	Polychlornaphthalin
AC 130	Ether
AC 140	Triäthylamin-Katalysatoren, die zur Zubereitung von Gießereisand verwendet werden
AC 150	Fluorchlorkohlenwasserstoffe
AC 160	Halone
AC 170	Abfälle von behandeltem Kork und behandeltem Holz
AC 180 ex 4110 00	Lederspäne, Lederasche, Lederschlamm und Ledermehl
AC 190	Rückstände aus der Abwrackung von Kraftfahrzeugen (leichtes Mahlgut: Plüsch, Stoff, Kunststoffabfälle, ...)
AC 200	Organische Phosphorverbindungen
AC 210	Nichthalogenhaltige Lösungsmittel
AC 220	Halogenhaltige Lösungsmittel
AC 230	Halogenhaltige oder nichthalogenhaltige wasserfreie Destillationsrückstände, die bei der Wiedergewinnung von Lösungsmitteln anfallen
AC 240	Abfälle aus der Herstellung von halogenierten aliphatischen Kohlenwasserstoffen (wie Chormethanen, Dichlorethan, Vinylchlorid, Vinylidenchlorid, Allylchlorid und Epichlorhydrin)
AC 250	Grenzflächenaktive Stoffe
AC 260	Flüssiger Schweinemist; Fäkalien
AC 270	Abwasserschlamm

AD. ABFÄLLE, DIE SOWOHL ANORGANISCHE ALS AUCH ORGANISCHE STOFFE ENTHALTEN KÖNNEN

AD 010	Abfälle aus der Herstellung und Zubereitung pharmazeutischer Produkte
AD 020	Abfälle aus der Produktion, Formulierung und Verwendung von Bioziden und Pflanzenschutzmitteln
AD 030	Abfälle aus der Herstellung, Zubereitung und Verwendung von Erzeugnissen zur Holzkonservierung
	Abfälle, die die nachstehenden Stoffe enthalten, aus ihnen bestehen oder von diesen verunreinigt sind:
AD 040	— anorganische Cyanide, ausgenommen feste Edelmetallrückstände, die Spuren von anorganischen Cyaniden enthalten
AD 050	— organische Cyanide
AD 060	Gemische und Emulsionen aus Öl und Wasser oder aus Kohlenwasserstoffen und Wasser
AD 070	Abfälle aus der Herstellung, Zubereitung und Verwendung von Tinten, Farbstoffen, Pigmenten, Anstrichfarben und Lacken
AD 080	Explosionsgefährliche Abfälle, die keinen besonderen Rechtsvorschriften unterliegen
AD 090	Anderweitig nicht aufgeführte oder eingeschlossene Abfälle aus der Herstellung, Zubereitung und Verwendung von reprographischen oder photographischen Materialien
AD 100	Abfälle aus Systemen auf anderer als Cyanidbasis, die bei der Oberflächenbehandlung von Kunststoffen anfallen
AD 110	Säurelösungen
AD 120	Ionenaustauschharze
AD 130	Wegwerfphotoapparate, mit Batterien
AD 140	Anderweitig nicht aufgeführte oder eingeschlossene Abfälle aus industriellen Anlagen zur Abgasreinigung
AD 150	Als Filter (z. B. Biofilter) verwendete, natürlich vorkommende organische Stoffe
AD 160	Kommunale Abfälle oder Hausmüll

ANHANG IV

ROTE LISTE

Die in dieser Liste verwendeten Ausdrücke ‚enthalten(d)' und ‚kontaminiert mit' bedeuten, daß der betreffende Stoff in einem Ausmaß vorhanden ist, das a) den Abfall zu einem gefährlichen Abfall macht oder b) dazu führt, daß der Abfall für eine Verwertung nicht mehr geeignet ist.

RA. HAUPTSÄCHLICH ORGANISCHE STOFFE ENTHALTENDE ABFÄLLE, EVENTUELL VERMISCHT MIT METALLEN UND ANORGANISCHEN STOFFEN

RA 010 Abfälle, Substanzen und Gegenstände, die folgende Stoffe enthalten, aus ihnen bestehen oder von ihnen kontaminiert sind:

polychlorierte Biphenyle (PCB) und/oder polychlorierte Terphenyle (PCT) und/oder polybromierte Biphenyle (PBB), einschließlich aller analogen polybromierten Verbindungen, die eine Konzentration von 50 mg/kg oder mehr aufweisen

RA 020 • Teerrückstände (mit Ausnahme von Asphaltzement) aus der Raffination, Destillation oder aus pyrolytischen Verfahren

RB. HAUPTSÄCHLICH ANORGANISCHE STOFFE ENTHALTENDE ABFÄLLE, EVENTUELL VERMISCHT MIT METALLEN UND ORGANISCHEN STOFFEN

RB 010 Asbest (Staub und Fasern)

RB 020 Keramikfasern mit ähnlichen chemisch-physikalischen Eigenschaften wie Asbest

RC. ABFÄLLE, DIE SOWOHL ANORGANISCHE ALS AUCH ORGANISCHE STOFFE ENTHALTEN KÖNNEN

Abfälle, die folgende Stoffe enthalten, aus ihnen bestehen oder von ihnen kontaminiert sind:

RC 010 – alle Erzeugnisse der Gruppe der polychlorierten Dibenzofurane

RC 020 – alle Erzeugnisse der Gruppe der polychlorierten Dibenzodioxine

RC 030 Bleihaltiger Antiklopfmittelschlamm

RC 040 Andere Peroxide als Wasserstoffperoxide"

II

(Nicht veröffentlichungsbedürftige Rechtsakte)

KOMMISSION

ENTSCHEIDUNG DER KOMMISSION

vom 24. November 1994

über den einheitlichen Begleitschein gemäß der Verordnung (EWG) Nr. 259/93 des Rates zur Überwachung und Kontrolle der Verbringung von Abfällen in der, in die und aus der Europäischen Gemeinschaft

(94/774/EG)

DIE KOMMISSION DER EUROPÄISCHEN GEMEINSCHAFTEN —

gestützt auf den Vertrag zur Gründung der Europäischen Gemeinschaft,

gestützt auf die Verordnung (EWG) Nr. 259/93 des Rates vom 1. Februar 1993 zur Überwachung und Kontrolle der Verbringung von Abfällen in der, in die und aus der Europäischen Gemeinschaft [1], insbesondere auf Artikel 42 Absatz 1,

in Erwägung nachstehender Gründe:

Der einheitliche Begleitschein gemäß der Verordnung (EWG) Nr. 259/93 ist unter Berücksichtigung der einschlägigen Artikel der Verordnung und der einschlägigen zwischenstaatlichen Übereinkommen und Vereinbarungen, insbesondere der Arbeiten der OECD, erstellt worden.

Der Begleitschein, der sich aus einem Notifizierungsbogen und aus einem Formblatt für die Verbringung/ Begleitblatt zusammensetzt, soll zur Notifizierung und Begleitung von Abfallverbringungen verwendet werden und als Beseitigungs- bzw. Verwertungsbescheinigung fungieren.

Der Begleitschein ermöglicht es den von den Mitgliedstaaten benannten zuständigen Behörden, ihre Aufgaben der Überwachung und Kontrolle im Sinne der Verordnung (EWG) Nr. 259/93 wahrzunehmen.

Die Kommission hat dem in Artikel 18 der Richtlinie 75/442/EWG des Rates über Abfälle [2], zuletzt geändert durch die Richtlinie 91/692/EWG [3], vorgesehenen Ausschuß den Entwurf der zu treffenden Maßnahmen unterbreitet.

Der Ausschuß hat zu dem von der Kommission vorgelegten Entwurf der zu treffenden Maßnahmen eine befürwortende Stellungnahme abgegeben —

HAT FOLGENDE ENTSCHEIDUNG ERLASSEN:

Artikel 1

Für die Notifizierung und Begleitung von Abfallverbringungen im Rahmen der Verordnung (EWG) Nr. 259/93 wird der dieser Entscheidung im Anhang beigefügte einheitliche Begleitschein verwendet, der sich zusammensetzt aus einem Notifizierungsbogen und einem Formblatt für die Verbringung/Begleitblatt, und dient als Beseitigungs- bzw. Verwertungsbescheinigung.

Artikel 2

Der in Artikel 1 genannte Begleitschein ist auf weißem fälschungssicherem Papier mit einem Quadratmetergewicht von mindestens 40 Gramm zu drucken. Dieses Papier muß so beschaffen sein, daß die Angaben auf der Vorderseite die Lesbarkeit der Angaben auf der Rückseite nicht beeinträchtigen, und darf bei normalem Gebrauch weder einreißen noch knittern.

Die Abmessungen der Felder beruhen horizontal auf einem Zehntel Zoll und vertikal auf einem Sechstel Zoll.

[1] ABl. Nr. L 30 vom 6. 2. 1993, S. 1.
[2] ABl. Nr. L 194 vom 25. 7. 1975, S. 39.
[3] ABl. Nr. L 377 vom 31. 12. 1991, S. 48.

Die Vordrucke haben das Format 210 × 297 Millimeter, wobei in der Länge Abweichungen von minus 5 bis plus 8 Millimeter zugelassen sind.

Diese Bestimmungen stehen der Erstellung des in Artikel 1 genannten einheitlichen Begleitscheins mittels öffentlicher oder privater Datenverarbeitungsanlagen, gegebenenfalls auf weißem Papier, unter den von den Mitgliedstaaten festgelegten Bedingungen nicht entgegen.

Artikel 3

Die laufende Nummer des Abfalltransports, die in Feld 3 des Begleitscheins einzusetzen ist, besteht aus dem Ländercode des Herkunftslandes des Transports und einer angehängten sechsstelligen Zahl.

Artikel 4

Das Modell des Begleitscheins wird im Licht der bei seiner Verwendung gemachten praktischen Erfahrungen überprüft und erforderlichenfalls abgeändert.

Artikel 5

Diese Entscheidung wird am sechzigsten Tage nach ihrer Bekanntgabe wirksam.

Artikel 6

Diese Entscheidung ist an alle Mitgliedstaaten gerichtet.

Brüssel, den 24. November 1994

Für die Kommission
Yannis PALEOKRASSAS
Mitglied der Kommission

ANHANG

MODELL DES EINHEITLICHEN BEGLEITSCHEINS

erstellt in Anwendung von Artikel 42 der Verordnung (EWG) Nr. 259/93 des Rates zur Überwachung und Kontrolle der Verbringung von Abfällen in der, in die und aus der Europäischen Gemeinschaft

EINLEITUNG

Der vorliegende einheitliche Begleitschein ist ausgearbeitet worden, um die Anwendung der Bestimmungen der Verordnung (EWG) Nr. 259/93 des Rates zur Überwachung und Kontrolle der Verbringung von Abfällen in der, in die und aus der Europäischen Gemeinschaft zu ermöglichen.

Er wird den von den Mitgliedstaaten gemäß Artikel 38 der obengenannten Verordnung benannten zuständigen Behörden zur Verfügung gestellt, damit diese das entsprechende Verfahren zur Überwachung und Kontrolle der Abfallverbringungen verfolgen können.

Die in diesem Dokument enthaltenen Informationen ermöglichen es den zuständigen Behörden, von der Art der vorgenommenen Abfallverbringungen und ihrer Zweckbestimmung (Beseitigung oder Verwertung) Kenntnis zu nehmen. So können sie die zum Schutz der menschlichen Gesundheit und zum Schutz der Umwelt notwendigen Schritte einleiten.

GRENZÜBERSCHREITENDE VERBRINGUNG VON ABFÄLLEN
Notifizierungsbogen

EUROPÄISCHE GEMEINSCHAFT(a)

AUSFERTIGUNG FÜR:

1. Notifizierende Person/Exporteur (Name/Anschrift) und ggf. Registriernummer:
Tel.: Fax:
Sachbearbeiter:

3. **Notifizierung betreffend** (1): Nr. 000000
A (i) einmalige Verbringung ☐
(ii) Sammelnotifizierung (mehrmalige Verbringung) ☐
B (i) Beseitigung (keine Verwertung) ☐
(ii) Verwertung ☐
C* (i) pauschalgenehmigte Verwertungseinrichtung ☐ ja ☐ nein
* (Nur ausfüllen, falls B (ii) zutrifft.)

2. Empfänger (Name, Anschrift) und ggf. Registriernummer:
Tel.: Fax:
Sachbearbeiter:

4. Vorgesehene Zahl der Verbringungen

5. Vorgesehene Gesamtmenge(b) Kg Liter

6. Erste Sendung frühestens: Abgang der letzten Verbringung spätestens:

7. Vorgesehene(s) Transportunternehmen* (Name, Anschrift) und ggf. Registriernummer:
Tel.: Fax:
Sachbearbeiter: * (Bei mehreren Unternehmen Liste beifügen.)

8. Beseitigungs-/Verwertungseinrichtung (Name, Standort und Anschrift):
Tel.: Fax:
ggf. Registriernummer:
und Verfalldatum:
Sachbearbeiter:

10. Abfallerzeuger/-produzent (Name und Anschrift):
Tel.: Fax:
Sachbearbeiter:
Verfahren und Ort der Abfallproduktion: *
* (ggf. Einzelheiten angeben)

9. Code-Nr. der Beseitigungs-/Verwertungsmaßnahme (2):
und angewandtes Verfahren: *
* (ggf. Einzelheiten angeben)

11. Art(en) der Beförderung (2):

12. Art(en) der Verpackung (2):

13. Bezeichnung und chemische Zusammensetzung des Abfalls:

14. Physikalische Eigenschaften (2):

15. **Code zur Identifizierung des Abfalls**
- im Ausfuhr-/Versandstaat:
- im Einfuhr-/Empfängerstaat:
Internationaler Abfallidentifizierungscode (IWIC):
Europäischer Abfallkatalog (EAK):
Sonstige (Bitte angeben):

17. Y-Nummer:

18. H-Nummer (2):

16. OECD-Einstufung (1): gelb ☐ rot ☐ und Nummer:
sonstige* ☐
* (Einzelheiten anschließen)

19. UN-Kennummer: UN-Klasse (2):
und zugehöriger Versandname:

20. Betroffene Länder (2), ggf. Code-Nummern der zuständigen Behörden und Ein- und Ausfuhrorte:

Ausfuhrstaat/Versandstaat	Durchfuhrstaaten			Einfuhr-/Empfängerstaat

21. Zollstellen des Eingangs- und/oder Ausgangsstaates (Europäische Gemeinschaft)
Eingang:
Aus:

22. Anzahl der beigefügten Anhänge

23. **Bescheinigung der notifizierenden Person/des Exporteurs:** Ich bescheinige hiermit, daß die obigen Angaben nach meinem besten Wissen vollständig sind und der Wahrheit entsprechen. Ich bescheinige ferner, daß rechtsverbindliche vertragliche Verpflichtungen schriftlich eingegangen wurden und alle für die grenzüberschreitende Verbringung erforderlichen Versicherungen oder sonstigen finanziellen Garantien abgeschlossen bzw. geleistet wurden oder werden.
Name: Unterschrift:
Datum:

DER ZUSTÄNDIGEN BEHÖRDE VORBEHALTEN:

24. VON DER ZUSTÄNDIGEN BEHÖRDE DES EINFUHR-/EMPFÄNGERSTAATES AUSZUFÜLLEN:
Eingang der Notifizierung Bestätigt am
Datum: Datum:
Name der zuständigen Behörde, Stempel und/oder Unterschrif:

25. GENEHMIGUNG* DER VERBRINGUNG DURCH DIE ZUSTÄNDIGE BEHÖRDE
Ab: (Angabe des Landes) **am:**
Name der zuständigen Behörde, Stempel und/oder Unterschrift
Die Genehmigung läuft ab am:
Besondere Bedingungen (1) ☐ Nein ☐ Ja, **siehe Nr. 26 auf der Rückseite**
* (Für Abfälle auf der gelben Liste des OECD- Beschlusses nicht erforderlich)

Printed by Wilhelm Köhler, 32423 Minden (Germany)

(1) Zutreffendes Kasten mit X ankreuzen. (2) Siehe Codes auf der Rückseite dieses Blattes
(a) Auch von der OECD verwendetes Formular
(b) Bitte eins der beiden angeben. Die zuständigen Behörden dürfen Gesamtmengen nur in kg erfragen

Verzeichnis der auf dem Notifizierungsbogen verwendeten Abkürzungen

BESEITIGUNGS-/VERWERTUNGSVORGÄNGE (Nr. 9)

BESEITIGUNG (OHNE VERWERTUNG)

D1 Ablagerungen in oder auf dem Boden (d. h. Deponien)
D2 Behandlung im Boden (z. B. biologischer Abbau von flüssigen oder schlammigen Abfällen im Erdreich usw.)
D3 Verpressung (z. B. Verpressung pumpfähiger Abfälle in Bohrlöcher, Salzdome oder natürliche Hohlräume usw.)
D4 Oberflächenaufbringung (z. B. Ableitung flüssiger oder schlammiger Abfälle in Gruben, Teiche oder Lagunen usw.)
D5 Speziell angelegte Deponien (z. B. Ablagerung in abgedichteten, getrennten Räumen, die verschlossen und gegeneinander und gegen die Umwelt isoliert werden usw.)
D6 Einleitung in ein Gewässer mit Ausnahme von Meeren/Ozeanen
D7 Einleitung in Meere/Ozeane einschließlich Einbringung in den Meeresboden
D8 Biologische Behandlung, die nicht an anderer Stelle in dieser Liste beschrieben ist und durch die Endverbindungen oder Gemische entstehen, die mit einem der in D 1 bis D 12 aufgeführten Verfahren entsorgt werden
D9 Chemisch/physikalische Behandlung, die nicht an anderer Stelle in dieser Liste beschrieben ist und durch die Endverbindungen oder Gemische entstehen, die mit einem der in D 1 bis D 12 aufgeführten Verfahren entsorgt werden (z. B. Verdampfen, Trocknen, Kalzinieren, Neutralisieren, Ausfällen usw.)
D10 Verbrennung an Land
D11 Verbrennung auf See
D12 Dauerlagerung (z. B. Lagerung von Behältern in einem Bergwerk usw.)
D13 Vermengung oder Vermischung vor Anwendung eines der in D 1 bis D 12 aufgezählten Verfahren
D14 Rekonditionierung vor Anwendung eines der in D 1 bis D 12 aufgezählten Verfahren
D15 Lagerung bis zur Anwendung eines der in D 1 bis D 12 aufgezählten Verfahren

VERWERTUNGSMASSNAHMEN

R1 Verwendung als Brennstoff (außer bei Direktverbrennung) oder andere Mittel der Energieerzeugung
R2 Rückgewinnung/Regenerierung von Lösemitteln
R3 Verwertung/Rückgewinnung organischer Stoffe, die nicht als Lösemittel verwendet werden
R4 Verwertung/Rückgewinnung von Metallen und Metallverbindungen
R5 Verwertung/Rückgewinnung von anderen anorganischen Stoffen
R6 Regenerierung von Säuren oder Basen
R7 Wiedergewinnung von Bestandteilen, die der Bekämpfung der Verunreinigung dienen
R8 Wiedergewinnung von Katalysatorbestandteilen
R9 Altölraffination oder andere Wiederverwendungsmöglichkeiten von Altöl
R10 Aufbringung auf den Boden zum Nutzen der Landwirtschaft oder der Ökologie
R11 Verwendung von Rückständen, die bei einem der unter R 1 bis R 10 aufgezählten Verfahren gewonnen werden
R12 Austausch von Abfällen, um sie einem der unter R 1 bis R 11 aufgezählten Verfahren zu unterziehen
R13 Ansammlung von Stoffen, um sie einem unter R 1 bis R 12 aufgezählten Verfahren zu unterziehen

HINWEIS : Beseitigungs ("D")-Maßnahmen haben keinen Bezug zu dem OECD-Kontrollsystem

VERKEHRSTRÄGER (Nr. 11)

St = Straße
Sc = Schiene
Se = See
Lu = Luft
Bw = Binnenwasserwege

VERPACKUNG (Nr. 12)

1. Fässer
2. Holzfässer
3. Kanister
4. Kisten
5. Säcke
6. Kompositverpackung
7. Druckbehälter
8. Schüttgut
9. sonstige (bitte angeben)

PHYSIKALISCHE EIGENSCHAFTEN (Nr. 14)

1. pulverförmig oder staubförmig
2. fest
3. pastös oder breiig
4. schlammig
5. flüssig
6. gasförmig
7. andere Erscheinungsform (bitte angeben)

H-NUMMER UND UN-KLASSE (Nr. 18 and 19)

UN-Klasse	H-NUMMER	Bezeichnung
1	H1	Explosivstoffe
3	H3	entzündbare Flüssigkeiten
4.1	H4.1	entzündbare Feststoffe
4.2	H4.2	selbstentzündbare Stoffe oder Abfälle
4.3	H4.3	Stoffe oder Abfälle, die in Berührung mit Wasser entzündbare Gase entwickeln
5.1	H5.1	oxidierende Stoffe
5.2	H5.2	organische Peroxide
6.1	H6.1	giftige Stoffe (mit akuter Wirkung)
6.2	H6.2	infektiöse Stoffe
8	H8	ätzende Stoffe
9	H10	Freisetzen toxischer Gase bei Kontakt mit Luft oder Wasser
9	H11	toxisch (mit verzögerter oder chronischer Wirkung)
9	H12	ökotoxische Stoffe
9	H13	Stoffe, die auf irgendeine Weise nach der Entsorgung andere Substanzen erzeugen können, wie etwa Sickerstoffe, die eine der vorstehend aufgeführten Eigenschaften besitzen.

CODES DER OECD-LÄNDER (Nr. 20)

Australien:	AU	Frankreich:	FR	Japan:	JP	Niederlande:	NL	Schweiz:	CH
Belgien:	BE	Griechenland:	GR	Kanada:	CA	Norwegen:	NO	Spanien:	ES
Dänemark:	DK	Irland:	IE	Luxemburg:	LU	Österreich:	AT	Türkei:	TR
Deutschland:	DE	Island:	IS	Mexico:	MX	Portugal:	PT	Vereinigtes Königreich:	GB
Finnland:	FI	Italien:	IT	Neuseeland:	NZ	Schweden:	SE	Vereinigte Staaten:	US

Abkürzungen für sonstige Länder: siehe ISO-Norm 3166

26. BESONDERE BEDINGUNGEN FÜR DIE GENEHMIGUNG DER VERBRINGUNG

DER INTERNATIONALE ABFALLIDENTIFIZIERUNGS-CODE (IWIC - NR. 15), DIE OECD-LISTEN ZUR EINSTUFUNG VON ZUR VERWERTUNG BESTIMMTEN ABFÄLLEN (GELBE LISTE, ROTE LISTE, NR. 16), DIE EINER KONTROLLE UNTERLIEGENDEN ABFALLKATEGORIEN (TABELLE Y - NR. 17) UND EINGEHENDERE ANWEISUNGEN SIND EINEM BEI DER OECD ERHÄLTLICHEN LEITFADEN ZU ENTNEHMEN.

EUROPÄISCHE GEMEINSCHAFT(a)

GRENZÜBERSCHREITENDE VERBRINGUNG VON ABFÄLLEN
Versand-/Begleitformular

AUSFÜHRUNG FÜR:

1. Notifizierende Person/Exporteur (Name, Anschrift) und ggf. Registriernummer:
Tel.: Fax:
Sachbearbeiter:

2. Empfänger (Name, Anschrift) und ggf. Registriernummer:
Tel.: Fax:
Sachbearbeiter:

3. Entspricht der Notifizierung Nr.: 000000

4. Fortlaufende Nummer der Sendung:

8. Beseitungs-/Verwertungseinrichtung (Name, Standort und Anschrift):
Tel.: Fax:
ggf. Registriernummer:
und Verfalldatum:
Sachbearbeiter:

9. Code-Nr. der Beseitigungs-/Verwertungsmaßnahme und angewandte Technologie (2)

5. 1. Transportunternehmen (Name, Anschrift):
ggf. Registriernummer:
Tel.: Fax:

6. 2. Transportunternehmen (3) (Name, Anschrift):
ggf. Registriernummer:
Tel.: Fax:

7. Letztes Transportunternehmen (Name, Anschrift):
ggf. Registriernummer:
Tel.: Fax:

10. Verkehrsmittel:
Versanddatum:
Unterschrift des Vertreters des Transportunternehmens:

11. Verkehrsmittel:
Versanddatum:
Unterschrift des Vertreters des Transportunternehmens:

12. Verkehrsmittel:
Versanddatum:
Unterschrift des Vertreters des Transportunternehmens:

13. Bezeichnung und chemische Zusammensetzung des Abfalls:

14. Physikalische Eigenschaften (2):

15. Code zur Identifizierung des Abfalls:
- im Ausfuhr-/Versandstaat:
- im Einfuhr-/Empfängerstaat:

internationaler Abfallidentifizierungscode (IWIC):
Europäischer Abfallkatalog (EAK):
Sonstige (bitte angeben):

17. Tatsächliche Menge (b)
Kg
Liter

18. Anzahl der Verpackungen:

16. OECD-Einstufung (1): gelb ☐ rot ☐ und Nummer:
sonstige* ☐
* (Einzelheiten anschließen)

19. UN-Kennummer: UN-Klasse (2):
und zugehöriger Versandname:

20. Besondere Anweisungen für die Behandlung:

21. Tatsächliches Versanddatum:

22. Bescheinigung der notifizierenden Person/des Exporteurs:
Ich bescheinige hiermit, daß die Angaben unter den Nummern 1 bis 9 und 13 bis 21 nach meinem besten Wissen vollständig sind und der Wahrheit entsprechen. Ich bestätige ferner, daß rechtsverbindliche vertragliche Verpflichtungen schriftlich eingegangen wurden und alle für die grenzüberschreitende Verbringung erforderlichen Versicherungen oder sonstigen finanziellen Garantien abgeschlossen bzw. geleistet wurden, und daß*

(i) alle erforderlichen Genehmigungen vorliegen; **oder**

(ii) die Sendung für eine Verwertungseinrichtung in einem Mitgliedstaat der OECD bestimmt ist und binnen der 30-tägigen Frist für die stillschweigende Genehmigung keines der beteiligten Länder einen Einwand erhoben hat; **oder**

(iii) die Sendung für eine Verwertungseinrichtung bestimmt ist, für die eine Pauschalgenehmigung für diesen Abfalltyp für den Bereich der OECD-Mitgliedstaaten erteilt wurde. Diese Genehmigung wurde inzwischen nicht zurückgezogen, auch wurden von den beteiligten Ländern keine Einwände erhoben.

Name: Unterschrift:
Datum:
* (nicht zutreffendes bitte streichen)

VOM EMPFÄNGER/VON DER BESEITIGUNGS- BZW. VERWERTUNGSEINRICHTUNG AUSZUFÜLLEN

23. Erhalt der Sendung durch den Empfänger am: in Empfang genommen ☐ (1)
(wenn nicht Beseitigungs- oder Verwertungseinrichtung) Empfang verweigert* ☐
in Empfang genommene Menge (b): Kg Liter
Datum: Name: Unterschrift:
* (zuständige Behörden unverzüglich informieren)

24. Erhalt der Sendung in der Beseitigungs-/Verwertungseinrichtung am: in Empfang genommen ☐ (1)
in Empfang genommene Menge (b): Kg Liter Empfang verweigert* ☐
Datum: Name: Unterschrift:

Die Beseitigung/Verwertung wird durchgeführt von:
Beseitigungs-/Verwertungsverfahren:
* (zuständige Behörde unverzüglich informieren)

25. Ich bescheinige, daß die oben beschriebenen Abfälle beseitigt/verwertet worden sind*
Datum:
Name:
Unterschrift:
* (nach OECD-Kontrollsystem nicht erforderlich)

(1) Zutreffenden Kasten mit X ankreuzen. (2) Siehe Codes auf der Rückseite. (3) Bei mehr als drei Transportunternehmen sind in den Nrn. 6 und 11 verlangten Angaben dem Formular anzuschließen.
(a) Auch von der OECD verwendetes Formular.
(b) Bitte eins der beiden angeben. Die zuständigen Behörden dürfen Gesamtmengen nur in kg erfragen

Printed by Wilhelm Köhler, 32423 Minden (Germany)

Verzeichnis der im Versand-/Begleitformular verwendeten Abkürzungen

BESEITIGUNGS-/VERWERTUNGSVORGÄNGE (Nr. 9)

BESEITIGUNG OHNE (VERWERTUNG)

D1 Ablagerungen in oder auf dem Boden (d. h. Deponien)
D2 Behandlung im Boden (z. B.biologischer Abbau von flüssigen oder schlammigen Abfällen im Erdreich usw.)
D3 Verpressung (z. B. Verpressung pumpfähiger Abfälle in Bohrlöcher, Salzdome oder natürliche Hohlraume usw.)
D4 Oberflächenaufbringung (z. B. Ableitung flüssiger oder schlammiger Abfälle in Gruben, Teiche oder Lagunen usw.)
D5 Speziell angelegte Deponien (z. B. Ablagerung in abgedichteten, getrennten Räumen, die verschlossen und gegeneinander und gegen die Umwelt isoliert werden usw.)
D6 Einleitung in ein Gewässer mit Ausnahmen von Meeren/Ozeanen
D7 Einleitung in Meere/Ozeane einschließlich Einbringung in den Meeresboden
D8 Biologische Behandlung, die nicht an anderer Stelle in dieser Liste beschrieben ist und durch die Endverbindungen oder Gemische enststehen, die mit einem der in D 1 bis D 12 aufgeführten Verfahren entsorgt werden
D9 Chemisch/physikalische Behandlung, die nicht an anderer Stelle in dieser Liste beschrieben ist und durch die Endverbindungen oder Gemische entstehen, die mit einem der in D 1 bis D 12 aufgeführten Verfahren entsorgt werden (z. B. Verdampfen, Trocknen, Kalzinieren, Neutralisieren, Ausfällen usw.)
D10 Verbrennung an Land
D11 Verbrennung auf See
D12 Dauerlagerung (z. B. Lagerung von Behältern in einem Bergwerk usw.)
D13 Vermengung oder Vermischung vor Anwendung eines der in D 1 bis D 12 aufgezählten Verfahren
D14 Rekonditionierung vor Anwendung eines der in D 1 bis D 12 aufgezählten Verfahren
D15 Lagerung bis zur Anwendung eines der in D 1 bis D 12 aufgezählten Verfahren

HINWEIS: Beseitigungs ("D")-Maßnahmen haben keinen Bezug zu dem OECD-Kontrollsystem

VERWERTUNGSMASSNAHMEN

R1 Verwendung als Brennstoff (außer bei Direktverbrennung) oder andere Mittel der Energieerzeugung
R2 Rückgewinnung/Regenerierung von Lösemitteln
R3 Verwertung/Rückgewinnung organischer Stoffe, die nicht als Lösemittel verwendet werden
R4 Verwertung/Rückgewinnung von Metallen und Metallverbindungen
R5 Verwertung/Rückgewinnung von anderen anorganischen Stoffen
R6 Regenerierung von Säuren und Basen
R7 Wiedergewinnung von Bestandteilen, die der Bekämpfung der Verunreinigung dienen
R8 Wiedergewinnung von Katalysatorbestandteilen
R9 Altölraffination oder andere Wiederverwertungsmöglichkeiten von Altöl
R10 Aufbringung auf den Boden zum Nutzen der Landwirtschaft oder der Ökologie
R11 Verwendung von Rückständen, die bei einem der unter R 1 bis R 10 aufgezählten Verfahren gewonnen werden
R12 Austausch von Abfällen, um sie einem der unter R 1 bis R 11 aufgezählten Verfahren zu unterziehen
R13 Ansammlung von Stoffen, um sie einem unter R 1 bis R 12 aufgezählten Verfahren zu unterziehen

PHYSIKALISCHE EIGENSCHAFTEN (Nr. 14)

1. pulverförmig oder staubförmig
2. fest
3. pastös oder breiig
4. schlammig
5. flüssig
6. gasförmig
7. andere Erscheinungsform (bitte angeben)

CODES DER OECD-LÄNDER (Nr. 20)

Australien:	AU	Frankreich:	FR	Japan:	JP	Niederlande:	NL	Schweiz:	CH
Belgien:	BE	Griechenland:	GR	Kanada:	CA	Norwegen:	NO	Spanien:	ES
Dänemark:	DK	Irland:	IE	Luxemburg:	LU	Österreich:	AT	Türkei:	TR
Deutschland:	DE	Island:	IS	Mexiko:	MX	Portugal:	PT	Vereinigtes Königreich:	GB
Finnland:	FI	Italien:	IT	Neuseeland:	NZ	Schweden:	SE	Vereinigte Staaten:	US

Abkürzungen für sonstige Länder: siehe ISO-Norm 3166.

<table>
<tr><td colspan="5">VON DER ZOLLSTELLE AUSZUFÜLLEN *</td></tr>
<tr><td rowspan="3">26. AUSFUHR-/VERSANDSTAAT ODER (FÜR EG) AUSGANGSZOLLSTELLE
Die umseitig beschriebenen Abfälle wurden am ....
aus dem Land/der Gemeinschaft ausgeführt.
Stempel:

Unterschrift:</td><td colspan="4">27. STEMPEL DER ZOLLSTELLEN DER DURCHFUHRLÄNDER</td></tr>
<tr><td colspan="2">Land (2):</td><td colspan="2">Land (2):</td></tr>
<tr><td>Eingang</td><td>Ausgang</td><td>Eingang</td><td>Ausgang</td></tr>
<tr><td rowspan="2">28. EINFUHR-/EMPFÄNGERSTAAT
Die oben beschriebenen Abfälle wurden am ....
in das Land eingeführt:
Stempel:

Unterschrift:</td><td colspan="2">Land (2):</td><td colspan="2">Land (2):</td></tr>
<tr><td>Eingang</td><td>Ausgang</td><td>Eingang</td><td>Ausgang</td></tr>
</table>

(2) Ländercodes: siehe oben. * Nach OECD-Kontrollsystem nicht erforderlich.

DER INTERNATIONALE ABFALLIDENTIFIZIERUNGS-CODE (IWIC - NR. 15), DIE OECD-LISTEN ZUR EINSTUFUNG VON ZUR VERWERTUNG BESTIMMTEN ABFÄLLEN (GELBE LISTE, ROTE LISTE, NR. 16), DIE EINER KONTROLLE UNTERLIEGENDEN ABFALLKATEGORIEN (TABELLE Y - NR. 17) UND EINGEHENDERE ANWEISUNGEN SIND EINEM BEI DER OECD ERHÄLTLICHEN LEITFADEN ZU ENTNEHMEN.

Springer-Verlag and the Environment

We at Springer-Verlag firmly believe that an international science publisher has a special obligation to the environment, and our corporate policies consistently reflect this conviction.

We also expect our business partners – paper mills, printers, packaging manufacturers, etc. – to commit themselves to using environmentally friendly materials and production processes.

The paper in this book is made from low- or no-chlorine pulp and is acid free, in conformance with international standards for paper permanency.